トンネル・ライブラリー
第31号

特殊トンネル工法
―道路や鉄道との立体交差トンネル―

土木学会

Tunnel Library 31

Specialized Tunneling Method
- Design and Construction Method of Underpass -

January, 2019

Japan Society of Civil Engineers

はじめに

　都市機能の拡大により都市あるいはその近郊の居住人口，昼間人口，更には物流量が増加し，道路や鉄道の重要性が高まっている．これに伴って既存の鉄道による地域の分断，踏切や交差点における車の渋滞等の解消が求められている．また，生活レベルの向上などにより，地域にはきめ細やかなサービスが求められるようになり，高速道路へのスマートインターの設置が増えている．更に近年の集中豪雨に対しては河川の排水機能の増加が求められるなど，既存の道路や鉄道と立体交差する構造物を建造するニーズがますます高まっている．

　これに対して，その重要性の高まりから，既存の道路では通行の確保や安全性の維持が，また鉄道では，速度向上，列車頻度の確保，徐行の回避などが，事業の条件として厳しくなっている．道路や鉄道と立体交差する方法にはオーバーパスとアンダーパスがあるが，後者において，従来は開削工法で橋梁を施工していたものが，トンネル工法，すなわち，非開削工法で施工する機会が増え，その工法も進歩してきている．

　トンネル工法には，山岳工法，シールド工法，推進工法などがあり，土木学会では多くの書籍を出版してきた．非開削工法による立体交差構造物の施工には，これらのトンネル技術を始めとして，薬液注入工法などの補助工法，また，鉄筋コンクリート構造，プレストレストコンクリート構造，鋼構造，鋼とコンクリートの合成構造の技術など，極めて多岐にわたる技術が用いられおり，採用されている工法も数多くある．このため，全体が俯瞰できるようにこれらの内容を網羅し，各個人や組織が有している知見の普及を図るための図書が求められていた．この度，「特殊トンネル工法―道路や鉄道との交差トンネル―」としてトンネル・ライブラリーから発刊したので，道路や鉄道の事業者，道路や鉄道と立体交差する構造物を計画する道路や河川の技術者あるいは行政の関係者，工事を計画，実施する建設技術者などの方々に活用して頂ければ幸いである．他の技術分野と同様にこの分野においてもますます条件が厳しくなり，新たな技術開発が進められているため，本書に紹介できなかった技術が普及し，また，新しい工法が現れることを，―本書は陳腐化することになるが―，歓迎すべきこととして付記する．

　本書は，「特殊トンネル工法に関する技術検討部会」の委員の執筆によるものであり，ここに厚くお礼を申し上げる次第である．また，図表などの引用を快諾していただいた各位に深く謝意を表すとともに，本部会の成果が今後の都市機能の発展に少しでも役立つことを念願します．

平成 31 年 1 月
トンネル工学委員会　技術小委員会
特殊トンネル工法に関する技術検討部会
部会長　長山　喜則

トンネル工学委員会　技術小委員会

特殊トンネル部会名簿

(平成 30 年 8 月現在)

(敬称略)

部会長	長山	喜則	ジェイアール西日本コンサルタンツ(株) 技術顧問
副部会長	清水	満	ＪＲ東日本コンサルタンツ(株) 技術本部技術企画室 技術開発推進本部
幹事長	澤田	亮	(公財)鉄道総合技術研究所 総務部
委員兼幹事	田島	新一	鹿島建設(株) 土木設計本部 地盤基礎設計部
委員兼幹事	藤田	淳	清水建設(株) 土木技術本部 技術計画部 技術第 2 グループ
委員兼幹事	仲山	貴司	(公財)鉄道総合技術研究所 構造物技術研究部 トンネル
委員	内藤	圭祐	東日本旅客鉄道(株) 東北工事事務所　仙台工事区[※]
委員	丸子	文之	東日本旅客鉄道(株) 構造技術センター 地下・トンネル構造グループ
委員	近藤	政弘	西日本旅客鉄道(株) 構造技術室 基礎・トンネル構造
委員	藤岡	一頼	中日本高速道路(株) 名古屋支社 飯田保全・サービスセンター
委員	内海	和仁	首都高速道路(株) 技術部 技術推進課
委員	香川	敦	(株)大林組 土木本部 生産技術本部 シールド技術部 技術第三課
委員	河本	武士	大成建設(株) 土木本部 土木技術部 都市土木技術室[※]
委員	門脇	直樹	大成建設(株) 土木本部 東京支店 外環大泉南工事作業所
委員	細谷	均	(株)ＩＨＩ建材工業 土木・建築統括部 土木部
委員	栗栖	基彰	鉄建建設(株) 土木本部 土木部
委員	桑原	清	(株)ジェイテック エンジニアリング部
委員	青木葉	隆典	大鉄工業(株) 土木本部 土木企画部
委員	丸田	新市	植村技研工業(株) 立体交差事業部
委員	中村	智哉	植村技研工業(株) 立体交差事業部 技術・営業課
委員	中谷	紘也	ジェイアール西日本コンサルタンツ(株) 土木設計本部
委員	團	昭博	中央復建コンサルタンツ(株) 道路系部門 道路第一グループ
委員	神谷	卓伸	オリエンタル白石(株) 技術本部 技術部 技術チーム
委員	丸山	芳之	日本ケーモー工事(株) 工事部
アドバイザ	小山	幸則	立命館大学 総合科学技術研究機構　上席研究員
アドバイザ	小島	芳之	(株)ジェイアール総研エンジニアリング 調査技術部

(※：途中退任)

トンネル・ライブラリー　第31号

【特殊トンネル工法—道路や鉄道との立体交差トンネル—】

目　次
【第Ⅰ編　総　論】

1. 特殊トンネルの概要 …………………………………………………………… I-1
   1.1 はじめに ……………………………………………………………………… I-1
      1.1.1 立体交差の必要性 …………………………………………………… I-1
      1.1.2 特殊トンネルとは ……………………………………………………… I-4
   1.2 特殊トンネル工法の特徴 …………………………………………………… I-6
      1.2.1 立体交差 ………………………………………………………………… I-6
      1.2.2 開削工法 ………………………………………………………………… I-8
      1.2.3 立体交差トンネルの厳しい施工条件 ………………………………… I-10
   1.3 特殊トンネルの時代変遷 …………………………………………………… I-13
      1.3.1 鉄道における開削工法 ………………………………………………… I-14
      1.3.2 推進工法の変遷 ………………………………………………………… I-14
      1.3.3 エレメント工法の変遷 ………………………………………………… I-17
      1.3.4 エレメント継手の利用 ………………………………………………… I-18
      1.3.5 支障物への対応 ………………………………………………………… I-19
      1.3.6 密閉式トンネル工法 …………………………………………………… I-20
   1.4 施工法の分類と実績 ………………………………………………………… I-22

2. 特殊トンネルの計画，設計 …………………………………………………… I-26
   2.1 調査および計画 ……………………………………………………………… I-26
      2.1.1 事業の流れ ……………………………………………………………… I-26
      2.1.2 調　査 …………………………………………………………………… I-27
      2.1.3 計　画 …………………………………………………………………… I-29
      2.1.4 鉄道・道路事業者との協議 …………………………………………… I-30
      2.1.5 計画・調査・協議の留意点 …………………………………………… I-32
   2.2 設　計 ………………………………………………………………………… I-34
   2.3 補助工法 ……………………………………………………………………… I-36
      2.3.1 薬液注入工法 …………………………………………………………… I-36
      2.3.2 地下水位低下工法 ……………………………………………………… I-42

3. 特殊トンネルの施工 …………………………………………………………… I-44
   3.1 交差対象の構造と日常管理 ………………………………………………… I-44
      3.1.1 道　路 …………………………………………………………………… I-44
      3.1.2 鉄　道 …………………………………………………………………… I-47

3.2 特殊トンネルの構造と施工 …………………………………………………… I-49
  3.2.1 概　要 ……………………………………………………………………… I-49
  3.2.2 施工時のリスク（路盤への影響）………………………………………… I-50
3.3 交差対象の計測管理 …………………………………………………………… I-54
  3.3.1 概　要 ……………………………………………………………………… I-54
  3.3.2 計測項目 …………………………………………………………………… I-54
  3.3.3 計測期間および計測頻度 ………………………………………………… I-54
  3.3.4 計測機器の種類 …………………………………………………………… I-55
  3.3.5 管理値および管理体制 …………………………………………………… I-55
3.4 特殊トンネル本体の施工管理 ………………………………………………… I-57
  3.4.1 トンネル本体製作時の品質管理 ………………………………………… I-57
  3.4.2 推進・けん引式の施工管理 ……………………………………………… I-57
  3.4.3 箱形密閉泥土圧式特殊トンネル工法の施工管理 ……………………… I-60

【第Ⅱ編　エレメント推進けん引工法】

1. URT工法　下路桁形式 …………………………………………………… Ⅱ-1
   1.1 概　要 ………………………………………………………………… Ⅱ-1
   1.2 設計・施工 …………………………………………………………… Ⅱ-2
   1.3 施工事例 ……………………………………………………………… Ⅱ-7

2. URT工法　PCボックス形式 ……………………………………………… Ⅱ-10
   2.1 概　要 ………………………………………………………………… Ⅱ-10
   2.2 設計・施工 …………………………………………………………… Ⅱ-11
   2.3 施工事例 ……………………………………………………………… Ⅱ-17

3. PCR工法　下路桁形式 …………………………………………………… Ⅱ-21
   3.1 概　要 ………………………………………………………………… Ⅱ-21
   3.2 設計・施工 …………………………………………………………… Ⅱ-22
   3.3 施工事例 ……………………………………………………………… Ⅱ-28

4. PCR工法　箱形トンネル形式 …………………………………………… Ⅱ-30
   4.1 概　要 ………………………………………………………………… Ⅱ-30
   4.2 設計・施工 …………………………………………………………… Ⅱ-31
   4.3 施工事例 ……………………………………………………………… Ⅱ-38

5. JES工法 …………………………………………………………………… Ⅱ-40
   5.1 概　要 ………………………………………………………………… Ⅱ-40
   5.2 設計・施工 …………………………………………………………… Ⅱ-42
   5.3 施工事例 ……………………………………………………………… Ⅱ-51

6. ハーモニカ工法 …………………………………………………………… Ⅱ-53
   6.1 概　要 ………………………………………………………………… Ⅱ-53
   6.2 設計・施工 …………………………………………………………… Ⅱ-55
   6.3 施工事例 ……………………………………………………………… Ⅱ-62

7. パイプルーフ工法 ………………………………………………………… Ⅱ-63
   7.1 概　要 ………………………………………………………………… Ⅱ-63
   7.2 設計・施工 …………………………………………………………… Ⅱ-64
   7.3 施工事例 ……………………………………………………………… Ⅱ-68

8. パイプビーム工法 ………………………………………………………… Ⅱ-69
   8.1 概　要 ………………………………………………………………… Ⅱ-69
   8.2 設計・施工 …………………………………………………………… Ⅱ-70

  8.3 施工事例 …………………………………………………………………… II-73

9 URUP工法　分割シールド形式 ……………………………………………… II-75
  9.1 概　要 ……………………………………………………………………… II-75
  9.2 設計・施工 ………………………………………………………………… II-76
  9.3 施工事例 …………………………………………………………………… II-78

10 MMST工法 ……………………………………………………………………… II-85
  10.1 概　要 …………………………………………………………………… II-85
  10.2 設計・施工 ……………………………………………………………… II-87
  10.3 施工事例 ………………………………………………………………… II-97

【第Ⅲ編　函体推進けん引工法】

1. フロンテジャッキング工法 ··· Ⅲ-1
    1.1 概　要 ··· Ⅲ-1
    1.2 設計・施工 ·· Ⅲ-3
    1.3 施工事例 ·· Ⅲ-10

2. ESA工法 ··· Ⅲ-12
    2.1 概　要 ··· Ⅲ-12
    2.2 設計・施工 ·· Ⅲ-13
    2.3 施工事例 ·· Ⅲ-18

3. R&C工法 ·· Ⅲ-21
    3.1 概　要 ··· Ⅲ-21
    3.2 設計・施工 ·· Ⅲ-24
    3.3 施工事例 ·· Ⅲ-32

4. SFT工法 ·· Ⅲ-34
    4.1 概　要 ··· Ⅲ-34
    4.2 設計・施工 ·· Ⅲ-35
    4.3 施工事例 ·· Ⅲ-45

5. COMPASS工法 ·· Ⅲ-48
    5.1 概　要 ··· Ⅲ-48
    5.2 設計・施工 ·· Ⅲ-50
    5.3 施工事例 ·· Ⅲ-58

6. パドル・シールド工法 ··· Ⅲ-59
    6.1 概　要 ··· Ⅲ-59
    6.2 設計・施工 ·· Ⅲ-60
    6.3 施工事例 ·· Ⅲ-63

7. R-SWING工法 ·· Ⅲ-66
    7.1 概　要 ··· Ⅲ-66
    7.2 設計・施工 ·· Ⅲ-69
    7.3 施工事例 ·· Ⅲ-73

ABOUT# 第Ⅰ編　総論

1. 特殊トンネルの概要

1.1 はじめに
1.1.1 立体交差の必要性

近年，市街地ならびにその近郊を中心とした土地利用の高度化に伴い，その周辺の道路では交通渋滞の発生が増加している．渋滞による損失は年間 12 兆円，国民 1 人あたり年間約 30 時間の時間損失にのぼり，経済活動の阻害や交通事故の増加，沿道環境の悪化などをもたらしている．

渋滞を解消する方法としては図-1.1.1 に示すように，道路の交通容量を拡大する方法，あるいは交通需要を調整（交通行動を効率化）する方法がある．

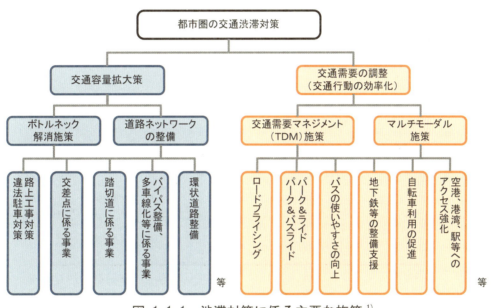

図-1.1.1　渋滞対策に係る主要な施策[1]

交通容量の拡大策には，渋滞の原因となっている箇所における，交差点改良や踏切道に係る事業等のボトルネック解消施策と，バイパスや環状道路整備等により車のスムーズな流れを目指す道路ネットワークの整備がある．

一方，交通需要の調整（交通行動の効率化）を目的とする施策には，道路利用者に時間や経路，交通手段，自動車の利用法の変更を促し，交通混雑の緩和を図る交通需要マネジメント（TDM）施策と，良好な交通環境を作るために航空，船舶，鉄道等，複数の交通機関と連携し，都市への車の集中を緩和する総合的な交通施策であるマルチモーダル施策がある．

(1) 踏切道の対策

わが国では明治初期より鉄道網が発達し，都市内および都市間における交通手段として重要な役割を果たしてきた．今日においては，鉄道は基本的な交通手段として位置づけられているが，一方で急速な都市の拡大とモータリゼーションの進展により，鉄道に代わり自動車の役割が大きくなってきた．

地域発展に多大な貢献を果たしてきた鉄道ではあるが，従来は地平を走ることが多く，このことが鉄道と道路の平面交差，いわゆる踏切道において交通渋滞を招き，都市機能に支障をきたす要因となっている（図-1.1.2）．また，踏切や交通量の多い交差点では交通事故の多発を招き，都市機能に支障をきたす要因となっている．図-1.1.3 には，踏切事故の件数および死傷者数の推移を示す．踏切事故は長期的には減少傾向にあるものの，鉄道運転事故の約 3 割を占めており今後

も対策が求められている．都市の高度化は今後も継続することが予想され，これに伴う都市整備においては良好な都市環境の形成が必要不可欠となる．この中でも都市のモビリティー確保はきわめて重要であり，前述した踏切道は，道路交通容量の低下，交通事故，地域の分断といった都市の代表的な問題となっている．

図-1.1.2　踏切での渋滞

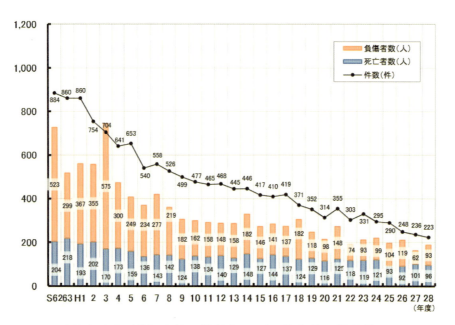

図-1.1.3　踏切事故の件数および死傷者数の推移[2]

このため，昭和36年に踏切道改良促進法が制定され，踏切での事故や交通渋滞を減らす対策が取られてきた．しかし，踏切事故は依然として多く，また「開かずの踏切」も全国で約600箇所存在していることから，この間，数回にわたり法改正が行われ，図-1.1.4に示すように踏切道の改良を促進し，鉄道および道路の安全性確保を図り，併せて歩道も含めた道路上の安全性向上，交通の円滑化が図られている．近年では，これらを解消すべく立体交差化事業が実施されているが，その方法の一例として，図-1.1.5に示すような既設鉄道部を道路がアンダーパスする方式がある．

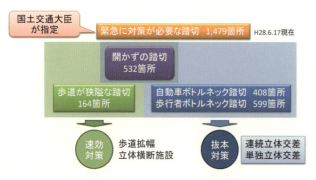

図-1.1.4　踏切道対策

図-1.1.5　鉄道と道路の立体交差部[3]

(2) 交差点改良等ボトルネックの解消

　都市部では人口の集中に伴い交通が集中し，とくに幹線道路同士の交差部では平日のラッシュ時や休日に渋滞が慢性化し，社会問題となっている．市街地では，交通渋滞の激しい平面交差点部の渋滞解消を目的として立体交差事業に取り組まれているが，平面交差点をトンネルによる立体交差とする場合，高速道路直下の立体交差部とは異なる施工技術が必要である．

(3) 環状道路整備

　首都圏をはじめとする大都市部では，高規格幹線道路ネットワーク整備計画の早期完成を目指しミッシングリンクの解消が進められている．最近では東京外かく環状道路や圏央道，新名神高速道路等，市街地を通過するネットワークの構築が進められているが，そこに用いられるトンネルの規模は200 m²程度に及ぶ大断面となることから，鉄道や道路をはじめとするライフラインが輻輳する立地条件では安全・確実に大断面構造物を構築するための技術が求められており，鉄道や道路など重要な施設との立体交差部では，函体を推進・けん引する工法やエレメントを本体利用した箱形ラーメン構造の非開削工法の適用が増加している（**図-1.1.6**）．

図-1.1.6　非開削工法による自動車道直下の施工事例 [4]

(4) 空港，港湾，駅等へのアクセス強化

　日本全国の地域を縦横に整備されてきた高規格幹線道路や自動車専用道路（以下，高速道路と称す）は，立体交差を前提としているため，都市部は用地的な制約があり高架構造としているものの，地方部では経済性に優れる盛土構造が連続的に計画される場合が多い．東名高速道路や名神高速道路をはじめ高度経済成長期に構築された高速道路には，供用から40年以上が経過したものも多く，高速道路の建設当時と現在とでは沿道の土地利用の形態が様変わりし，その結果，高速道路が地域を分断し土地利用の高度化（発展）を阻害しているのが現状である．

　地域分断の解消や地域の発展のため，国土交通省では地域の主要施設とのアクセス道路を整備し（**図-1.1.7**），これと高速道路または自動車専用道路とを接続するスマートIC事業を推進している．また，高速道路で分断された地域の活性化を目的として，高速道路直下に両地域を結ぶ道路の新設が期待されるほか，既存の狭小な道路に並行して自転車歩行者道を整備するなどし，既存ストックを活用

図-1.1.7　アクセス道路の整備の例 [5]

する事例も増加するものと考えられている．これらのような高速道路下に立体交差する地方道路を安全・確実に施工する技術として，非開削工法を採用する事例が増加している．

1.1.2 特殊トンネルとは

都市部における鉄道の地下化，高速道路の整備，交通渋滞の緩和等を目的に計画，実施されている長距離のトンネルの工事には，一般にシールド工法が用いられている．しかし，平面交差の解消等を目的に行われる，鉄道や道路等の路線を横断する短いトンネルを構築する工事では，直上部の鉄道や道路等への影響を最小限にするために，多くの場合に特殊な施工方法が用いられている．

そこで，道路や鉄道の直下で施工される，あるいは既設構造物の近接施工として使用される3m程度以下の小さい土被りでも施工可能な非開削工法によるトンネルで，試験施工を含み2件以上の実績があるものを「特殊トンネル」として本書の対象とした．ただし，一般的なシールド工法，山岳工法，埋設管推進工法によるもの，および10年以上実績のない工法は除いた．

特殊トンネル工法は，山岳トンネル工法，シールドトンネル工法，開削トンネル工法，管推進工法，パイプルーフ工法等から派生し，「1.3 特殊トンネルの時代変遷」で述べるように，各種の機能が追加されてきている．本書で扱う特殊トンネルには山岳トンネル工法，開削トンネル工法は含まないが，シールド工法や推進工法で施工する矩形のトンネルの一部を含むことになる．本書で扱う特殊トンネルを表-1.1.1に示す．

表-1.1.1　本書で扱う特殊トンネル

構造形式	構造と施工の概要		工法名	編
下路桁形式	挿入したエレメントを床版（横桁）とし，主桁，橋台により支持する	角形鋼管	URT工法	II
		中空角形PC桁	PCR工法	II
		鋼管を内部から補剛	NNCB工法	－
箱型形式	エレメントを横方向に剛結する	PCによる横締め	URT工法	II
			PCR工法	II
		継手による一体化	JES工法	II
		RCで一体化	MMST工法	II
		RCボックスの製作	ハーモニカ工法	II
	路下で函体を場所打ちする	鋼管を支保工で支持	パイプルーフ工法	II
		継手で一体化した鋼管を主桁で支持	パイプビーム工法	II
		分割施工した仮設セグメントで支持	URUP工法（分割シールド形式）	II
		地盤を切削して支保工で支持	COMPASS工法	III
	函体を地中に挿入する	防護鋼管下で函体をけん引	フロンテジャッキング工法	III
		防護鋼管下で分割函体を交互に推進	ESA工法	III
		角形鋼管ルーフと函体を置換え	R&C工法	III
		ロの字配置の角形鋼管と函体を置換え	SFT工法	III
		支保工内で函体をけん引	COMPASS工法	III
	掘削機の後方で本設セグメントを組み立てる	軸付き横配置カッターを採用	パドルシールド工法	III
		揺動式カッターを採用	R-SWING工法	III

ここでエレメントとは，構造物を分割して施工した後に一体化される部材で，トンネルの横断面内で分割され，長手方向に梁状の部材をさす．これに対してセグメントとは，トンネルの横断面内ならびに長手方向に分割され，掘削機の中あるいは後ろで組み立てられるものを指す．エレメントを一体化する方法には，両端に梁を設ける下路桁形式と，プレストレスを導入する方法，

継手で一体化する方法，場所打ちの鉄筋コンクリートで一体化する方法等がある．本書では，仮設あるいは本設にエレメントを用いる工法を**第Ⅱ編**で，完成した函体を移動させて設置する工法や本設セグメントを組み立てる工法を**第Ⅲ編**で述べる．ただし，NNCB 工法は 10 年以上実績がないため，**第Ⅱ編**の対象から除外した．また，本書においては，各工法が現場の様々な条件に対してどのように対処しているかの詳細までは書ききれていないので，適宜，各工法の手引きなどを参照頂きたい．

なお，工法名には開発の意図や工法の特徴が込められていると思われるため，その由来等を**表-1.1.2**に示す．

表-1.1.2　特殊トンネルの工法名の由来等

工法名	工法名の由来やほかの呼称等
URT 工法	Under Railway/Road Tunnelling method
PCR 工法	Prestressed Concrete Roof method
NNCB 工法	日本国有鉄道西松式 Circular Beam 工法
JES 工法	Jointed Element Structure method
MMST 工法	Multi-Micro Shield Tunneling method
ハーモニカ工法	小断面を積み上げた形状が似ていることから
パイプルーフ工法	Pipe roof method
パイプビーム工法	Pipe beam method
URUP 工法（分割シールド形式）	Ultra Rapid Under Pass の分割シールド形式
COMPASS 工法	COMPAct Support Structure method
フロンテジャッキング工法	Fronte Jacking method ；fronte に前という意味を込めている；FJ 工法
ESA 工法	Endless Self Advancing method
R&C 工法	Roof & Culvert method
SFT 工法	Simple & Face-less Tunnel method
パドルシールド工法	横配置カッターの形状が外輪船の水かきに似ていることから
R-SWING 工法	Roof & Swing cutting method

なお，土木学会　トンネル工学委員会　技術小委員会　特殊トンネル工法に関する技術検討部会では，2016 年 11 月から 2017 年 1 月の 3 か月の間，土木学会ホームページ（トンネル工学委員会）にて特殊トンネル工法に関する情報提供依頼・調査を行い，その結果をもとに，本書の特殊トンネル工法の定義に合致し，かつ 2 件以上の実績を有する工法を**表-1.1.1**で取りあげている．その他，調査結果で実績が 1 件というエアロ・ブロック工法があり，本書では取りあげないが，その工法概要のみを以下に紹介する．

－エアロ・ブロック工法－

エアロ・ブロック工法とは，地下水位以上の自立性地山を対象とした，部分開放型のシールド工法である．掘削部分を機械的に複数の小断面に分割し，掘削面積を小さくすることで地山の安定を図る．掘削時には装備したムーバルフードで地山の先受けを行い，掘削する小断面以外の切羽をエアーバックで保持しながら行う．掘削作業はカッター機構を用いず，バックホウ等の汎用性のある機械を用いたシンプルなものである．掘削発生土は普通土であり，掘削発生土が泥土となる密閉型シールド工法に比べ，発生土の処理費が大幅に低減でき，結果として，環境に対する負荷が低減できる．また，複雑なカッター機構を装備したシールド機に比べ掘削機コストを抑えることができる．

1.2 特殊トンネル工法の特徴
1.2.1 立体交差
(1) 立体交差の種類

立体交差事業は都市の機能を再生するという観点から，効率的かつ速やかな実施が求められる．ここで，立体交差事業の実施において最も重要なことは，鉄道や道路といった既存の交差交通の安全性と通行を維持することにある．近年，立体交差に関する多くの新技術が提案されてきているが，これらの技術開発にお

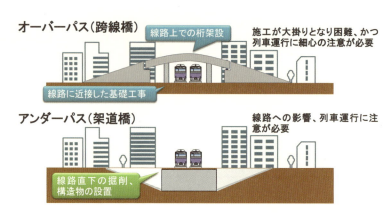

図-1.2.1　単独立体交差方式の種類

いては，上述した安全，機能維持を考慮して開発，実施することが重要である．

立体交差事業には，連続立体交差事業と単独立体交差事業がある．このうち，連続立体交差事業は，鉄道を連続的に高架化または地下化することにより，複数の踏切を一挙に除却し，踏切による交通渋滞，事故を解消する事業である．また，線路で分断された市街地の一体化を図り，都市の活性化に寄与するものとなっている．鉄道の立体交差化には高架化が一般的であるが，多くの費用と工期を要するなどの課題も多い．

一方，単独立体交差事業は，交通渋滞，踏切事故の解消を目的に，図-1.2.1に示すように道路を鉄道の上で交差させる方式（オーバーパス：跨線橋方式）または道路を鉄道の下で交差させる方式（アンダーパス：架道橋方式）で踏切除却を行う事業である．この場合，既存の道路との取付け距離を最短とする点において，近年では立体交差トンネル工法に代表される架道橋方式が多く採用されている．ここで，道路としてのボックスカルバートはトンネルであるが，鉄道から見ると道路の上を通る橋梁であるので架道橋と呼ばれている．

単独立体交差事業は，今後も都市整備の速やかな推進という点からもますます需要が高まり，とりわけ架道橋方式である立体交差トンネル工法の採用が多くなることが考えられる．

しかし，立体交差トンネル工法は，線路下を掘削するきわめて厳しい工事条件となり，鉄道の安全輸送を確保しながら工事を実施する鉄道固有の技術が求められる．そのため，軌道の変状を確実に抑える工法の開発や発生する変状を確実に予測し対処する方法など，安全かつ工期の短い経済的な技術開発が期待される．

(2) オーバーパスとアンダーパスの特徴，得失

都市化や交通整備の進展に伴って，既存の線路や道路と交差する新しい交通網（道路・鉄道）や河川路の整備が必要となる場合が多い．これらのニーズに対して，現在では平面交差でなく立体交差とすることが基本となっている．

立体交差の方法は，既存の線路や道路等と新設の河川水路が交差する場合は，おのずと新設の河川水路を既存の直下（アンダー）に設けることとなるが，新設側が道路・鉄道の場合は，直下での交差か，上空（オーバー）での交差か選択することとなる．

ここで，立体交差を検討する場合に影響を与える項目について**表-1.2.1**に示す．

表-1.2.1　立体交差を検討する場合に影響を与える項目

項目	検討内容
線形条件	・取付け道路位置（交差点との取付け），道路等級（勾配，縦曲線）
鉄道条件	・建築限界（電化・非電化），必要土被り，土工構造物（盛土，素地，掘割）
附帯構造物	・歩道類（歩道，自転車歩行者道），埋設物
環境条件	・騒音，日照，景観
施工条件	・地盤，用地，工期，工事費

全体として既設鉄道に対する新設道路の立体交差計画が多く，その場合は，表で示した項目についての比較検討を実施して交差方法を決定している．交差形式による得失を**表-1.2.2**に示す．なお，地表面からの高低差の一例を示しているが，電化・非電化や必要保守余裕，必要土被り等の鉄道条件やスパンや構造形式（RC構造，PC構造，鋼構造）等の構造物条件によって異なるため，目安の数値である．

表-1.2.2　アンダーパス，オーバーパスの得失

項目	アンダーパス	オーバーパス
地表面からの高低差の一例	・約 6.8～8.3 m （道路建築限界 4.7 m 程度+上床版厚 1.0 m 程度+土被り 0.5 m～2.0 m+施工基面からレールレベル 0.6 m 程度）	・約 8.3～10.3 m （施工基面からレールレベル 0.6 m 程度+鉄道建築限界 5.7 m+保守余裕 0.5～1.5 m+桁高 1.0 m～2.0 m+舗装 0.5 m 程度）
メリット	・歩道の高低差が少ない ・道路取付け延長が短い ・日照，景観の問題は生じない ・騒音の影響はオーバーパスより少ない ・点検・補修がオーバーパスより容易	・強制排水施設が不要 ・道路の必要空頭が無条件 ・線路直下の掘削が不要で線路変状のリスクが小さい
デメリット	・強制排水施設（ポンプ室）が必要 ・鉄道直下での掘削が必要 ・薬液注入，掘削による軌道変状が課題	・歩道の高低差が道路と同程度 ・道路取付け延長が長い ・騒音，日照，景観が課題 ・鉄道直上での架設が必要 ・点検・補修作業が線路近接作業となり煩雑

また，立体交差する場合のコントロールポイントを**図-1.2.2**に，立体交差事例を**図-1.2.3**に示す．

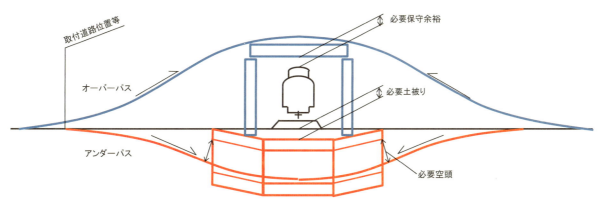

図-1.2.2　立体交差する場合のコントロールポイント

図-1.2.3 単独立体交差の例

1.2.2 開削工法

　既存の線路や道路と地下で立体交差する施工において，その工法は大きく開削工法と非開削工法に分けられる．本書は，主として非開削工法によるトンネル施工法（本書では特殊トンネル工法という）を対象としたものであるが，ここでは，もう一つの地下立体交差のトンネル施工法である開削工法について，既存線路下を横断する事例をもとに概要を述べる．

　開削工法は，立体交差において，かつては最も一般的な施工法であった．初期の開削工法は，線路を仮線として横に移設し，線路のあった位置に横断構造物を構築し，完成後，出来上がった構造物の上に線路を復旧する仮線工法が一般的であった．仮線を用いないものとして，あらかじめ構築した横断構造物の上に線路を新設して移設する別線工法や，一時的に列車運行を停止し，線路を破線して横断構造物を構築し，完成後に線路を復旧する破線工法もある．しかし，仮線工法を含めたこれらの工法は，線路を移設する用地を既存線路脇に長く確保する必要があり，特に都市部においては徐々に採用が困難となった．そのため，供用中の線路を仮受けして構造物を構築する工法が採用されるようになった．

　線路を仮受けする桁は工事桁と呼ばれ，新設構造物の規模が小さい場合は，この桁にレールやH形鋼が用いられる．線路下横断構造物が桁と橋台からなる構造の場合，橋台を工事桁方式で構築し，本設の桁を線路横で組み立て，列車間合いに横取り架設する事例もある．また，特殊な事例ではあるが，橋梁や高架橋を直接仮受けするアンダーピニング工法が採用されることもある．これらの方法は，いずれも列車運行への影響が大きいため，採用にあたっては，計画時点で鉄道事業者と十分な協議を行う必要がある．

　以上のように開削工法には，別線工法，仮線工法，工事桁工法，横取り工法，破線工法，アンダーピニング工法など様々な方法があり，**表-1.2.3**に一般的な開削工法である各種方法の概要を示す．

表-1.2.3　開削工法の概要

	仮線工法	破線工法	工事桁工法
概要	現在の線路に代わる別の線路（仮線）を設け，仮線へ列車を切り替えた後，元の線路部を掘削して構造物を構築する．構造物構築後，その上部を埋め戻して元の位置に線路を復旧する方法である． 線路の切替えに伴う列車の徐行が必要となるほか，仮線敷設のための用地が確保できることが採用の条件となる．	列車運行を停止した間に，線路部を掘削して構造物を構築する方法である．既設の線路を一時的に撤去し，構造物完成後に復旧する．構造物は，現地で現場打ちされる場合や，プレキャスト部材を組み立てる方法が採られる．列車運行停止期間は，一般にバスによる代行輸送が行われる．	H形鋼などを組み合わせて仮の橋台橋脚を線路下に構築し，工事桁を架設する．この工事桁で列車荷重を支えながら線路下を掘削して構造物を構築する工法である．なお工事桁は，適用するスパンが約4m以下の小規模な場合は，レールやH形鋼を工事桁として用いる場合もある．
長所	・線路下と横断構造物との離隔（土被り）を最小限に抑えることが可能である． ・線路の直下ではない，良好な施工環境のもとで躯体構築が可能である． ・構造物構築に要する工期は短い．	・仮線工法と同様の長所がある．	・仮線への切替えや列車の運行を停止する必要がない． ・工事桁で列車を安全に支えながら，構造物の構築が可能となる．
短所	・仮線への切替えは大規模工事となり，線路を一時的に閉鎖することが必要となる． ・仮線の敷設は長期間にわたるので，それに対応した用地確保が必要となる． ・仮線の線形によっては長期間の列車徐行が必要となる．	・一般的に長期間にわたる列車運行停止となるため，代行輸送が必要となる．	・工事桁の架設，撤去時に線路を一時的に閉鎖することが必要となる． ・工事桁への切替時や復旧時など，列車の徐行運転が必要となる． ・構造物の構築が工事桁下の狭隘な作業条件となる．
略図	平面図 ①仮線敷設 ②仮線切換え ③本線一部撤去 ④仮土留め工 ⑤函体構築 ⑥仮土留め工撤去 ⑦本線復旧 ⑧本線切換え ⑨仮線撤去	—	工事桁断面：主桁，まくらぎ受け桁，まくらぎ まくらぎ受け桁断面：まくらぎ受け桁，まくらぎ

1.2.3 立体交差トンネルの厳しい施工条件

既存の線路や道路等に対して立体交差させるトンネルの施工にあたっては，上部交通による時間的な制約，交差部での支障物等による制約，交差構造物の条件による制約等，様々な制約を受ける．これらの制約に対応できるよう，上部交通の徐行，上部からの離れとなる土被り，交通に影響を与えにくいような工事期間設定が特に重要である．ここでは，鉄道を例にして，線路直下で地下立体交差する場合の制約条件や施工にあたって留意すべき事項を示す．道路の場合でも検討条件は同じであるが，道路の場合はさらに道路直下に水道管や下水道管等の埋設物が多いことを考慮する必要がある．

(1) 制約条件

a) 施工時間帯

鉄道工事では，線路上での施工は線路閉鎖時間帯（区間を定めて列車を進入させない手続きをとった時間帯）での施工となる．線路閉鎖できる時間は施工箇所により異なるが，線路内作業が必要となる開削工法においては，工事桁の架設や工事桁を支持する仮設橋脚の施工が所定の時間内で施工できるか検討し，できない場合は工事桁や仮設橋脚を分割することなどを検討する必要がある．一方，非開削工法の場合，工法や土被りにより施工条件が異なり，従前は列車を徐行させることによって昼間でも施工することが多かったが，近年では徐行の設定が困難になり，エレメント推進工法では土被りが小さい条件の際に上床版を線路閉鎖時間帯に施工する場合があり，函体推進工法は線路閉鎖時間帯に施工することが一般的である．

一方，道路の場合は上部交通の通行止めを必要としない理由により，非開削工法が採用される場合がある．ただし，道路は24時間常に交通を確保する必要があること，通行車両は一般のドライバーであり様々な車両，速度で進入することや，運転技術や運転マナーなど個人差も大きいため，十分な路面管理や交通安全対策を行う必要がある．

b) 地上設備等の支障物

線路上の設備には，軌道設備のほか，電柱や電気ケーブル等の設備が多く設置されている．そのため，設備の支障移転の工事費，工期を含めた工法選定が求められる．開削工事桁工法の場合，開削範囲が大きく，交差部の多くの地上設備に支障移転が生じるが，非開削工法の場合，影響するのは施工範囲の地下空間のみであり，地上設備に支障移転が生じることは少ない（**図-1.2.3**）．しかしながら，非開削工法はエレメントやパイプルーフ等を線路下に挿入する際に，支障物と干渉する場合もあり，可能な限り支障物の可能性を把握することが重要である．

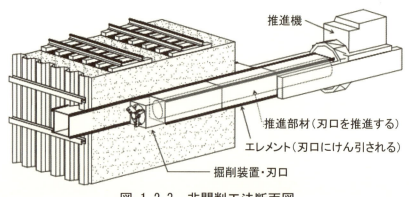

図-1.2.3 非開削工法断面図

c) 地下埋設物

道路の下には，**図-1.2.4**に示すように電話線，上下水道，電気，ガスなど様々な施設が埋設されている．さらに都市部の道路では，これらをまとめた共同溝が埋設されている場合がある．

これら地下埋設物の調査が不十分であると，工事中に埋設物を切断することによりライフラインが停止し多大な影響を与えてしまうため，地下埋設物の有無や埋設位置などを確実に調査し，移設や防護方法などについて道路管理者および施設管理者と協議を行なわなければならない．特に高速道路や幹線道路に埋設されている光ファイバーケーブルを切断または，損傷させた場合は，広範囲に通信，通話等が利用できなくなることにより，社会的に多大な損害を及ぼすことから，特段の注意を払うとともに，試掘等により埋設位置を確実に確認する必要がある．

図-1.2.4　道路の地下埋設物[6]

d) 既存の線路や交差構造の条件

開削工事桁工法の場合，設計条件によっては工事桁の桁高が厚くなり，前後での擦付けが生じるため，既存の線路の縦断変更が必要になることがある（図-1.2.5）．駅や橋りょう，踏切等の構造物が近接している場合，線路の高さの変更が困難であるため，工事桁の施工自体が成り立たない可能性がある．一方，非開削工法の場合，既存の線路の縦断変更が必要になることはほとんどない．

また，地下で立体交差する新たな道路や鉄道等の交通路，河川水路は，立体交差の前後での取付け高さに制約のある場合が多い．この取付け条件が厳しいと交差対象の交通路直下での土被りが十分確保できない可能性もあり，計画段階での十分な検討が必要である．

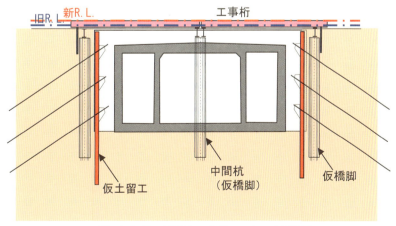

図-1.2.5　開削工事桁工法の断面図

(2) 留意すべき事項

これらの厳しい施工条件であるため,下記に示す事項については,開削工法および非開削工法ともに特に留意する必要がある.

a) 徐行

鉄道直下の施工の場合,通常の列車速度よりも遅い速度で該当箇所を通過させる徐行を必要により実施する.複数の工事が競合する場合には徐行期間の調整が必要となり,また鉄道の高速化が進むと徐行による損失時間が大きくなる.このような理由から,徐行が回避できる,あるいは最小限にできる工法が求められるようになってきた.このため,非開削工法であっても徐行を設定せずに線路閉鎖時間帯に工事を行って,必要な軌道整備までその時間内に行う方法が採られるようになってきた.

開削工法においては,その施工中の輸送を保つため,列車本数を減らさない,あるいは徐行運転をなるべく避けるのが望ましい.近年では,列車の徐行速度を向上または無徐行とする取組みが多く実施されており,この場合の工事桁の軌道構造(締結装置等)は,各鉄道事業者が制定している基準に準拠して決定した施工区間の目標速度に対応した構造としなければならない.また,列車速度は工事桁架設後直ちに無徐行(または徐行速度向上)とするのではなく,基本的には初列車から数列車程度は徐行速度により走行させて,列車動揺加速度・軌道変位量・構造物静的変位量を確認して,必要に応じて軌道整正・構造物強化を行って,目標速度まで徐々に向上していくように計画する.なお,工事桁および受け桁架設期間中の列車速度は,まくらぎ抱き込み桁(表-1.2.3参照)のように分割施工を行う場合は,軌道整備を余儀なくされるため,徐行運転により施工することになる.

非開削工法の場合は,工法や土被りにより施工条件が異なり,施工により生じる軌道変状が鉄道事業者の定める軌道整備基準に収まらない場合,徐行運転が必要になる可能性もあるため,計画時に鉄道事業者との調整が必要である.

道路の場合,速度規制を実施しない場合もあるため,路面の変状が維持管理基準内に収まるよう慎重に施工するとともに常に路面の状況を確認する必要がある.

b) 土被り

鉄道の直下に設ける構造物の土被りは,工事の安全のためや,軌道支持ばね剛性の急変を避けるため,2m以上確保することが望ましい.橋台背面のように橋梁から盛土へ路盤剛性が急変する箇所には,剛性の急変を緩和するために一般にはアプローチブロックとして粒度調整砕石やセメント改良土が用いられている.非開削工法ではこれらの対策が困難であるため,軌道保守量の増加を避けるためには土被りを大きくして,軌道支持ばね剛性の急変を避けるのがよい.しかし,構造物の用途によっては,道路縦断線形や河床勾配の制約,また逆サイフォンの回避などの理由によって,十分な土被りが確保できない場合がある.現在は鉄道側が土被りの条件を緩和している事例も多くみられるが,交差事業者側でも相応の対応が望まれる.

道路も同様に十分な土被りが必要となる.土被りが小さくなるほど,より厳密な路面管理を行う必要がある.

c) 工事期間

工事に伴う事故の確率が年間を通して一定と仮定すると,多客期の工事はリスク,すなわち「(事故の発生確率)×(事故発生時の影響度合い)」は大きくなる.

鉄道では一般に年末年始,春の大型連休,お盆の期間を多客期として工事の実施を規制している.実際には施工の各段階で事故の確率は異なるため,特に線路直下の掘削に対しては,時期によらず切羽防護等で確実な施工が求められている.道路においても同様で,交通量の多い時期,時間においては道路直下の工事を規制する場合がある.

1.3 特殊トンネルの時代変遷

特殊トンネルの条件は，鉄道や道路の速度向上と交通量の増加，快適性や速達性を求める時代の要請，維持管理への関心の高まり等，時代とともに変化し，それに合わせて技術的な改良が加えられてきた．このような工法の発展過程を**図-1.3.1** に示す．この図では，山岳トンネル工法，シールドトンネル工法，開削トンネル工法，推進工法，パイプルーフ工法から派生し，どのような機能が追加されてきたのか，ほかの工法との関係でどこに位置するのかなどを現時点から概観しているので，開発当時の意図とは異なるかもしれない．また，ほかの工法と対比する必要から，開発者とは別の呼称をつけたものもある．

この図では構造物の材料で鉄筋コンクリート構造（RC 構造），プレストレストコンクリート構造（PC 構造），鋼構造として色分けしているが，一部の RC 構造は PC 構造も可能であり，鋼構造には鋼とコンクリートの合成構造を含んでいる．また，場所打ちコンクリート，プレキャストコンクリート，セグメント，エレメントに分け，エレメントは本設利用する場合と継手を力学的に活用する場合とを破線の囲みで区分しているが，排他的分類にはなっていない（すなわち，複数の区分に属する工法がある）．なお，プレキャストとしている場合も，函体間の接合部等，部分的に場所打ちコンクリートとする場合がある．

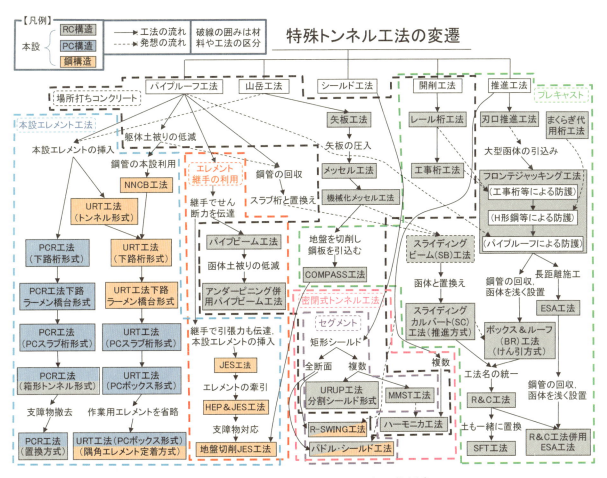

図-1.3.1 特殊トンネル工法の変遷[7]を改変

以降の記述において施工年は，基本的に文献や各団体等の施工実績表にもとづいており，期間で表示されている場合には完了年としている．また，各工法の詳細については本書の**第Ⅱ編**，**第Ⅲ編**を適宜参照していただきたい．

1.3.1 鉄道における開削工法

線路下横断構造物の施工には，別線工法，仮線工法，仮受け工法（以上，開削工法），非開削工法がある．本書では，特殊トンネルには開削工法を含んでいないが，開発の流れの説明上，まず鉄道における仮受け工法について述べる．

まくらぎサンドルと軌条桁(レール吊り桁)(**図-1.3.2**)によって列車荷重を仮受けする工法は，昭和初期に考案された[8]が，長スパン化，速度向上，乗り心地向上等の必要から，工事桁工法に置き換わってきた．これには軌条桁を組み上げる技術者が少なくなったことも影響している．なお，H形鋼を組み合わせてレールの左右でまくらぎを支える簡易工事桁が，エレメント施工時に軌道剛性の向上や路盤陥没時の列車走行の安全を目的として，軌条桁に代わって用いられている．

図-1.3.2　軌条桁

工事桁を用いた開削工法では，当初は上路鈑桁が用いられていたが，安全性，経済性等の理由から下路工事桁が開発され，軌道の受け方が工夫されて，1957年にまくらぎ抱き込み式工事桁（**図-1.3.3** ただし，図の構造は初期のものから改良されている）が開発されて

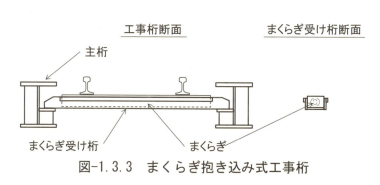

図-1.3.3　まくらぎ抱き込み式工事桁

いる[9]．これは主桁の架設とまくらぎ受け桁の設置を別工程とすることができるが，徐行期間が長くなる．一方で主桁とまくらぎ受け桁，まくらぎを地組みにより一体化して一括架設する方法もあるが，線路閉鎖工事とする必要があることから，これらの改善を目的とした特殊トンネル工法の開発，発展に繋がっていった．しかし，特殊トンネル工法を採用する場合でも，工事中の徐行を回避する方法として軌道直下の工事などを線路閉鎖工事の手続きにもとづいて行う方法が採用されるようになってきた．このため，工事桁と軌道を一体として架設できる個所では，特殊トンネル工法の優位性が低下し，開削工法が採用される事例も増えてきている．また，既設橋梁の下の道路や河川を拡幅する場合には，橋台や橋脚，桁が存在するために，工事桁工法を採用することが多い．既設の橋梁を一時的に使用停止できる場合に，いったん埋め戻して特殊トンネル工法を採用する場合もまれにある．

1.3.2 推進工法の変遷

(1) 非開削工法のはじまり

鉄道における国内初の推進工法は，1948年に$\phi 600$ mmの鋳鉄管による軌道下横断工事に適用されている[10][11]．推進工法は小規模な構造物に用いられていたが，1960年に初めてボックスカル

バートに適用された[12]．刃口推進工法は，普通推進工法とも呼ばれ，コンクリート構造物や鋼構造物の先端に鋼製の刃口を設けて，そこで地盤を掘削しながら背後からジャッキで構造物全体を推進するもので，切羽が開放されているため適用範囲が限られていることから，密閉式の管推進工法に置き換わり，大型化している．しかし特殊トンネルの工事においては，鋼管やエレメントの敷設に現在でもこの工法が用いられている．

(2) けん引工法の開発

フロンテジャッキング工法（1967年施工）は路盤の直下に大型の函体をけん引して設置するもので，相互けん引方式（1967年施工）と片引きけん引方式（1968年施工）とがある（図-1.3.4）．相互けん引方式は，交差部の両側に函体を設置して，まず大きい側の函体を反対側の函体と土とを反力として交差部に引き込み，その後，交差部に設置した函体を反力として残りの函体を引き込む方法である．片引きけん引方式は，函体の反対側に反力体を設けて函体を引き込む方法である．これに対してESA工法（1981年施工）は，延長の長い構造物を路盤下に設ける場合に，3函体以上に分割して，1つの函体の前進時にほかの2つ以上の函体を反力とする方法であるため，特別な反力体を必要とせずに長大な函体を設けることができ（図-1.3.5），1983年に長さ133.5mの実績がある．

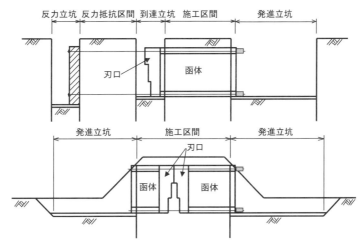

図-1.3.4 フロンテジャッキング工法（上：片引きけん引方式，下：相互けん引方式）

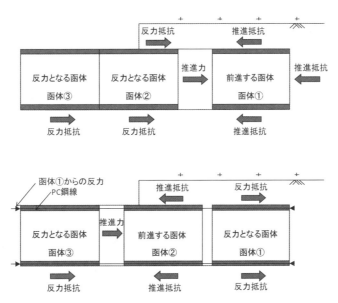

図-1.3.5 ESA工法の前進の仕組み（反力抵抗＞推進力＞推進抵抗）

(3) エレメントとカルバートの置換え

R&C 工法の前身として，複数のエレメントをスラブ桁と置き換えるアイデアがスライディングビーム（SB）工法（1986 年特許[13]）である．1983 年に実証実験が行われたが，この実用化の前に，スラブ桁のみでなく函体と置き換える方法（SC 工法推進方式：1985 年施工）に発展し，最初は道路横断工事に採用され，同年に鉄道にも適用された．これに対してフロンテジャッキング工法から派生してけん引方式によりエレメントと函体とを置き換えるのが BR 工法（ボックス・アンド・ルーフ工法，1988 年施工）である．SC 工法と BR 工法は，その施工法の類似性から，R&C 工法として名称が統一され，同じ名称のもとで推進方式とけん引方式として区別されている（図-1.3.6）．

R&C 工法では，事前に角形鋼管を交差部に設置し，この端部に設けた函体と角形鋼管を前進させながら函体の内部を掘削する．小規模断面の場合に角形鋼管を矩形配置すると，その内側には掘削する土がほとんど残らない状態となる．この矩形配置した鋼管と内部の土を一体として，そのまま函体と置き換える方法が，SFT 工法（図-1.3.7）で，火力発電所内の水路トンネルに初めて採用された（2006 年施工）．この工法は，2007 年に幅 18.5 m，高さ 6.9 m，長さ 14.0 m の大断面ボックスに適用されている．

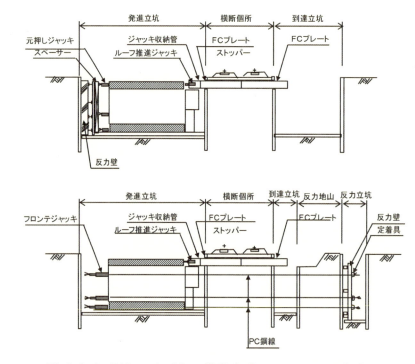

図-1.3.6　R&C 工法（上：推進方式，下：けん引方式）

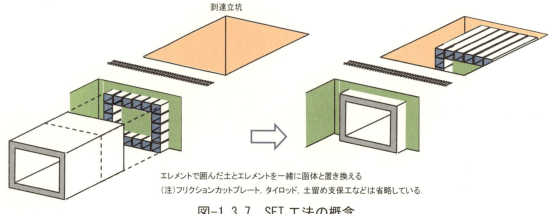

エレメントで囲んだ土とエレメントを一緒に函体と置き換える
（注）フリクションカットプレート，タイロッド，土留め支保工などは省略している．

図-1.3.7　SFT 工法の概念

1.3.3 エレメント工法の変遷

(1) パイプルーフ工法のはじまり

山岳トンネルの坑口付近の上部に道路や民家がある場合に，沈下防止用として直径 10 cm の鋼管を，水平ボーリングマシンを使用して半円形に打設し，これを矢板代わりとしてこの下に支保工を組んで鋼管を支持してトンネルを掘削したのが，パイプルーフ工法の始まりとされている（1963 年施工 [14]）．ただし，当時は鋼管の設置精度に課題があったようである [15]．このボーリングマシンによる掘削では，鋼管をケーシングとして水を使用した排土方式がとられている．これに対して直径 20 cm 以上の鋼管では，アースオーガーによる排土方式が用いられている．

パイプルーフ工法に用いるホリゾンタルオーガーは，アメリカにおいて水道，排水，電気等のための管を道路や鉄道の下に水平に穿孔して敷設するために用いられていた機械を，1963 年に輸入し国内に導入したものである [16]．この機械は，鋼管の先端に設置したオーガービットにより地盤を掘削し，鋼管内に設けたスクリューを回転して排土し，同時に，鋼管後部からジャッキにより鋼管を圧入するものである．オーガーヘッドは鋼管の外径より大きく掘削でき，オーガーを引き抜くときには鋼管の内径よりも小さくできる．線路下に鋼管を馬蹄形に複数配置して，これを支保工で受けながら地下道を新設することは，当初から構想されており [16][17]，鋼管を高さ 3 m，幅 3 m のアーチ形に打設してこの内側を掘削して支保工で鋼管を支持してトンネルを構築する実験が行われた（1963 年 [16]）．その後，地すべり対策の排水管敷設工事に採用され，1964 年に鉄道路盤下の φ600 mm の鋼管の設置工事に適用された [17]．なお，パイプルーフ工法は掘削と支保工の設置を繰り返すため，掘削による鋼管のたわみが累積して路盤の沈下量が大きくなり，また，狭い空間での作業性が悪いことや底盤の支持力を要することなどから，鉄道ではすでにほとんど用いられていない．

(2) エレメントの本設利用

フロンテジャッキング工法の開発当初は軌道の防護工として，工事桁や H 形鋼を用いて軌道と縁切りしていたが，パイプルーフを用いて防護する方法（1972 年施工）が一般的になった．この鋼管は当初は φ300 mm～700 mm 程度の小口径であったが，支障物を内部から人力で撤去する場合の安全性（1975 年通達 [19]）から，φ800 mm 以上（1985 年施工）が採用されるようになった．このパイプルーフは仮設材であるが，交差部に残置せざるをえなかったので，このようにして設置したエレメントを本設構造物として活用する方法や，本設構造物と置き換えて回収する方法によって，同時に交差構造物の設置深さを浅くすることのできる工法が開発されてきた．

エレメントを本設構造として利用する工法には，NNCB 工法（1977 年施工），URT 工法（1978 年施工），PCR 工法（1980 年施工），HEP&JES 工法（2000 年技術審査証明 [20]）があり，エレメントを本設構造物と置き換えて回収する方法には，R&C 工法，SFT 工法がある．

エレメントを本設とするために開発された NNCB 工法，URT 工法，PCR 工法はいずれも下路桁形式であった．すなわち，線路直角方向に配置したエレメントを横梁として線路を支え，そのエレメントの両端を主桁に剛結して，桁構造の橋梁とするものである（図-1.3.8）．このうち URT 工法は，下路桁形式以外に楕円形，円形，馬蹄形のトンネル形式にも適用されている（各 1980 年施工）．NNCB 工法は，設置した鋼管の内部に円形のコンクリート梁や鋼管等を挿入して剛性を高めて構造部材とするものであるが，円形のため，断面性能の向上には限界がある．URT 工法は角形の鋼管を構造部材（横梁）とし，PCR 工法は外形が角形で円形中空のプレストレストコンクリート梁を構造部材（横梁）とするものである．いずれの工法も複線から 3 線程度までの長さ，すなわち主桁の内々間の路盤幅で 15m 程度までの実績があり，線路方向の主桁を 2 から 3 径間の連続梁構造とした例もあるが，鉄道事業者による支承部の定期的な検査が必要になるなどの課題があった．そこで，主桁部をロの字形のラーメン構造として支承を不要とした構造も実用化された．

これがPCR工法下路ラーメン橋台形式（1982年施工）およびURT工法下路ラーメン橋台形式（1989年施工）である（図-1.3.9）。ただし，両者とも下路桁に位置づけられている．また，エレメントをPCケーブルで横に繋いだスラブ形式（PCR工法スラブ形式（1985年施工），URT工法スラブ形式（1999年施工））を経て，ボックス形式のラーメン構造として支承をなくして保守を低減する方法が生まれた．これがPCR工法箱形トンネル形式（1995年施工），URT工法PCボックス形式（2002年施工）である．また，地盤条件や基礎形式等によっては，PC鋼材で緊張した門形ラーメン形式（URT工法2002年施工）もある．PC鋼材でエレメントを横方向に緊張するためには，作業用の空間が必要であるため，両工法とも作業用の鋼製エレメントを本設エレメントに併行して設けている．このうちPCR工法は，函体の四隅を鋼製エレメントとしてこの中でPCR桁を緊張している．一方URT工法は本設エレメントとは別に作業用エレメントを設けている．小スパンの場合には隅角エレメント内でPCケーブルを曲げ配置することにより作業用エレメントを減らす工夫もされていたが，本設エレメントの中でPC鋼材を定着する方法が開発され，作業用エレメントを省略する方法として実用化されている（2014年施工）．これらの場合，作業用と構造部材を兼ねる隅角部のエレメントは，鋼とコンクリートの合成構造となるため，設計，製作，施工，維持管理の各段階において，鋼とコンクリートのそれぞれの特性を踏まえた対応が必要である．

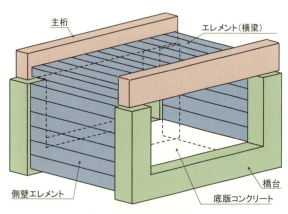

図-1.3.8　下路桁形式

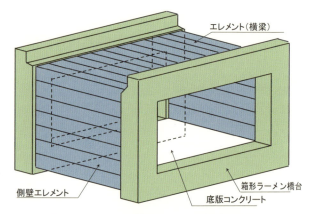

図-1.3.9　下路ラーメン橋台形式

1.3.4 エレメント継手の利用

アンダーピニング工法は，狭義には構造物を梁や杭で直接受けて直下を掘削する開削工法であるが，広義にはパイプルーフで土を介して路盤を受け，その下部を掘削しながら支保工で受けてゆく非開削工法（パイプルーフ工法）も含まれる．この鋼管の設置時のガイドとして用いている継手部にモルタルを充填し（図-1.3.10），隣接する鋼管相互でせん断力を伝達させたうえで，鋼管の両端を梁で支持すると，活荷重が複数の鋼管に分散されるため，複線幅程度

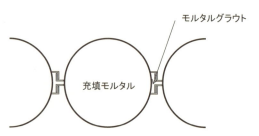

図-1.3.10　せん断力を伝える継手（パイプビーム工法）

の個所は鋼管直下に支保工を設置しなくても掘削が可能となる．これがパイプビーム工法（1981年施工[21]）である．この場合，鋼管にねじりが発生するため，鋼管と梁との接合部では鋼管の回転を拘束する必要がある．パイプビーム工法では鋼管の直下の狭隘な空間で鉄筋コンクリート構造のボックスカルバートを構築するため，作業空間を確保する必要があることからカルバートの土被りが大きくなる傾向にある．このため，まず下床版を構築し，側壁の一部と上床版を製作し

た後，これをジャッキアップして残りの側壁を構築する分割施工も行われている（アンダーピニング併用パイプビーム工法，1992年施工[22]，**図-1.3.11**）．

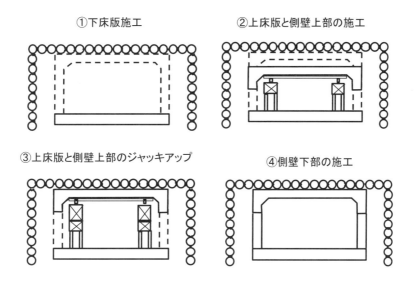

図-1.3.11 アンダーピニング併用パイプビーム工法の施工手順[22]を一部改変

鋼管設置時のガイドとしての継手の形状を工夫して，継手による引張力の伝達も可能としたのがJES継手（1999年施工）である．これを用いることによってせん断力と曲げモーメントが伝達され，線路方向のスラブが形成される（**図-1.3.12**）．HEP&JES工法は，JES継手を有するエレメントをけん引する（HEP工法）もので，条件によっては推進工法も採用されている．

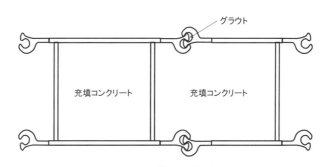

図-1.3.12 スラブを形成するJES継手

1.3.5 支障物への対応

線路直下の地山には，土留め壁，建物や電柱の基礎の一部などが残置されていることが多く，これらがエレメントの掘進に支障する場合があるため，地上から鉄筋棒等を差して確認する方法，水平ボーリング，地中レーダー探査等の方法も試みられているが，あらかじめすべての支障物を発見して，地上から撤去することはきわめて困難である．パイプルーフの施工は当初小口径であったこともあり機械掘進であったが，支障物によって軌道隆起が発生することや，管内から支障物を撤去する場合に工事用設備の段取り替えを伴うことなどから，支障物がある可能性の高い土被りの小さい個所のエレメントの施工は，人力掘削とすることが多くなっている．この場合，φ800mm以上の大きさのエレメントを用いる必要があるため，内径の小さいPCR工法では角形鋼管の先行エレメントで人力掘削し，後にPCRエレメントに置き換える方法が採られている．これに対して人力掘削を必要としない工法として，あらかじめ地中に水平に設置したガイドに沿って挿入

する鋼板の先端に，ワイヤソーのような切削刃を取り付けて，地盤を切削しながら鋼板を引き込むCOMPASS工法（2007年施工[23]）が開発された（図-1.3.13）．この場合の本体構造物は鉄筋コンクリートボックスで，場所打ちコンクリートあるいはプレキャストコンクリートが用いられている．COMPASS工法は人道ボックスのような比較的小規模な構造物を対象としていたが，HEP&JES工法の刃口前面上部に地盤切削ワイヤを組み込んだ地盤切削タイプのJES工法（2011年施工[24]）に発展している．

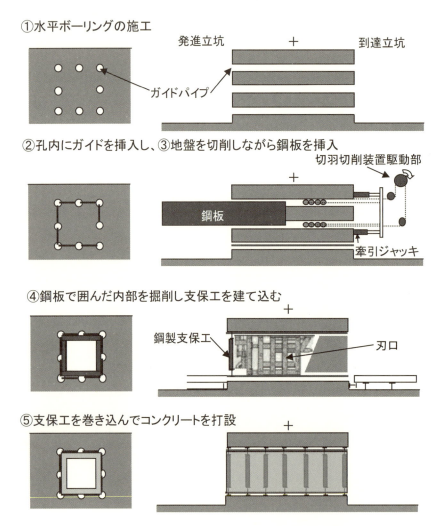

図-1.3.13　COMPASS工法（TYPE I）の施工順序 [25]

1.3.6 密閉式トンネル工法

シールド工法や推進工法は，道路下を縦断的に掘進する工法として発展し，河川や鉄道および道路横断の事例も数多くある．シールド工法は，掘削機の後方でセグメントを組み立て，これを反力として掘削機を推進ジャッキにより前進させるもので，掘削機と一体となった鋼板の内部でセグメントを組み立てている．これに対して推進工法は，掘削機の後方に躯体あるいは仮設のエレメントを繋げて，最後尾から押して全体を前進させている．このため立坑内で躯体等の組立てを行い，元押しジャッキで掘削機と躯体等を前進させている．いずれも一般に密閉式の掘削機を用いており，セグメントを用いる推進工法もある．なお，密閉式推進工法は，1975年にφ2.5 mのヒューム管を地下水位の高い鉄道の下に敷設する工事に適用されたことが報告されている [26]．

矩形断面の小型の泥土圧シールド機により掘削した小断面のトンネルを組み合わせて大断面のトンネルやアンダーパスを構築する工法に，MMST工法やハーモニカ工法がある．MMST工法は，

矩形トンネルの躯体部分を複数の矩形シールド機で掘削するもので，高速道路の換気洞道の構築工事に採用され（1999 年施工 [27]），その後，延長約 540 m の本体トンネルにも採用された [28]．同種の工法として構造物形状の自由度を高めた URUP 工法（分割シールド形式）がある（2013 年施工 [29]）．また，ハーモニカ工法は，トンネルの全断面を複数に分けて推進工法で掘削する方法として，道路交差点の直下の地下通路工事に適用された（2005 年施工）．ここでは，鋼製エレメントを仮設材として用い，その後，躯体部分を RC で構築している．この工法は，箱型マシンを複数連結して躯体部分を構築した後，内部を掘削する方法に発展している（ハーモニカ工法マルチタイプ）．これらの工法ではエレメント同士を接触させた状態で掘削するため，推進方式として立坑内で仮設の鋼殻（セグメント：本書ではエレメント）を組み立てて推進設置後 RC 函体を構築している．これに対してパドル・シールド工法（2010 年施工）は，矩形断面の全断面掘削機でシールド工法あるいは推進工法により躯体を構築するものである．また，R-SWING 工法（2013 年施工）は，ユニット化された揺動式掘削機を組み合わせて大断面を掘進するもので，シールド工法と推進工法に対応している．

1.4 施工法の分類と実績

　特殊トンネル工法は様々なニーズに対応するよう開発されてきたことから多くの施工法があり，一律に分類することはきわめて困難である．そこで様々な視点からの分類を試みた（**表-1.4.1**）が，それぞれの分類方法がすべての工法を網羅できていないことをお断りしておく．しかし，このような分類は，工法の比較においては有用であると考えている．

　特殊トンネル工法は，材料と構造が施工法と不可分な形で発展してきたため，従来から主として**表-1.4.1**⑥に示すような施工法を選ぶという発想が強かった．しかし，構造物の維持管理が注目されるようになり，材料（**表-1.4.1**③）や構造物の形式（**表-1.4.1**④）で選ぶ考え方も出てきた．たとえば，鋼構造部材が外部に現れる構造では防錆方法やその維持が課題となり，また，エレメントをつなぎ合わせる構造では防水性が課題となる．交差部に設ける天井板は，一般に軽量であるが，落下事故が発生するおそれもあるため，その吊り金具等の点検や補修が課題となる．このような理由から，鉄筋コンクリート構造の採用を優先する考え方や，URT 工法や HEP&JES 工法のような鋼構造部材が現れる工法においても天井板を省略する方法が採られることがある．このように，構造物に求められる要求性能や維持管理も考慮して，構造形式や部材種別を決定する必要がある．

　エレメントには本設として用いるものと仮設として用いるものがある．本設エレメントは円形あるいは角形で，材質は鋼あるいは PC である．仮設エレメントは，本設エレメントあるいは函体に置き換える角形の先行エレメント，函体の上部に設置して函体の掘進を防護する防護エレメント，土を介して上部の路盤を支持する仮受けエレメントがあり，いずれも鋼製である（**表-1.4.1**⑤）．

　施工法の比較（**表-1.4.1**⑥）では，路盤への影響を検討する必要があり，とくに鉄道の場合の線路閉鎖の要否，徐行の要否は，工期にも影響するため重要である．山岳工法は，フロンテジャッキング工法や R&C 工法のガイド導坑の施工に矢板工法が現在でも使われているが，本書では対象としていない．この導坑は切羽が開放されているため，地下水位以下では止水あるいは地下水位低下等の対策が必要で，また矢板裏の緩みによる路盤沈下への対策も必要である．

　このように，ある工法を採用した場合に，防護工，補助工法，エレメントの施工，函体の施工等に，この表に挙げた複数の工法を組み合わせる場合がある．また，1 個所の工事において，本体の施工法に加えて工事桁工法，管推進工法等を採用する場合もある．

　人力掘削か機械掘削かの選択（**表-1.4.1**⑦⑧）は，エレメント切羽，函体切羽，そしてエレメントで完成した躯体内部の掘削のそれぞれについて検討する．函体切羽や躯体内部の掘削は，一般にはトンネルの切羽を小断面に分割して機械掘削，あるいは人力掘削と組み合わせた機械掘削が行われるが，交差部の土を移動させて明かり掘削するのが，SFT 工法である．エレメントの掘進には，地盤の掘削，排土，エレメントの前進の各作業が機械化の対象となる．掘削に使用する機械も，施工法，対象とする地質，エレメントの大きさや形状等によって**表-1.4.2**に示すように各種のものがある．

表-1.4.1 特殊トンネル工法(非開削工法)の分類方法と分類 文献7)を改変

分類の着眼点	分類方法	主な影響先
①用途	─ 線形の制約大(鉄道,自動車道,河道,自然流下方式の下水道) ─ 線形の制約小(人道,圧送方式の下水道,上水道,電力,ガス,通信) ─ その他(共同溝は収容する管の用途で異なる)	土被り 施工法
②断面形状	─ 矩形 ─ 円形 ─ その他(馬蹄形など)	土被り 施工法
③部材種別 (実績)	─ 鉄筋コンクリート構造(フロンテジャッキング工法,ESA工法,R&C工法, 　　SFT工法,COMPASS工法,パイプビーム工法, 　　URUP工法(分割シールド形式),ハーモニカ工法, 　　パドル・シールド工法) ─ プレストレストコンクリート構造(PCR工法箱形形式,URT工法PC形式) ─ 鋼・合成構造(URT工法下路桁形式,JES工法,R-SWING工法,MMST工法)	維持管理 財産帰属 施工法
④構造形式	─ 桁形式(URT工法下路桁形式,PCR工法下路桁形式,NNCB工法) ─ 箱型ラーメン形式 ─┬─ 一体施工方式(フロンテジャッキング工法,R&C工法, 　　　　　　　　　　　　　　SFT工法,ESA工法) 　　　　　　　　　　└─ エレメント方式(URT工法,PCR工法,HEP&JES工法) ─ 門形ラーメン形式(URT工法PC方式,HEP&JES工法) ─ リング形式(<u>シールド工法</u>,<u>管推進工法</u>,URT工法トンネル形式,JES工法リング形式) ─ アーチ形式(<u>山岳工法</u>,URT工法トンネル形式)	維持管理 財産帰属 施工法 防水性能
⑤エレメント	─ 本設エレメント(NNCB工法,URT工法,PCR工法,JES工法) ─ 仮設エレメント 　├─ 防護エレメント【パイプルーフ】(フロンテジャッキング工法,ESA工法) 　├─ 先行エレメント【角形鋼管】(PCR工法置換方式,R&C工法,SFT工法) 　└─ 仮受エレメント(パイプルーフ工法,パイプビーム工法)	施工法
⑥施工法	─ 函体の前進設置 　├─ けん引工法(フロンテジャッキング工法,R&C工法けん引方式,SFT工法) 　├─ 推進工法(刃口推進工法,R&C工法推進方式,SFT工法) 　└─ けん引工法と推進工法の組合せ(ESA工法) 　├─ 防護エレメントの下で函体を前進(フロンテジャッキング工法,ESA工法) 　└─ 先行エレメントと置き換えながら函体を前進(R&C工法,SFT工法) ─ 本設エレメントの設置(URT工法,PCR工法,HEP&JES工法) ─ アンダーピニング工法【広義】(パイプルーフ工法,パイプビーム工法) ─ トンネル工法(<u>山岳工法</u>,<u>シールド工法</u>,<u>メッセル工法</u>) ─ <u>管推進工法</u>(中大口径管,小口径管)	安全性 経済性 工期 施工性 部材種別 断面形状 構造形式 防水性能 施工精度 補助工法
⑦切羽	─ 開放型 ─┬─ エレメント各工法 　　　　　├─ ガイド導坑(フロンテジャッキング工法,ESA工法,R&C工法) 　　　　　├─ 函体(フロンテジャッキング工法,ESA工法,R&C工法) 　　　　　└─ 構築内部(NNCB工法,URT工法,PCR工法,JES工法) ─ 密閉型 ─┬─ 函体(<u>密閉式矩形シールド工法</u>,SFT工法,パドル・シールド工法,R-SWING工法) 　　　　　├─ リング(<u>密閉式シールド工法</u>,<u>管推進工法</u>) 　　　　　└─ エレメント(MMST工法,URUP工法(分割シールド形式),ハーモニカ工法)	安全性 掘削方法
⑧開放型の切羽の掘削方法	─ エレメント切羽 ─┬─ 人力掘削 ─(エレメント各工法、ただし人力掘削には 　　　　　　　　　├─ 機械掘削　　内径800mm以上の空間が必要) 　　　　　　　　　└─ 人力掘削と機械掘削の組合わせ(地盤切削JES工法) ─ 函体切羽 ── トンネル掘削(フロンテジャッキング工法,ESA工法,R&C工法) ─ 構築内部 ─┬─ トンネル掘削(本設エレメント各工法,パイプビーム工法) 　　　　　　└─ 明かり掘削(SFT工法,ただし交差部では切羽は密閉されている) ─ その他 ── 掘削支保工(<u>山岳トンネル工法</u>,<u>メッセル工法</u>,パイプルーフ工法)	安全性 経済性 工期

(注) 下線の工法は本書の対象外である.

表-1.4.2 エレメント等の特徴と掘削機械

工法	エレメント等の特徴	地盤掘削に使用する機械
フロンテジャッキング工法	けん引ケーブルの防護管	水平ボーリング（ケーシングパイプを使用）
パイプルーフ工法	φ 300 mm 以上の円形鋼管	アンクルモール工法（密閉式泥水工法）
フロンテジャッキング工法，パイプルーフ工法	円形鋼管（φ 250～1350 mm）	ホリゾンタルオーガー工法（オーガービットを回転して掘削）
R&C 工法	正方形の角形鋼管	ホリゾンタルオーガー工法
URT 工法	長方形の角形鋼管	ダブルウォーム式／ダブルカッター式オーガー工法
PCR 工法	外形は正方形で円形空洞	拡大カッターヘッド
HEP&JES 工法	長方形の角形鋼管	オーガータイプ（リボンスクリュー）／バケットタイプ（玉石対応）／地盤切削ワイヤ（人力掘削）

　ボーリング工法は鋼管を回転させてその先端のカッターで地盤を切削するが，オーガー工法は，地盤を切削するカッターを先端に付けたオーガーを鋼管内で回転させて，そのままオーガーで排土する．ダブルウォーム式とは，エレメントに直交する 2 つの平行な軸を中心に回転するカッタービットで地盤を切削する．また，ダブルカッター式はオーガー先端の切削カッターに別のカッターを併設して地盤を切削する．この 2 つの方式はいずれも長方形断面のエレメントに対応するものである．PCR 工法のエレメントは中空部が小さいため，先端に刃口を付けてその中に中空部よりも大きくなる拡径カッターを設けている．しかし内径が小さいことから支障物に遭遇しても人力掘削に変更できないため，角形鋼管を先進させた後に PCR エレメントに置き換える方法に発展した．

参考文献
1) 国土交通省道路局：道路交通の円滑化/TDM, www.mlit.go.jp/road/sisaku/tdm/Top03-01-01.html, 2018.8.
2) 国土交通省鉄道局：鉄軌道輸送の安全に関わる情報（平成 28 年度），2017.6
3) 吹田市：南吹田駅前線立体交差事業，http://www.city.suita.osaka.jp/home/soshiki/div-doboku/chiikiseibi/_75598.html, 2018.8.
4) 高速道路総合技術研究所内部資料，2017.7
5) 国土交通省道路局・都市局：平成 30 年度道路関係予算概算要求概要，p.9, 2018.8
6) 国土交通省関東地方整備局東京国道事務所：http://www.ktr.mlit.go.jp/toukoku/chika/kyoudou.htm, 2018.8.
7) 長山喜則：アンダーパス工法の変遷と分類そして課題，基礎工，Vol.43, No.2, pp.2-9, 2015.
8) 高橋泰富：工事桁の設計について，構造物設計資料，No.6, p.13, 1966.
9) 磯村徳市：下路式工事桁について，鉄道土木，Vol.1, No.8, p.27, 1959.
10) 日本推進技術協会：http://www.suisinkyo.or.jp/gizyutuzyouhou/rekisi.htm, 2018.8.
11) 高梁久：推進工法入門 (1), トンネルと地下，土木工学社，Vol.6, No.7, p.59, 1975.
12) 竹下貞夫：線路下横断構造物施工法の発展，基礎工，Vol.14, No.2, p.6, 1986.
13) 日本国特許庁：発明の名称　地下道構築法，特許公報（B2）昭 61-45034, 1986.10
14) 萬澤哲雄：パイプルーフ工入門 (1), トンネルと地下，土木工学社，Vol.8, No.9, p.47, 1979.
15) 日本国有鉄道：東海道新幹線工事誌，p.535.
16) 崎山正治：ホリゾンタルオーガーとその使用実績（上），鉄道土木，pp.6-10, 1964.
17) 崎山正治，荒井武治：ホリゾンタルオーガーによる鉄道路盤下の鋼管伏び工の実績，鉄道土木，Vol.7, No.5, pp.15-19, 1965.
18) 萬澤哲雄：パイプルーフ工入門(1), トンネルと地下，土木工学社，Vol.8, No.9, p.47, 1977.
19) 労働省：下水道整備工事，電気通信施設建設工事等における労働災害の防止について，基発第 204 号，昭和 50 年 4 月 7 日．
20) 先端建設技術センター：先端建設技術・技術審査証明報告書 HEP&JES 工法，2000.11
21) 飯田堅雄，石川幸司，野崎哲雄：パイプビーム工法による斜め架道橋の施工，鉄道土木，Vol.23,

No.5, 1981.
22) 森田常男, 日下部好男: アンダーピニング併用パイプビーム工法による施工例, 基礎工, Vol.22, No.4, pp.115-119, 1994.
23) 福島啓之, 森山智明, 森本円, 桜井雄一, 若林正三, 佐藤吉寛: COMPASS 工法の施工—大糸線月夜沢こ道橋・烏山線国道 294 号こ道橋—, SED, Vol.31, pp.32-39, 2008.11
24) 桑原清, 有光武, 高橋保裕, 中井寛: 地盤切削 JES 工法を用いた線路下横断工事, 地盤工学会誌, Vol.60, No.8, pp.10-13, 2012.
25) 東日本旅客鉄道: 設計施工マニュアルⅥ 地下・トンネル構造編 線路下横断工計画マニュアル, p.26, 2015.
26) 榎本富五郎, 川又光行: 泥水加圧推進工法による線路下横断, 鉄道土木, Vol.18, No.11, pp.17-20, 1976.
27) 田村英毅, 斉藤亮, 今井正智: MMST 工法を用いた施工, 首都高川崎縦貫線大師ジャンクション, トンネルと地下, 土木工学社, Vol.30, No.3, pp.13-20, 1999.
28) 吉川直志, 神木剛, 水野克彦, 佐藤充弘: MMST 工法による矩形大断面トンネルの施工, 首都高速神奈川 6 号川崎線大師トンネル, トンネルと地下, 土木工学社, Vol.41, No.11, pp.15-24, 2010.
29) 加藤哲, 江原豊, 宮元克洋, 丹下俊彦: 最小土かぶり 3.6m で高速道路を横断するトンネルを分割シールドで施工, トンネルと地下, 土木工学社, Vol.45, No.5, pp.15-23, 2014.

2. 特殊トンネルの計画，設計

2.1 調査および計画
2.1.1 事業の流れ

　鉄道や道路等を横断する交差構造物の計画は，長期的に安全な列車運行や道路交通を確保するために最も重要な事項となる．図-2.1.1に新たに交差する道路を建設する場合の計画から維持管理までの流れを，一般的な道路建設の流れと関係付けて整理した．

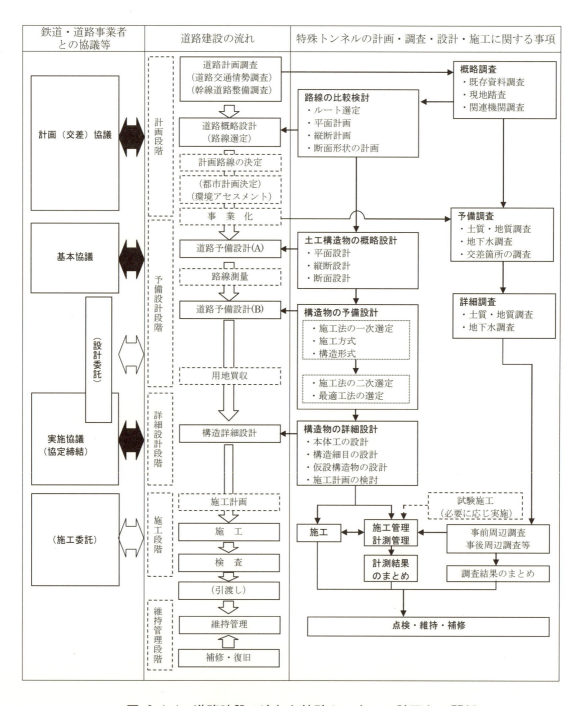

図-2.1.1　道路建設の流れと特殊トンネルの計画との関係

　計画段階では，交差するルートの選定を行い，平面線形，縦断計画および計画幅員等によりどのような交差方法が可能か検討を行う．予備設計段階では，交差する構造物の条件と交差地点お

よびその周辺の状況を把握し，交差構造物が安全かつ経済的に施工可能な工法を選定するための設計を行う．詳細設計段階では，道路予備設計等において選定された工法の詳細な設計を行う．その後，施工段階・維持管理段階へとすすむ．なお，それぞれの段階で必要となる地盤条件や地下水条件，周辺環境等の情報を得るため適宜調査を実施する．

また，交差する施設は，本体の土工構造物の管理者と事業者や管理者が異なる場合が多いため，双方の事業者および管理者間で必要となる協議を把握し，各段階の進捗に応じ諸条件を確認し事業を進めることが重要である．

2.1.2 調査

調査が不十分であると，不適切な構造形式や施工法を選定してしまうことや，思わぬ障害に遭遇し，事業費や工期の大幅な増大をきたすこととなる．したがって，調査は，交差構造物の計画，設計，施工それぞれの段階の目的に合わせ，現場の土質・地質の状態，工事の規模，設計，施工の方法を十分に理解したうえで実施することが重要である．

各段階における主な調査項目と確認事項について**表-2.1.1**に示す．

表-2.1.1　主な調査項目と確認事項[1]に加筆

	項目	調査目的	主な調査項目	確認事項
計画および施工法選定段階	予備調査 / 既存資料による調査	現地の概略の状況および問題点の把握	1.地図類調査 2.調査観察記録 3.自然地盤沈下 4.環境の調査 5.既設構造物 6.盛土材料	1.地盤状況の概略把握 2.地下水状況（水位，被圧地下水位） 3.既設構造物の設計・施工に関する記録と変状の有無 4.騒音・振動等の規制の有無 5.盛土材料（とくに，盛土内の玉石，礫等の有無）
	予備調査 / 現地踏査	地形，地質，環境条件の確認地表の状態，環境状態を調査	1.地形の変化および地形の観察 2.地下水調査 3.立地条件，支障物，環境等の調査	1.露頭の地質および地形 2.路面状態，のり面の保護，地表の状態，植生の観察 3.地下水位，湧水箇所等の観察 4.用途地域の確認，施工法等の確認
	予備調査 / 関係機関調査	河川，道路，埋設物等管理者へのヒアリング調査	1.鉄道，道路，河川管理者等との協議 2.保守等の部署からの聞き取り調査 3.その他の管理者との協議 4.工事関係者，地域住民等からの聞き取り調査	1.道路等，計画上の諸元（内空，幅員，勾配，用地等）の確認 2.閉鎖工事（交通規制）の可否，徐行速度と期間，支障物の確認 3.道路の占用期間等
	先行調査 / 地質・地下水調査	構造物の概略設計に必要なデータの把握	1.サウンディング 2.各種土質試験 3.水文・地下水関係調査	表-2.1.3を参照
	先行調査 / 支障物調査	構造形式，施工法の選定のための本線盛土内の支障物調査	1.支障物調査（接触・非接触） 2.試掘調査	1.支障物の位置，形状，材質等 2.舗装厚さの確認 3.ケーブル等の情報系統および電気・通信系統の把握 4.電柱，ガードレール基礎等の把握
設計・施工段階	本調査	構造物の設計・施工に必要なデータの把握	1.各種土質試験 2.原位置試験	表-2.1.4を参照
	精密調査	本調査の結果，さらに必要な場合に実施	1.特殊調査 2.その他	1.特殊条件（地すべり地帯，凍土，特殊土，水質，有毒ガス等）が設計施工に及ぼす程度を確認
	事前周辺調査 事後周辺調査	施工に伴う影響調査	1.周辺建物調査 2.井戸調査 3.本線舗装変状調査	1.建物の傾き，建付け，壁のひびわれ等 2.井戸の使用状況，水位，水質 3.舗装の沈下，ひびわれ等の把握

(1) 計画および施工法選定段階

計画および交差方法の選定段階においては交差位置と交差方法の計画および施工法の選定のために，現場および周辺環境を把握する．

a) 予備調査

この段階における調査は，現地の概略の状況および問題点を把握し，以後の工程を効果的に実施するために，予備調査として既存資料や現地踏査および関係機関調査等を行う．また，工事中の騒音・振動および排水について関係機関と協議を行う必要があるため，周辺環境に対しても調査を行う．

b) 先行調査

併せて先行調査として，地質・地下水調査および，支障物調査を行う．地質調査は，交差構造物の設計・施工に際しての地盤・盛土の情報を得るために実施する．地下水調査は，施工中もしくは構造物の構築に伴う周辺の地下水環境の変化や，交差構造物の設計施工に影響を与える地下水条件を明らかにするために実施する．表-2.1.2 に地質・地下水調査における一般的な検討項目と調査方法を示す．

表-2.1.2　地質・地下水調査における一般的な検討項目と調査方法[2]

検討項目 \ 調査法	地形地質踏査	物理探査	調査ボーリング	サンプリング	原位置試験	土質・岩石試験	水文・地下水調査
土質・地質の成層状態	◎	◎	◎	○	○	○	
支持層の選定	◎	◎	◎	◎	◎	◎	◎
地盤強度（支持力・地盤反力等）	△	△	◎	◎	◎	◎	
圧密沈下の有無	○		◎	◎	◎	◎	◎
液状化発生の可能性の有無	○		◎	◎	◎	◎	
地下水および被圧地下水の有無	○		◎				◎

◎：とくに有効な調査方法　○：有効な調査方法　△：場合によって用いられる調査方法

また，支障物調査により，埋設物や支障物の種別と位置を確実に把握する必要がある．近年では，土被りの小さい状態での採用事例が多いため，特殊トンネルの施工の妨げや線路や道路の支障となる埋設物や支障物の調査は重要である．とくに，駅構内では埋設物や支障物が多いことから十分な支障物調査を行う．計画にあたって考慮すべき施設の概要を以下に示す．

① 鉄道電気設備その他

線路には，「軌道」のほかに図-2.1.2に示すように，電柱，電車線，通信ケーブル，各種諸標，埋設管等さまざまな物が設置されている．また，分岐器や踏切等，特殊な構造物も多数存在する．これらは目視できるものがほとんどだが，場合によっては，埋設ケーブルや横断下水道等のように鉄道事業者に確認しなければ存在の有無がわからないものもある．

とくに，数万ボルトの高電圧ケーブルや，電車の運転を管理するための信号通信ケーブルは，万が一破断等の事故を起こすと，その影響

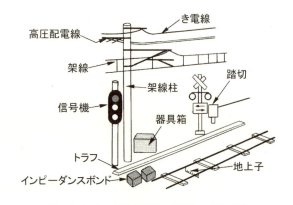

図-2.1.2　鉄道電気設備の概要[3]

が広範囲に及び，鉄道利用者に影響を及ぼすため要注意施設である．また，分岐器（ポイント）は通常の軌道に比べ管理基準値がとくに厳しく設定されていることから，計画段階に影響範囲からできるだけ避けることが必要である．

②道路埋設物

　道路の下には，電話線，上下水道，電気，ガス等，様々な施設が埋設されている．都市部の道路では，これらをまとめて，共同溝が埋設されている場合がある．したがって，計画段階においてこれら埋設物の有無，位置等を把握する必要がある．特に，高速道路や幹線道路に埋設されている光ファイバーケーブルが損傷した場合，広域に通信・通話等が利用できなくなる事象が生じるため十分に調査する必要がある．

(2) 設計段階

　設計段階においては，施工法の選定と施工にあたっての問題点の抽出および交差構造物の設計や施工計画の立案等のために必要となる情報を得るために，主に原位置調査を実施する．

　表-2.1.3 に本調査における一般的な検討項目と調査方法を示す．

表-2.1.3　本調査における一般的な検討項目と調査方法 [4] より抜粋

検討項目		調査法	地形地質踏査	物理探査	物理的性質	力学的性質 強度特性	N値	変形係数	圧密特性	弾性波速度	動的性質
設計一般	支持層の選定		○	○	△	○q_u	○	△	○p_c	○	−
	耐震設計	設計地震動	○	−	−	−	−	−	−	○	−
		砂地盤液状化	○	○	○γ,粒度	−	−	−	−	−	−
		粘土地盤流動化	○	○	−	○q_u	△	−	−	−	−
		動的解析	○	−	○γ	−	−	−	−	○	○
直接基礎の設計	安定照査	許容鉛直支持力	○	−	○γ	○c,ϕ	○	−	−	△	−
		許容せん断抵抗力	○	−	−	○c,ϕ	○	−	−	−	−
		転倒	○	−	−	−	−	−	−	−	−
		沈下量	−	○	○γ,e	−	△	○	○p_c,C_c,C_v	−	−
	断面照査	地盤反力度	○	−	−	−	○	−	−	−	−
	施工検討	掘削工法選定	○	○	○粒度	○q_u	○	△	−	−	−
杭の設計	反力と変位の計算	地盤反力係数	○	−	−	−	○	−	−	−	−
		杭軸方向バネ係数	△	−	−	−	○	−	−	−	−
	安定照査	許容押込引抜支持力	○	−	○粒度	○c	○	−	−	−	−
		許容水平支持力	○	−	−	−	○	−	−	△	−
		負の周辺摩擦力	○	△	△	○c	−	△	−	−	−
		側方移動	○	△	○	○c	△	−	−	−	−
	施工検討	工法選定	○	○	○粒度	○q_u	○	−	−	−	−

○：必要　　△：必要な場合がある　　γ：土の単位体積重量　　c：粘着力　　ϕ：せん断抵抗角
e：間隙比　　q_u：一軸圧縮強さ　　C_c：圧縮指数　　C_v：圧縮係数　　p_c：圧密降伏応力

2.1.3 計画

　事業の計画にあたっては，用途に適合すること，既設地盤の状況や地形・地質等の外的な諸条件を考慮し，施工中および施工後の列車運行や道路交通への影響が少なくかつ安全であること，さらに周辺に対する影響が少ないこと等を考慮して，最も適切な交差条件となるよう，構造形式，施工法，補助工法等を選定する必要がある．

　とくに施工箇所の列車運行や道路交通および，施工中の安全確保については，十分に検討する必要がある．安全の確保が困難と判断された場合は，計画を変更することが望ましい．しかし，変更ができない場合は，実施可能な対策を講じることにより課題が解決できるか検討し，対策を

講じても危険な要素が残る場合は，計画の再検討が必要となる．

横断構造物の高さ，構造形式，施工法の選定にあたっては，現地の諸条件に合致した数種の構造形式，施工法について，工費，工期の比較検討を行う．また，必要に応じて地下水や騒音・振動等，周辺の影響も検討する．

さらに鉄道の場合，列車徐行の有無，程度，期間，線路閉鎖工事の多少，将来の線路保守等も考慮し，適切な工法を選定しなければならない．とくに立坑が必要な場合，軌道，架空線への近接程度等によっては工費，工期等に影響を及ぼすので注意を要する．

また，補助工法，監視，計測，線路保守方法等，工事の安全にかかわる工事作業についても十分検討し，後に問題を残さないようにする必要がある．

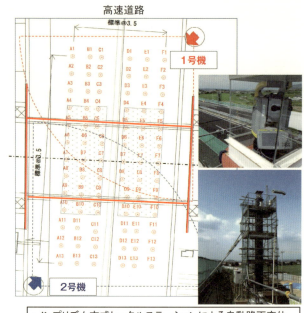

図-2.1.3　路面沈下計測の例[5]

道路の場合も同じであるが，工事規制に伴う渋滞等の社会的影響，監視体制を講じる期間を極力短くするための工程検討等，現地の交差条件および周辺の状況に応じて計画検討する必要がある．そのための安全対策や監視方法を計画しておく必要がある．高速道路における計測例を図-2.1.3に示す．

2.1.4　鉄道・道路事業者との協議

交差構造物の計画にあたっては，交差する対象が鉄道であるか道路であるか，またそれぞれの列車本数や交通量・周辺環境等により協議方法や協議内容が大きく異なるため，管理者と諸条件を確認することが重要となる．ここでは参考として，道路が立体的に交差する場合について協議にあたって一般的に整理しておくべき事項を記載する．なお，協議は，事業全体の工程を勘案し，交差対象の事業者との調整により適宜実施する必要がある．

(1) 計画段階（交差協議）

新設道路等が交差するにあたって，下記に示す基本的な交差事項の確認を行う．

①交差位置や交差角度
②交差構造物の平面線形・縦断線形・計画幅員等
③交差形態（アンダーパスまたは，オーバーパス）
④事業実施予定

表-2.1.4に計画の基本的な確認項目を示す．とくに内空断面については，施工法により施工精度が異なるため，地質，横断延長等を考慮し，施工実績を調査の上，施工余裕を勘案して決める必要がある．

表-2.1.4 計画段階における基本的な確認項目 [1]に加筆

種別				項目	記事
目的・用途				鉄道・車道・歩道・河川水路・共同溝・上水道・下水道他	
横断構造物の例	道路の場合（道路構造令による）			道路規格（○種　○級），設計速度(V=○○km/h)	
		計画位置 平面線形 縦断線形 その他		交差角度 曲線半径，曲線長，緩和曲線長，視距 縦断勾配，縦断曲線 添架物，埋設物の有無	
		内空断面（施工余裕を考慮）	幅員	車道構成（車線数・幅員・中央帯・その他） 歩道幅員（自転車通行の有無），排水溝	その他（内装，照明設備等）
			高さ	建築限界（車道，歩道） 横断勾配，合成勾配， 舗装厚（オーバーレイも考慮） その他（排水溝，ポンプ室，照明設備）	
			延長	横断延長	
	河川の場合（河川管理施設等構造令による）			河川等級（○級河川），計画洪水流量（Q=○○m³/s） 河川改修計画の有無	
		平面線形 縦断線形 その他		曲線半径，曲線長 縦断勾配 添架物，埋設物	
		内空断面（施工余裕を考慮）	幅	計画河川幅	
			高さ	計画河床高，計画高水位，桁下余裕高	
			延長	横断延長	
鉄道交差の場合	線路条件			線路等級（○級線），設計荷重，電化・非電化 線路本数，分岐器の有無，レール種別（ロングレール，定尺レール） 平面線形（直線，曲線），縦断線形（勾配，縦曲線） 支障物（電柱，ケーブル類，地下埋設物等） 列車本数 閉鎖工事の可否，時間 徐行の可否，速度，期間	
道路交差の場合	道路条件			道路規格（○種　○級） 車線数，ランプ等の有無 平面線形，縦断線形，横断勾配 支障物（横断排水管，ガードレール基礎，遮音壁基礎， 道路情報板，ケーブル類，地下埋設物，電気・ガス等の占用物） 交通量 交通規制の可否，時期，時間	
地質条件 ・施工部分 ・支持地盤				土質，土の強度，地下水位（被圧の有無） 土質，土の強度，地下水位（被圧の有無）	

(2) 予備設計段階（基本協議）

新設道路等がアンダーパスを採用した場合に，工法により上部の線路や道路に対する影響が大きく異なるため，選定された工法の確認とその後の詳細設計に向け実施区分を確認する．併せて工事実施区分の協議も開始する．主な確認事項を以下に示す．

　①交差施設の断面形状と土被り
　②採用する工法とその補助工法
　③概算事業費
　④設計・施工区分

(3) 設計・施工段階（実施協議）

工事実施に必要な本体工や仮設工の図面や数量，交差対象施設の安全確保のための計測管理方法や作業ヤード等の施工計画，工事の実施区分等について確認する．

　①詳細設計の内容
　②施工計画（安全管理計画）
　③詳細事業費
　④工事実施区分

2.1.5 計画・調査・協議の留意点

(1) 線路下横断

　線路下横断工の計画・協議は，その後の設計・施工や工事費に与える影響が最も大きく重要な要素である．事業主体独自で計画された線路下横断工の中には，鉄道事業者としての観点が反映されず，施工性がきわめて悪く列車運行や工事の安全が確保し難く，工事期間も長期にわたり，周辺住民の生活環境にも大きな影響を与えた事例が数多くある．このような状況を踏まえ，線路下横断の計画・調査・協議にあたっての留意点を以下に示す．

　①制約条件を確認する．

　　鉄道との交差においては，「1.2.3 立体交差トンネルの厳しい施工条件」に示すように，交差部の施工時間帯，土被り，工事期間設定等の制約条件がある．これらの制約条件を鉄道事業者に確認しておく必要がある．

　②線路下横断構造物の設置は分岐器区間を避ける．

　　鉄道の分岐器は，精密な構造であり通常であっても保守がきわめて難しい箇所である．そのため施工時の軌道変状や路盤陥没等が想定される線路下横断構造物の設置は避けるのがよい．

　③内空断面は工事施工および長期の供用を考慮した相当の施工余裕を確保する．

　　線路下横断構造物は，狭い工事現場でしかもきわめて短時間で，鋼管やエレメント等を挿入するという特殊な工事である．したがって，線路下横断構造物の内空は通常の制約のない工事よりも相当の施工余裕を確保する必要がある．

　④立坑の線路に対する位置は，線路の施工基面の縁端から十分な離隔を確保する．

　　営業線工事保安関係標準仕様書の適用範囲内（施工基面縁端より 5 m 以内，ただし地盤高が施工基面より高い場合 5 m 以上となる）においては工事に多くの制約が伴う．

(2) 道路下横断

a) 計画段階における留意点

　ここでは，高速道路下を横断する場合の計画段階での留意点について述べる．一般の道路においても同様の観点で計画するとよい．

　①土被り

　　高速道路は，**図-2.1.4** に示すように厚さ 40～45 cm の舗装の下部に舗装を支持するため厚さ 1 m の路床が構築されている．

　　また，路面下には，排水管やます等の排水施設やガードレール基礎，道路標識等の基礎，光ケーブル等の埋設物が存在している．そのため，埋設物や高速道路の安全な通行を考慮すると，交差構造物の土被りは施工上面から

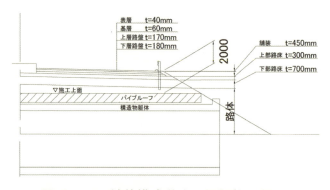

図-2.1.4 舗装構成（例）と埋設物の関係

路面まで約 2 m を確保することを基本としている．ただし，土被り 2 m を確保した場合，交差道路の計画断面によっては縦断線形を低くすると，強制排水が必要となることなどから低土被りで設計・施工している事例もある[6]．この場合，より慎重な埋設物の確認とその防護方法および路面沈下等の計測管理を検討する必要がある．

　②交差角度

　　交差角度は，交差する延長が長くなると高速道路直下を施工する期間も長くなることや，偏土圧等の荷重に対する構造検討が必要となるため，可能な限り高速道路と直交するように計画

③交差構造物の延長

　交差構造物の延長は，工事費の削減の観点から極力短くすることが必要であるが，そのために翼壁を必要以上に高くして施工延長を短くすることは，高速道路の安全上実施すべきではない．また，土留めの位置は，防護柵や監視通路を確保するためのり肩からある程度の離隔が必要となる．

b) 調査における留意点

　原位置調査は交差構造物の計画地点で実施する．調査ボーリングの位置の概念を図-2.1.5に示す．

①施工対象となる盛土等の調査
・盛土路肩における鉛直ボーリングは，盛土材と基礎地盤の性状を把握するために実施する．
・盛土中央部への斜め（水平）ボーリングは，盛土中央部の盛土材の性状と基礎地盤の性状を把握するために実施する．とくに軟弱地盤であれば，現時点での圧密状態を把握する．また，盛土内の滞水の有無も確認できる．

②施工ヤードを構築するための調査
・とくに発進基地となる位置での鉛直ボーリングは，立坑等が離れた位置に計画された場合に必要に応じて実施する．

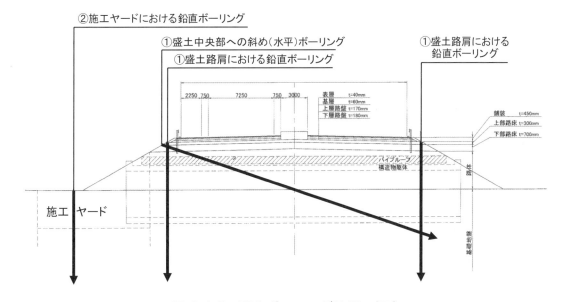

図-2.1.5　調査ボーリング位置の概念

2.2 設　計

特殊トンネル工法の構造形式は，箱型形式と下路桁形式に分けられるが，いずれも上載荷重および土圧などに抗して内空を利用するものである．そのため，トンネルの設計においては，一般に次の条件を満足しなければならない．

①沈下量が使用目的から定まる沈下量の制限値以下であること
②継目に有害な開きやずれが生じないこと
③各部材が所要の耐力および耐久性を有すること

また，支持地盤に対して増加荷重がないか，またはあっても少ないことが多いので，必要以上に杭等を用いることを避けなければならない．軟弱地盤では，沈下に対して杭等を用いるのが有効な場合もあるが，周辺盛土の沈下が予想される場合に特殊トンネルのみを杭等で支持して沈下しない構造にすることは，盛土の沈下により軌道に凹凸が生じ，保守上の問題が生じることがあるので注意が必要となる．

特殊トンネル工法には様々な施工方法があるが，これらの施工方法が設計に影響を及ぼすことがある．よって，設計の際には施工方法を常に考慮する必要がある．また，施工中に完成時と異なった構造系や荷重条件になる場合もあり，施工時の設計が必要となる場合もある．

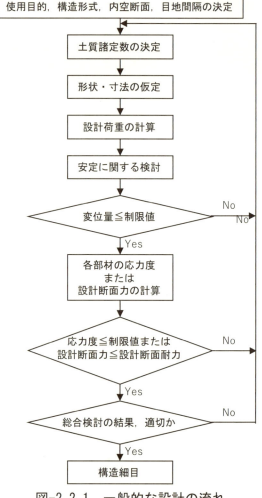

図-2.2.1　一般的な設計の流れ

鉄道における特殊トンネルの一般的な設計の流れを**図-2.2.1**に示す．ここでは，想定するそれぞれの状態において，安定および躯体の検討を行い，沈下量や耐力・耐久性を満足するよう設計することとしている．

このうち，安定については，トンネルの重量がそれにより排除された土の重量よりも軽い場合が多く，支持地盤に対し増加荷重とならないか，影響が少ないため検討を省略できる場合が多い．ただし，地下水位が高い場合には揚圧力の作用による浮上りの検討を行う必要がある．

一方，躯体については，上載荷重および土圧・水圧などの設計荷重により応力度または設計断面力が，想定するそれぞれの状態での応力度の制限値または設計断面耐力を満足するよう設計することとなる．箱型形式の場合，応力度および設計断面力は，**図-2.2.2**に示すように底面の鉛直地盤ばねと全断面有効とした部材の曲げ剛性を考慮した骨組解析により算出するのが一般的である．

列車荷重による鉛直土圧については，軌道による荷重の分散を考え，地盤を等方等質の弾性体として考慮して，ブーシネスクの式により地中応力を算出し特殊トンネルのスパン長を考慮して定めている．この場合，**図-2.2.3**に示すようにある長さを持つ列車荷重が移動することを想定して，上床版に作用する地中応力分布を移動させて，上床版に生じる最大モーメントと等値となるように等分布荷重を算出している．

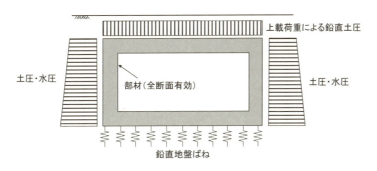

図-2.2.2　構造解析モデルの例

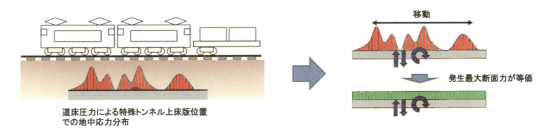

図-2.2.3　等値等分布荷重の考え方

なお，下路桁形式は線路直角方向に敷設した横桁の両端部を線路方向の主桁で支持した上部工と側壁部の下部工で構成されるが，基本的には箱型形式と同じ荷重を考慮して設計する．ただし，上部工については床組構造となる点が異なるものの，鉄筋コンクリート桁と類似の構造となることから，**図-2.2.4**に示すように，主桁と横桁を剛結構造とした梯子状の平面格子とする構造解析モデルにより設計することが一般的である．

また，前述したように特殊トンネルは排除した土の重量より軽いため，地震時には周辺地盤の動きに追随すると考えられる．そのため，一般的な条件の特殊トンネルは地震による影響は少ないため，地震時の検討を省略できる．しかし，周辺地盤が大きく変位し，特殊トンネルの上下床版位置における地盤の相対変位量が大きい場合や中柱を有する構造，特殊な断面形状の場合には部材の非線形特性を考慮した地震時の検討が必要となる．

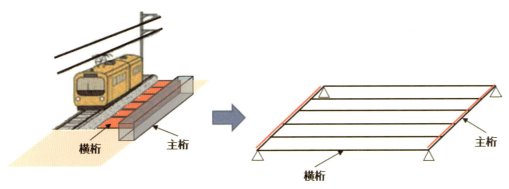

図-2.2.4　上部工の構造解析モデル

なお，主に**第Ⅱ編**で扱う工法のように上下床版，側壁等のトンネル部材を複数のエレメントで分割施工したのちに一体化する工法などでは，施工途中の構造系やエレメント一体化の方法等によりそれぞれ特徴的な構造解析モデルや設計方法が用いられることがある．これらについては**第Ⅱ編**でその概要を述べる．

2.3 補助工法

特殊トンネルの工事においては，止水や切羽防護・周辺地盤防護のため，必要に応じて薬液注入工法や地下水位低下工法などによる補助工法が適用される．これらの特徴と適用性を表-2.3.1に示す．

表-2.3.1 特殊トンネルに用いる主な補助工法

	薬液注入工法	地下水位低下工法
工法	・二重管ストレーナ工法 ・二重管ダブルパッカ工法 ・結束細管多点注入工法 ・単管ロッド工法	・釜場排水工法 ・ウェルポイント工法 ・ディープウェル工法
概要	注入ロッドを建込み，土の間隙に注入材をてん充して地盤を固結，閉塞させる工法．	地下水位を低下させ地盤を安定化する工法．釜場などにより重力を利用し排水する工法と，排水井等を設け動力により強制排水する工法がある．
改良目的	①止水，②地盤強化，③液状化対策，④空洞てん充	①地下水位の低下
改良効果	○ ・ばらつきが大きい． ・強度，止水性は一般に低い（土質，工法による） ・注入材によっては長期的な耐久性を有する．	○ ・地下水位の低下を主な目的とする．
地盤条件	○〜△ ・大きく依存する． ・砂礫，砂質土での使用が主流であるが，軟弱地盤から岩盤まで適用可能．	○〜△ ・大きく依存する． ・粘性土では改良効果が低い．
施工環境	◎ ・プラント，削孔機ともに小型である． ・作業の方向性に自由度がある． ・広範囲の施工性がよい． ・局所的な変状を生じる可能性がある．	○ ・排水設備が必要である． ・広域にわたる地盤沈下等を生じる場合がある．
その他	・水質監視が必要である． ・超微粒子セメントを砂層に対する浸透注入として使用する場合に限り，六価クロムの溶出試験が必要である．	・気象監視が必要である． ・改良効果を得るまで時間を要する． ・地下水位観測が必要である． ・効果を持続させるためにはポンプの稼働を継続させる．

注）一般に，◎：適用性がよい，○：適用可能，△：制約あり

2.3.1 薬液注入工法

薬液注入工法は，注入材を地中に圧入し，固結させることにより，地盤の強度や止水性の増加，または地盤の圧縮性を低減させることを目的としたものである．注入の設計にあたっては，路盤や構造物への影響が小さく所要の注入効果が得られるように注入方式，注入材，設計注入範囲，注入孔の配置，注入量，注入速度および圧力，注入効果の確認方法，施工順序について検討する．

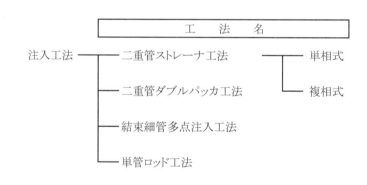

図-2.3.1 薬液注入工法の種類

図-2.3.1に薬液注入工法の種類を示す．この工法は，注入速度，注入圧力，ゲルタイム，施工順序等について周辺地盤への影響が少ないよう計画する必要がある．

施工手順の例として，二重管ストレーナ工法の施工手順を図-2.3.2に示す．

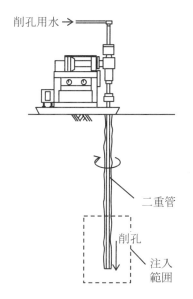
①回転式の削孔機（小型ボーリングマシン）による削孔

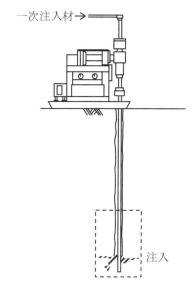
②一次注入：1.5または2ショットで瞬結の注入材を注入（注入管周囲のシールおよび間隙への粗詰）

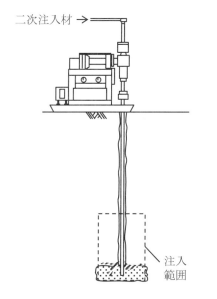
③二次注入：②と同ステップに1.5ショットまたは2ショットで中結〜緩結の注入材を注入

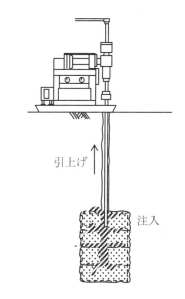
④上昇（後退）式で②〜③の繰返し，注入管の引抜，注入完了

図-2.3.2　標準的な注入工法の施工順序（二重管ストレーナ工法（複相式）の例）

a) 注入方式

　注入方式は，注入対象地盤，使用する注入材，路盤や構造物への影響を考慮して選定する．ゲルタイムによって注入材の主材と反応剤の混合方法を変える必要があり，混合方式によって均質な注入効果が得られるかどうかが決まる．さらに，注入材を所定の位置に均質に浸透し，逸走や噴出，脈状の注入を最小限とするためには，確実なパッカを行う注入方式を選定する必要がある．また，硬質地盤で長尺の場合，あるいは周辺地盤や近接構造物等への影響が考えられる場合は，孔曲がり抑止や削孔機の能力の観点から，回転打撃式の削孔機を使用できる注入方式を選定することが望ましいが，削孔機が大型であることや打撃時に騒音を伴うこともあり，作業上の制約条件も考慮して判断する必要がある．また，軌道への影響が現れると注入作業を中断することや，特に止水注入の場合には注入効果の確認後に補足注入が必要となる場合があることを考慮する．

b) 注入材

一般的には注入材は，注入の目的，使用する注入方式に応じて地盤の間隙率および透水性，地下水の状況，ならびに耐久性などを考慮して最適なものを選定し，注入形態が浸透注入となるよう中結から長結または緩結のものを使用することが望ましい．ただし，透水係数が 5×10^{-4} m/s 以上の地盤や，地下水流がある地盤では，注入材が沈降，逸散あるいは希釈されるため，緩結は好ましくない．大まかには地下水の流速でゲルタイム内に移動する距離で判断できる．

注入材の耐久性については，液状化対策など恒久目的のものも開発されているが，1年以上の仮設目的で溶液型を用いる場合には，一般に非アルカリ系（シリカゾル）が用いられている．

c) 注入範囲

線路下防護の設計注入範囲は，目的に応じて**表-2.3.2**の範囲が用いられている．最小注入幅はこれまでの実績やトラブルの事例から，地盤強化の場合に 1.5 m，止水の場合には複列配置となる 2.0 m 以上とすることが望ましい．これは，地盤強化のための注入は未改良部があっても周りの改良部が役立つが，止水を目的としている場合には未改良部から湧水が始まり，流速の増加とともに周りの改良部まで崩壊させてしまうためである．注入範囲の上端は地表面から 2 m 以上深くするのが望ましいが，やむをえない場合でも 1 m 以上とする．なお，軌道の直下 1 m 程度の深さまでは地盤が締め固められていることが多い．ガイド導坑を用いる場合には，導坑掘削部に対しても注入範囲を設定する．注入範囲は，止水や周辺地盤防護を目的とする部分をハードゾーン，函体内部の掘削部で地盤の流動化を防止して安定性を改善する部分をソフトゾーンとして，目的に応じて改良範囲と注入率を設定する．複数の目的に対して薬液注入する場合には，場所によって注入率や求められる信頼性が異なることになるので注意が必要である．なお，切羽の安定性は，N 値，粒度分布，地下水位などのデータ，あるいは，これに円弧すべりに対する安全性などを加えて総合的に判断すべきで，軌道直下での薬液注入には軌道隆起の危険性もあることを考慮して慎重に選定する必要がある．

表-2.3.2 薬液注入の目的と注入範囲

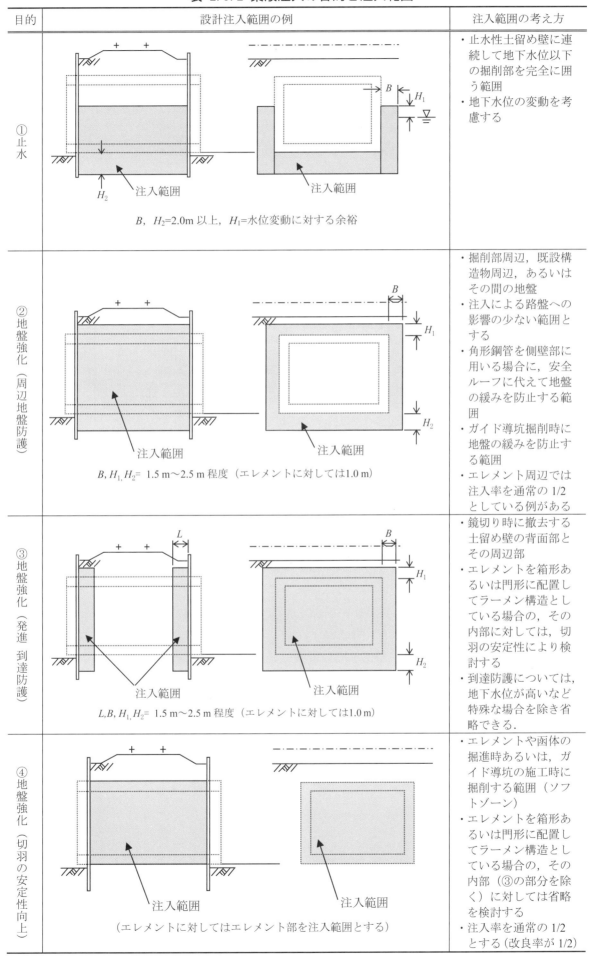

目的	設計注入範囲の例	注入範囲の考え方
① 止水	B, H_2=2.0 m 以上，H_1=水位変動に対する余裕	・止水性土留め壁に連続して地下水位以下の掘削部を完全に囲う範囲 ・地下水位の変動を考慮する
② 地盤強化（周辺地盤防護）	B, H_1, H_2 = 1.5 m〜2.5 m 程度（エレメントに対しては1.0 m）	・掘削部周辺，既設構造物周辺，あるいはその間の地盤 ・注入による路盤への影響の少ない範囲とする ・角形鋼管を側壁部に用いる場合に，安全ルーフに代えて地盤の緩みを防止する範囲 ・ガイド導坑掘削時に地盤の緩みを防止する範囲 ・エレメント周辺では注入率を通常の1/2としている例がある
③ 地盤強化（発進・到達防護）	L, B, H_1, H_2 = 1.5 m〜2.5 m 程度（エレメントに対しては1.0 m）	・鏡切り時に撤去する土留め壁の背面部とその周辺部 ・エレメントを箱形あるいは門形に配置してラーメン構造としている場合の，その内部に対しては，切羽の安定性により検討する ・到達防護については，地下水位が高いなど特殊な場合を除き省略できる．
④ 地盤強化（切羽の安定性向上）	（エレメントに対してはエレメント部を注入範囲とする）	・エレメントや函体の掘進時あるいは，ガイド導坑の施工時に掘削する範囲（ソフトゾーン） ・エレメントを箱形あるいは門形に配置してラーメン構造としている場合の，その内部（③の部分を除く）に対しては省略を検討する ・注入率を通常の1/2とする（改良率が1/2）

d) 注入孔の配置と注入量

　特殊トンネル工法の多くは切羽が開放されているため，地下水位以下での掘削の対策として薬液注入を唯一の対策とする事例が多い．注入孔は，注入の目的や重要度に応じて，注入範囲ができるだけ均質に改良されるように配置する．注入孔の配置間隔は，一般的には止水の場合は，0.8～1.2 m，地盤強化の場合 1.0～1.5 m が採用されているが，斜め注入や削孔深度が深い場合等においては注入孔の間隔を小さく配置することが望ましい．注入孔の配置は，単列配置と複列配置に区分され，一般に止水対策においては未改良部が残らないよう複列配置（正三角形配置）とすることが望ましい．注入孔の配置間隔は，一般の場合に 1.0 m，斜め注入の場合に 0.8 m が採用されている．ただし，設計注入範囲の縁端部においては，図-2.3.3 に示したように，正三角形配置の場合でも未改良部が発生する場合があり，同時に，範囲外にも注入材が回るため，計画注入量の算出にはこれらのことを考慮する必要がある．とくに止水目的の場合には，隅角部を含め，縁端部の注入量を慎重に計画する必要がある．

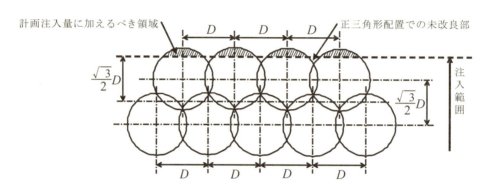

図-2.3.3 注入孔範囲縁端部の未改良部

　路盤下注入で斜め注入を行う場合は，注入管の先端において必要な注入間隔が保持できるような配置とする．止水が目的の場合には，図-2.3.4 のように対象範囲を確実に注入するように注入が必要な範囲外まで注入孔を延長して配置する必要がある．注入量は，土質種別，間隙率，注入目的等によって決定するが，とくに斜め注入の場合には深さ方向に注入間隔が変化することを考慮して計画注入量を定める．削孔長が長い場合，水平・斜めに行う場合，砂礫地盤や玉石層の場合などでは，削孔時の穴曲がりが大きくなることから，軌道下の函底部付近については立坑の掘削に併せて水平に削孔することで掘削長を短くすることや，ロータリーパーカッションドリルを使用するなどの対策を講じることがある．しかし，地下水位以下の立坑内から導坑の止水注入を斜め下方向に行う場合には，導坑下の重要な部分に未改良部が残る可能性があるので，地上から鉛直に近い角度で確実に注入することが望ましい．

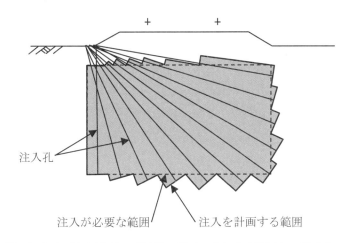

図-2.3.4 斜め注入の範囲の設定（止水が目的の場合）

e) 注入率

対象とする注入範囲の土の体積に対する注入材の体積の割合を注入率とすると，注入率は一般に土の間隙率の 90％以上を基本としている[7]．ただし，切羽の安定性を向上する目的のソフトゾーン注入では，注入率を一般の場合の二分の一としている．

f) 注入速度および注入圧力

注入速度は注入方式によって異なり，二重管ストレーナ（複相式）で 16 L/min，二重管ダブルパッカで 8 L/min が標準的に用いられている（L：リットル）．この注入速度やゲルタイムによって注入圧力は変化するが，注入圧力は薬液が地盤に浸透する際の抵抗でもあるため，自在に制御することはできない．注入圧力による路盤および近接構造物の変状防止として，①注入速度を小さくする，②ゲルタイムの長い注入材を使用する，③地下水が拡散する注入順序とする，④注入孔間隔を狭くして1ステップ当りの注入量を少なくする，⑤集中注入を避ける，などの対策も必要である．注入圧力は，浸透注入，割裂浸透注入の順にその適否を慎重に検討する必要がある．

g) 注入管理

浸透注入は注入量と，注入圧力の上昇で管理している．ゲルタイムの長い溶液型の注入では，多くの場合，圧力の上昇は期待できないので，一定量の注入で完了させている．

h) 注入効果の確認

注入材は地層の境界や地中の弱い領域に沿って逸走し，所定の効果が得られない場合があるので，その効果を確認することが望ましい．注入効果の確認は，注入目的や設計上の重要度を考慮して，適切な方法により行う．注入効果の確認方法は大別して，①掘削して目視確認，②切羽における比色法による確認，③ボーリング試料採取による目視確認または強度試験，④標準貫入試験のN値，⑤弾性波探査やPS検層等の物理探査による方法，⑥注入施工状況の監視により推定する方法，⑦止水目的の場合に調査ボーリングにより揚水または湧水を確認する方法などがある．特に地下水位以下のガイド導坑を薬液注入のみによって止水しようとする場合には，鏡切りに先立って水平ボーリングなどによって止水性を確認することが望ましい．所要の注入効果を満足しない場合には，補足注入を実施する．

i) 施工順序

軌道直下の薬液注入後にタイロッドのための水平ボーリングを注入範囲に対して実施した結果，注入効果を損ない，エレメント掘進時に路盤の陥没に至った事例がある．上床エレメントの施工後にその下部のソフトゾーンの注入時に軌道を 30 mm 隆起させた事例もある．また，補足注入のために残置すべき注入管が土留め壁に支障する事例もあるので，施工順序の計画に注意を要する．

j) 薬液注入施工時の留意事項

薬液注入の施工にあたっては，とくに次の事項に留意する必要がある．

①埋設物の事前確認：埋設物の種類，深度，材質，寸法，および削孔との離隔，ならびに防護方法．

②地下水位の確認：調査時と施工時の水位が相違する可能性，水位観測孔の計画．

③削孔スライムの確認：削孔時の水圧，スライムと柱状図との比較．スライムが戻らない場合には大きな透水層が存在する可能性がある．

④注入圧力と注入量：各ステップの注入量と注入圧力の変化を記録．とくに圧力の上昇の有無を確認する．

⑤地盤の隆起や変状：施工順序，注入吐出量，セット台数，ゲルタイム等の検討．

k) 地盤掘削時の留意事項

①止水注入の場合

止水注入により周辺の地下水位より低い地盤を掘削する場合には，わずかな湧水にも注意する必要がある．注入が不十分で水みちが残る場合には，限界流速を超えた粒子の流出が起こる．粒子の流出に伴い，水みちの拡大と流速の増加が続き，シルトから細砂層の侵食，流動化が発生し，周辺地盤の陥没に至ることになる．粒径が小さいと小さな流速によって侵食が起こるが，ある程度粒径が小さくなると粘着力を有するため浸食されにくくなる．このように地下水位以下のシルトから砂にかけての地盤を掘削する場合には，僅かな湧水にも注意し，早めに対処することが重要である．

②掘削部周辺を強化する場合

薬液注入により地盤を強化し，路盤や構造物への影響を抑制して掘削する場合には，防護する対象の動きを計測し，その効果を確認しながら掘削する必要がある．

③発進・到達防護の場合

土留め壁撤去時の切羽の安定性に注意する．

④切羽の安定性を向上させる場合

切羽の安定性を向上させるために薬液注入する場合には，地盤の透水性が低下しているため，地下水位以下の掘削においては，宙水として排水されずに残っている水が掘削に伴って湧出して切羽が突然流動化する場合があるので，切羽からの湧水に注意して掘削する必要がある．

2.3.2 地下水位低下工法

地下水位低下工法とは，通常，透水係数が約 10^{-6} m/s 以上の地盤に適用される補助工法で，地下水を排水することにより，出水防止の効果がある．**図-2.3.5** に地下水位低下工法の種類を，**図-2.3.6** に土粒子の径と地下水位低下工法の適用範囲の関係を示す．

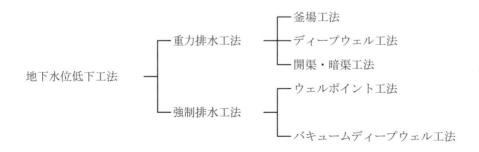

図-2.3.5 地下水位低下工法の種類

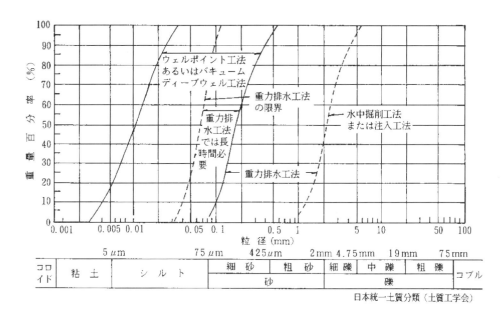

図-2.3.6 土粒子の径と地下水位低下工法の適用範囲の関係[8]

　特殊トンネル工法では，河川近傍で地下水流が早い場合などに使用されている．ただし，地下水位低下工法を施工した場合は，地下水位の低下のみならず粘性土地盤では圧密沈下が，砂質地盤では弾性沈下が発生する．地下水位の低下と地盤沈下は，段差障害，周辺建物の傾斜や沈下，配管類等の損傷，海岸部では塩水の引込みによる部材劣化等の変状が生じる可能性があるため注意が必要である．また，トンネル施工中に地下水位を低下させるには電源と正常な井戸が必要であり，何らかの理由で電源喪失やポンプの故障等が起こると地下水を低下させることができなくなり，地盤の安定性が損なわれたりトンネルが水没するリスクを伴う．特に，工期が長い場合には，そのリスクも大きくなるので注意が必要で，緊急電源や予備の井戸を用意するなどの措置が必要になるケースもある．

　地下水位を低下させる場合，排水先の確保も必要となる．また，下水に流すことが可能な場合にも下水料金が多大になることもある．近年では，揚水した地下水を効率的かつ安全に地盤中に復水するために復水位置および復水量を制御することができる循環型地下水位制御工法が開発されている．また，揚水時間の短縮や設備の小型化等のため，井戸先端に設置したジェット流体を送り込むことで，負圧を発生させて地下水の揚水を行う小口径かつ高揚程の排水が可能な工法も開発され，適用されている．

参考文献

1) 東日本旅客鉄道：設計マニュアル Ⅵ 地下・トンネル構造物編 線路下横断工計画マニュアル，2015．
2) 日本道路公団：土質地質調査要領，1993．
3) 「線路下横断工法」連載講座小委員会：線路下横断工法（1）線路のはなし，調査・計画，トンネルと地下，土木工学社，Vol.31, No.10, 2000．
4) 東日本高速道路，中日本高速道路，西日本高速道路：調査要領，2016．
5) 大国明，畠山慎也：PCR工法による推進ボックスカルバートの施工，高速道路と自動車，Vol.57, No.1, pp.42-46, 2014．
6) 榎本登，柳井典明，甲斐賢一，大竹俊一：重交通路線直下を函体で貫く－東名高速道路海老名市道2544号線交差部－，トンネルと地下，土木工学社，Vol.42, No.8, pp.17-24, 2011．
7) 日本グラウト協会：新訂正しい薬液注入工法，p.330, 日刊建設工業新聞社，2007.5
8) 土質工学会：根切り工事と地下水―調査・設計から施工まで，1991.1

3. 特殊トンネルの施工

3.1 交差対象の構造と日常管理
3.1.1 道路

道路は大きく「舗装」とそれを支える「構造物」で構成されている．特殊トンネルは主に土構造物または地盤に設置されることから，土構造物における舗装の構成や性質について概説する．

(1) 舗装の基本構造

舗装には大きく「アスファルト舗装」と「コンクリート舗装」がある．アスファルト舗装は表層から下層に向かい交通荷重を分散させながら伝達することに対し，コンクリート舗装は剛性の高いコンクリート版（表層）で交通荷重を支持し，コンクリート版全体でほぼ均一に下層に伝達する（路盤面で均一にコンクリート版を支持させる）という違いがある．両者の舗装断面の違いを図-3.1.1に示す．

図-3.1.1 アスファルト舗装とコンクリート舗装の舗装断面の違い[1]

アスファルト舗装は，材料・施工機械などの初期コストが低く，部分補修が容易で即日交通開放が可能である．コンクリート舗装は，コンクリート版の硬化に養生期間が必要となるため容易に打ち換え（コンクリート版の取替え等）ができない反面，コンクリート版が高耐久・長寿命であることから，大型車交通量の多い路線などに採用されている．この他に，アスファルト混合物に特殊セメントミルクを浸透させた半たわみ性舗装や，コンクリート版等の剛性の高い版の上にアスファルト混合物層を設けたコンポジット舗装等がある．以降は，舗装の大多数を占めるアスファルト舗装を中心に解説する．一般的な道路土工と舗装の基本的な構成を図-3.1.2に示す．

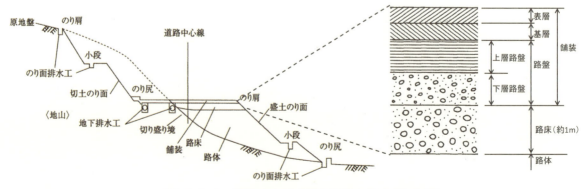

図-3.1.2 道路土工と舗装の基本的な構成[2][3]

道路では，鉄道の「路盤」にあたる箇所を「路床」と呼んでいる．舗装の厚さは一般に路床の支持力と設計交通量等により決定され，高速道路においては，設計交通量（大型車交通量）に応じて，概ね35～55 cmの厚さとなっている．

(a) アスファルト混合物層

アスファルト混合物層は表層，基層に分けられる．表層は，交通荷重を分散して下層に伝達する機能とともに，交通荷重による流動，摩耗ならびにひびわれに抵抗し，平坦ですべりにくく，かつ快適な走行が可能な路面を確保する機能が求められる．一般に密粒度系舗装の場合，雨水が下部に浸透することを防ぐ機能も有している．また，雨水を舗装内へ浸透させる機能を有したポーラスアスファルト舗装（高速道路では，高機能舗装という）もある．基層は表層に加わる荷重を路盤に均一に伝達する機能が求められる．

(b) 路盤

路盤は，上層から伝達された交通荷重をさらに分散して路床に伝達する機能が求められる．路盤には砕石等の強度の強い良質な材料を用い，一般に粒度調整工法，瀝青安定処理工法，セメント安定処理工法，石灰安定処理工法により施工する．

(c) 盛土（路床・路体）

盛土は路床と路体に分けられる．路床は，舗装下面の約1 m下までの部分をいい，舗装と一体となって交通荷重を支持し，さらに路床の下部にある路体に対して，交通荷重を一定に分散する機能が求められる．路体は盛土の主たる構成部分であり，建設発生土の有効利用の観点から多種・多用な材料を用いて構築される．

(2) 舗装の補修要否判断の目安

舗装の損傷の発生要因には，舗装の材料に起因するもの，設計や舗装構造に起因するもの，施工に起因するもの，供用に伴う疲労に起因するもの等があり，これらの要因が相互に影響していることが多い．これらの要因に対して，ひびわれ，わだち掘れ，縦断方向の凹凸，すべり抵抗値の低下など舗装表面の損傷としてしか現れてこない．したがって，舗装表面を十分に観察し，損傷原因を特定する必要がある．

舗装の補修には，それぞれの道路管理者が設定している管理基準に照らし，構造的な健全性の回復を目的としたものや，走行性・快適性といった機能的な健全性の回復を目的としたものがある．さらにポットホール等，安全性に関連する損傷は緊急的に補修するする必要がある．

舗装の補修要否の判断は，道路の役割や性格，大型車交通量の大小などにより異なる．舗装点検要領では，管理基準を，ひびわれ率，わだち掘れ量，IRI（International Roughness Index：国際ラフネス指数）の3指標を使用することを基本としている．補修の判断の目標値として**表-3.1.1**に示す値が示されておりこれらの値が参考となる．またそれぞれの損傷の測定方法を**表-3.1.2**に示す．

表-3.1.1 維持修繕要否判断の目標値[3]

項目 道路の種類	わだち掘れ(mm)	段差(mm) 橋	段差(mm) 管渠	すべり摩擦係数(μV)	縦断方向の凹凸(mm)	ひびわれ率(%)	ポットホール径(cm)
自動車専用道路	25	20	30	0.25	8 mプロフィル 90(PrI) 3 mプロフィル 3.5(σ)	20	20
交通量の多い一般道路	30~40	30	40	0.25	3 mプロフィル 4.0~5.0(σ)	30~40	20
交通量の少ない一般道路	40	30	—	—	—	40~50	20

(注1) 段差は自動車専用道路の場合15 mの水糸，一般道路の場合は10 mの水糸で測定する．
(注2) すべり摩擦係数は，自動車専用道路の場合80 km/h，一般道路の場合は60 km/hで，路盤を湿潤状態にして測定する．
(注3) PrIは，プロフィルメータで記録した凹凸の波の中央に±3 mmの帯を設け，この帯の外にはみだす部分の波の高さの総和を測定距離で除した値である．近年は，IRIを指標に用いる管理者が増えている．
(注4) 走行速度の高い道路ではここに示す価よりも高い水準に目標値を定めるとよい．

表-3.1.2 舗装の損傷の種類と測定方法

損傷の種類	測定方法	略 図 等
路面平坦性	平坦性（σ） 舗装路面の縦断方向の凹凸量の偏差値であり，①路面測定車による方法，②プロフィルメーターによる方法がある．	①路面測定車による方法　②プロフィルメーターによる方法[4]
	IRI（International Roughness Index） IRIは路面の平坦性を評価するための世界共通指標である．①水準測量による方法，②任意の縦断プロパイル測定装置による方法，③RTRRMS（レスポンス型道路ラフネス測定システム）による方法，④調査員の体感や目視による方法などがある．	IRIの算出方法 ①水準測量：間隔 250 mm 以下の水準測量で縦断プロファイルを測定し，QCシミュレーションにより算出する． ②任意の縦断プロパイル測定装置：任意の縦断プロパイル測定装置で縦断プロファイルを測定し，QCシミュレーションにより算出する． ③RTRRMS：任意尺度のラフネス指数を測定し，相関式により変換する． ④調査員の体感や目視：体感や目視により推測する．
ひびわれ	ひびわれは，アスファルト舗装路面に発生しているひびわれの面積の百分率で評価し①路面測定車による方法，②スケッチによる方法，③目視による方法がある．	―
わだち掘れ	わだち掘れは，舗装路面の横断方向の凹凸量であり，①路面測定車による方法，②横断プロフィルメーターによる方法，③目視による方法がある．	a）塑性変形によって生じたわだち掘れの例 b）摩耗によって生じたわだち掘れの例 わだち掘れ量の定義[1]
段差	段差は，構造物取り付け部や構造物の伸縮継手部に発生する．一度段差が発生すると，舗装に衝撃荷重が加わり，さらに段差が大きくなったり，ひびわれが生じやすくなったりする．特殊トンネルの工事ではしばしば発生する損傷であるため最も注意が必要な項目である．段差の測定位置は，OWP（外側車輪通過位置）を原則としている．	段差の測定方法[4]
ポットホール	ポットホールとは，アスファルト舗装表面に生じた直径 0.1～1m 程度の穴のことである．ポットホールが生じると通行車両の走行安全性を著しく低下させるため，直ちに補修する必要がある．	―

3.1.2 鉄道

図-3.1.3にバラスト軌道における線路の基本構造を示す．軌道変状には，表-3.1.3に挙げたように，軌間，水準，高低，通り，平面性の軌道管理項目に関する異常と，軸圧縮力の大きいレールの道床横抵抗力が低下して起きるレール張出しがある．高低と通りは工事の影響を受けやすいため多くの場合に計測管理の対象としているが，レールの張出しは急に起こるため事前に対策することが肝要である．特に酷暑期にはレール張出しの可能性が高くなるため，バラストを乱す作業が制限されている．表-3.1.4に軌道変状の種類と軌道整備の難易度の関係を示した．一般に，軌道の隆起への対処は沈下への対処よりも困難である．

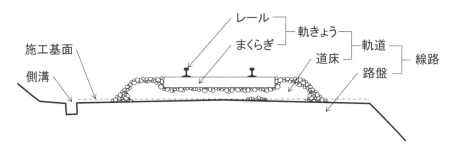

図-3.1.3　バラスト軌道における線路の基本構造

表-3.1.3 軌道変状の種類

軌道変状	内　容	略　図
軌間変位	レール面より 14 mm 下がった位置までのレール頭部内側面の最短距離（＝軌間）の基本寸法との差．スラックのある場合はそれを差し引く．スラックとは，曲線部においてレールと車輪のきしみを抑制するために軌間を拡大する量．	軌間の基本寸法：1067mm（狭軌）　1435mm（標準軌）　軌間変位＝軌間−軌間の基本寸法
水準変位	軌間の基本寸法あたりの左右レールの高さの差．曲線部でカントのある場合は，正規のカント量に対する増減量．カントとは曲線部において列車の遠心力の影響を緩和するために内側レールに対して外側レールを高くする量．	（注）直線部では起点を背にして左レールを基準に右レールが高い場合を＋とする
高低変位	レール頂面の長さ方向の凹凸で，一般に長さ 10 m 弦の中央でのレールとの垂直距離．縦曲線のある場合はその正矢量を加減する．凸形の状態を＋とする．工事に伴って路盤を隆起あるいは沈下させた場合にも発生する．	
通り変位	レール側面の長さ方向の凹凸で，一般に長さ 10 m 弦の中央でのレールとの水平距離．曲線部ではその正矢量を差し引く．工事に伴って路盤を水平に移動させた場合にも発生する．	
平面性変位	2 本のレール面で構成される面の捩じりで，一定間隔を隔てた水準狂いの差で表す．緩和曲線区間ではカント逓減のため構造的な平面性狂いが存在する．測定間隔は一般に 5 m で，新幹線では 2.5 m である．	平面性変位＝$x-(-y)$　$x, y > 0$
複合変位	通りと水準が逆位相で複合している変位．貨物列車の途中脱線を防止するために設けられた指標で，次式で求める． 複合変位＝｜通り変位−1.5×水準変位｜	—
レールの張出し	温度変化によってレールに発生する軸圧縮力に対して，道床バラストによる横抵抗力が不足する場合に，軌きょうが横方向に座屈する現象．ロングレールだけでなく，定尺レールでも遊間が詰まって発生することがある．工事に伴って道床横抵抗力が低下した場合にも発生する．	拘束のない上方に軌きょうが少し持ち上がると，道床横抵抗力が下がり，軌きょうが側方（レールの弱軸方向）に座屈する．

表-3.1.4 軌道変状と軌道整備方法

軌道変状の種別	軌道整備の方法・難易度等
高低（沈下）	沈下した箇所のむら直しは比較的容易である．
高低（隆起）	隆起した軌道のバラストと路盤をすき取るのは一般に困難で，前後の軌道を扛上することが多いために工事範囲が広くなる．このため，橋梁，踏切，分岐器など高さの調整が困難な構造物に近接する場合には，十分注意する必要がある．
通り（水平移動）	通り直しには人数と時間を要し，特に曲線部では技術と経験を要する．

3.2 特殊トンネルの構造と施工

3.2.1 概要

現在，単独立体交差事業で多く採用されている特殊トンネル工法を大別すると，開削方式と非開削方式の二つに分けられ，それぞれ施工方法により多くに分類される．

開削工法は古くより用いられてきた工法で，軌道を工事桁で仮受けし，この桁の下に場所打ちで函体を構築する工法である．ここで，工事桁の架設，撤去，工事桁用橋台の設置は，列車が走行しない時間帯に施工する必要があり，また工事桁架設期間中は仮設の桁上を列車が走行することとなるため，通常は列車速度に制限をかけた運転を行うこととなる．そのため，都市部においては，列車運行に支障が少ない非開削工法を採用するのが一般的となっている（図-3.2.1，図-3.2.2）．

非開削工法は，構造形式で区分すると下路桁形式と箱型形式に分けられる．下路桁形式は線路直角方向に鋼製またはコンクリート製のエレメントを挿入し下路桁として主桁，橋台で受ける形式

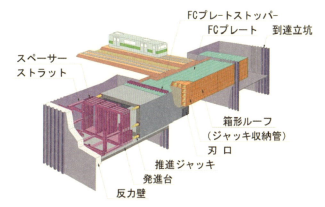

図-3.2.1 函体を推進して構築する箱型形式の特殊トンネルの例

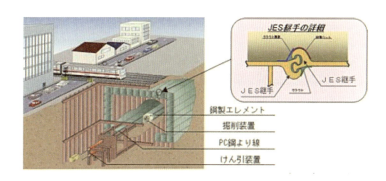

図-3.2.2 エレメントを相互の剛結した箱型形式の特殊トンネルの例

である．これらの工法は，エレメントが線路直角方向の桁として軌道荷重を受けることとなるため，構造的に複線程度の横断距離が限界となることや，下路桁形式のため支承部が必要となり，供用開始後にも構造物の定期的な検査が必要になる等の課題がある．一方，箱形形式は，防護工の扱いや本体の構築方法によって区分されている．軌道下に連続して挿入した鋼管（パイプルーフ等）により軌道を仮受けした後，その下を掘削しながら支保工を建て込み，場所打ちで函体を構築する工法やパイプルーフ等で軌道を防護した後，立坑で製作した函体を線路下に引き込む工法がある．これらの工法は軌道防護のためのパイプルーフ等の防護工挿入時およびその後の函体施工時の合計2回の線路下での掘削作業があり，軌道の変状リスクを伴う作業となるため，列車の安定輸送に課題が残っている．そこで，上述の課題を解決するため，近年では地中に挿入した

エレメントを横方向に締結して函体を構築する工法が開発されている．この工法は，従来下路桁形式として採用されている工法において，地中に挿入したエレメントをPC鋼材により横方向に緊張し，これによりエレメント相互が剛結されたボックス構造の函体を構築する工法である．これらの工法は，線路下で行う軌道への影響を与えるおそれのある作業がエレメントの挿入時1回のみであることから，軌道変状リスクの少ない工法と考えられる．また，エレメントの横方向の連結方式が隣接エレメント相互を剛な継手で嵌合挿入する工法も開発され，エレメント横締め工法と同様にエレメントを本体構造として使用することから，軌道変状リスクが低減している．また，この工法は，エレメントの線路下挿入時の継手の嵌合と挿入終了後のグラウト充填によりエレメント相互を剛に連結することが可能であることから，エレメント内におけるPC鋼材による緊張という狭隘・煩雑な作業が不要となり工費，工期の削減が可能となっている．

立体交差事業はこれからも地域の活性化や都市環境の改善のために必要な事業であり，この事業の推進のためには限られた資金の効率的な運用が求められる．また，立体交差事業は，鉄道に近接する工事となる．この場合，鉄道の安全輸送を確保しながら工事を実施する鉄道固有の技術が求められるという特徴がある．特に，単独立体交差事業に代表される特殊トンネル工法では，軌道の下を掘削するきわめて厳しい工事条件となることから，安全でかつ経済的な技術を開発することが期待される．

3.2.2 施工時のリスク（路盤への影響）

特殊トンネルの工事においては，薬液注入，地下水位の低下，立坑の施工，土留め用タイロッドのための水平ボーリング，エレメントの推進やけん引，けん引ケーブル設置用の水平ボーリング，ガイド導坑，函体のけん引や推進等，多くの工種が路盤に影響する．一部の密閉式工法を除き，多くの工法において掘削切羽が開放されているため，湧水や地盤の流動化等の多くのリスクがある．切羽開放型の非開削工法において路盤への影響が懸念される工程は，エレメントの前進，けん引ケーブル用削孔，ガイド導坑，函体の前進である．**表-3.2.1**に各工法で該当する工程の有無等を整理した．角形鋼管を函体に置き換える場合には，土中を移動する構造体は函体と角形鋼管の両方となるため，既設路盤の全幅が影響を受けることに注意する．

表-3.2.1 切羽開放型の非開削工法において路盤に影響する主な工程

工法 \ 工種	エレメントの前進	けん引ケーブル用削孔	ガイド導坑	函体の前進（土中を移動する構造体）
URT工法	角形鋼管	なし	なし	なし
PCR工法（直接推進）	中空PC管	なし	なし	なし
PCR工法（置換推進）	角形鋼管	なし	なし	PCエレメントと角形鋼管
HEP&JES工法	角形鋼管	有（基準管用）	なし	なし
フロンテジャッキング工法	パイプルーフ	有	有	函体
ESA工法	パイプルーフ	有[※1]	有	函体
ESA工法＋フロンテ	パイプルーフ	有	有	函体
ESA工法＋R&C	角形鋼管	有	有	函体と角形鋼管
R&C工法（けん引方式）	角形鋼管	有	有	函体と角形鋼管
R&C工法（推進方式）	角形鋼管	なし	なし[※2]	函体と角形鋼管
SFT工法（けん引方式）[※3]	角形鋼管	なし	なし	函体と角形鋼管
SFT工法（推進方式）[※3]	角形鋼管	なし	なし	函体と角形鋼管

※1：ケーブル用削孔がある場合．
※2：施工条件によってはガイド導坑を設ける場合がある．
※3：函体の前進時に掘削切羽はない．

表-3.2.2に，パイプルーフや角形鋼管などの切羽開放型のエレメントの推進・けん引時における路盤変状のリスク要因と対策を挙げ，表-3.2.3に函体のけん引・推進時の路盤変状のリスク要因と対策を挙げた．特殊トンネル工法の多くは切羽が開放されているため，地下水位以下での掘削の対策として薬液注入を唯一の対策としている事例が多い．地盤強化のための注入は未改良部があっても周りの改良部である程度負担できるが，止水を目的としている場合には未改良部から湧水が始まり，流速の増加とともに周りの改良部まで崩壊させてしまうので，十分な注入厚さを確保し，斜め注入の場合には削孔長や各ステップでの注入量に留意する．特に河川の近くなどで地下水流が想定される場合には，適切な工法や薬剤を選定する．また，掘削に先立ってボーリングなどによって注入効果を確認することが望ましい．なお，函体をけん引・推進する工法は，防護工エレメントの施工時と函体の設置時の双方のリスクを想定する必要がある．

表-3.2.2　切羽開放型エレメント推進時等のリスク要因

路盤変状の要因	対策	摘要
① 地下水位以下の切羽からの湧水に伴う路盤陥没や湛水	・薬液注入 ・地下水位低下工法	最小注入厚さ2mを確保し，斜め注入では削孔長，注入量に留意する．掘削前に注入効果を確認する．
② 薬液注入の削孔や注入による路盤の沈下や隆起	・沈下：簡易工事桁（鉄道） ・隆起：低圧注入，限定注入	削孔時に路盤が隆起することもある． できるだけ土被りを確保する．
③ 水平ルーフ直上土留めの変状による路盤の沈下や水平移動	・土留め工の切断前に両隣で支持し，設置後のエレメントに固定する．	水平ルーフの上部の土留め工を支えるタイロッドの位置は，この部分に作用する土圧の合力の作用位置を考慮する．
④ 切羽における地盤の崩壊や流動化による路盤の陥没	・薬液注入 ・簡易工事桁（鉄道） ・刃口の圧入先行掘削 ・掘削停止時の切羽保持	粘着力が小さく均等係数の小さな砂質地盤，あるいは地下水によって流動化する地盤． 作業休止時には切羽保持（鏡止め）を行う．
⑤ 切羽での支障物撤去や先掘りによる天端の緩みや崩壊に伴う路盤の沈下や陥没	・簡易工事桁（鉄道） ・圧入先行方式 ・支障物撤去の跡詰め ・地盤切削工法	作業休止時には刃口を地山内に貫入させる．
⑥ エレメントが地中の大礫や支障物等に当り上昇した推力が上方に解放されて路盤が隆起	・支障物調査と事前撤去 ・切羽の人力掘削と先掘り ・地盤切削工法	機械掘削の場合，圧入先行方式とすると隆起の恐れがあるため，鋼管先端からビットの先端は50 mm程度以下出す，掘削先行方式とすることが多い．
⑦ エレメントの前進によってその上部の土塊がエレメントと一緒に水平移動する	・土被りの確保 ・簡易工事桁（鉄道） ・前進に合わせて刃口部でフリクションカット（FC）プレートを挿入設置すると，上部土塊とFCプレートの相対変位をなくせる．	
⑧ 2本目以降の相対土被りの低下によるアーチ作用の阻害に起因した余掘り分の崩壊に伴うエレメント上部の路盤の沈下（複数のエレメントの並列前進や幅広エレメントを含む）	・土被りの確保 ・薬液注入 ・簡易工事桁（鉄道） ・上床エレメント裏込め注入（路盤隆起に注意）	相対土被り：$h_1=H/B$　相対土被り：$h_2=H/2B=h_1/2$
⑨ エレメント施工に起因する地山の緩み部の活荷重の繰返し載荷による圧縮に伴う上床エレメント上部の路盤の沈下	・上床エレメント裏込め注入 ・自硬性滑材の使用	
⑩ エレメント下部の地山の余掘りと緩み部の活荷重の繰返し載荷による圧縮に伴う上床エレメントの沈下	・上床エレメント下部への裏込め注入，セメント改良土の充填等．	
⑪ タイロッドやけん引用ケーブルのための水平削孔による地盤の余掘りや緩みによる沈下	・けん引工法を推進工法に変更 ・タイロッドを切梁に変更	礫地盤や長距離削孔の場合には水平ボーリングの精度も低下する．
⑫ ルーフ下地盤の脱水圧縮による上床エレメントの沈下	・薬液注入	立坑やガイド導坑の施工に伴い掘削予定地盤が脱水する．特に地下水位以下の砂～シルト質地盤に注意．
⑬ 側壁エレメント施工による応力解放に伴う鉛直方向の圧縮による上床エレメントの沈下	・刃口の圧入先行方式 ・側壁エレメント裏込め注入（弾性的挙動は防げない．）	
⑭ 側壁エレメントの余掘りによる路盤の沈下や陥没（特に円形エレメントの場合）	・安全ルーフの設置 ・エレメント裏込め注入 ・薬液注入による緩み防止	
⑮ 下床エレメントの施工による緩みに伴う上床エレメントの沈下	・下床エレメント裏込め注入 ・一体の上床版の先行形成	

表-3.2.3 函体前進時のリスク要因

施工方法	路盤変状の要因	対策	摘要
ガイド導坑を用いる場合	ガイド導坑掘削による地盤の緩みによる上床エレメントの沈下，導坑上部の側壁エレメントの沈下．導坑切羽の流動化による路盤の陥没．	・縫い地矢板 ・矢板の裏込め ・安全ルーフの設置 ・薬液注入（地下水位以下の場合に注入効果の確認と必要により追い注入）	
切羽で掘削しながら函体を前進させる場合	函体切羽での地盤の緩みや流動化による鋼管ルーフの沈下，たわみ．	・函体前進時に掘削する土塊部への事前の薬液注入 ・安全ルーフの設置	切羽の安定性が向上する程度の薬液注入でよい．
	函体が到達部に近くなり地盤抵抗が急激に減少し，函体が必要以上に一度に進む．	・ジャッキ圧力を徐々に上げるなど慎重に施工する． ・ショックアブソーバー付きジャッキの使用．	
パイプルーフの下で函体をけん引する場合	パイプルーフの初期たわみ部を函体が持ち上げて隆起	・函体に支障する箇所のパイプルーフの事前撤去（鋼管の補強後）	函体とパイプルーフの間を20 cm以上確保して対処している．
	パイプルーフと函体間の土の掘削あるいは落下によるパイプの沈下	・空隙に対して，切羽側から砂袋充填，発進立坑側から砂敷き込み，または，滑材効果のある空隙充填材の注入	
	パイプルーフと函体間にできた空隙に入れた砂の集塊化によるパイプの隆起	・パイプルーフの設置精度を向上する． ・パイプルーフの設置から函体推進までの期間を短くして鋼管のたわみの増加を抑制する．	
	片引き方式で反力壁が路盤に近接する場合に受働土圧により路盤が隆起	・到達立坑と反力立坑の分離	
角形鋼管と函体を置き換える場合	角形鋼管の設置誤差による路盤の隆起，沈下： ・角形鋼管の設置が所定より低い場合，函体前進時に路盤を隆起させ，同時に水平移動が生じる場合もある． ・角形鋼管の設置が所定より高い場合，所定の函体を前進させると路盤が沈下する．	・手掘りによる精度向上． ・角形鋼管の上げ越し． ・角形鋼管が高い場合，函体の天端を厚くする． ・角形鋼管の設置誤差から函体前進時の軌道変状を予測する． ・誤差の大きい角形鋼管の入れ替え ・函体移動直前にも鋼管設置精度(形状)を測量する．	
	函体とともにFCプレートが動いて路盤も動く	・FCプレートをジャッキ等で制御する．	レールの張出し防止には散水や座屈防止板の設置等がある．

3.3 交差対象の計測管理

3.3.1 概　要

　計測管理は，変位・変形量（応力）の許容値ならびに予測値にもとづき，定める管理値と計測値との比較により行う．道路関連工事では，インフラ埋設物や既設構造物等が多岐にわたるため，個別の施設管理者に対して，施設としての機能確保から見た許容値を求めて，協議のうえ計測項目や管理値を設定する必要がある．また，鉄道関連工事においても，交差対象となる線区の重要度や軌道構造，予測される影響の程度等から総合的に計測項目を決定する必要がある．

　交差対象施設の機能確保上の許容値が管理者から直接提示されない場合，既設構造物の構造安全性確保の面から許容値を設定することが多い．既設構造物の構造安全性確保から見た許容値は，過去の実績または既設構造物の構造検討にもとづき設定する．設定した許容値に対して，計測方法や計測頻度等を協議のうえ決定し，計測管理を行うのが一般的である．

　交差対象物に対する計測方法は，計測範囲・計測精度・計測期間および計器設置条件等の現場が要求する条件を把握し，十分に考慮してそれぞれの施工方法に適応するように策定しなければならない．また，立地条件や地盤条件に適合した計測項目を選択し，かつ経済性を考慮して策定する必要がある．計測作業は施工と並行して行われるため，安全かつ施工に極力支障をきたさず確実に実施できるよう，その方法および設備等に十分に配慮する必要がある．

3.3.2 計測項目

　計測項目は，新設構造物の施工方法，既設構造物の構造・形状・機能・老朽度，交差対象物との近接程度，地盤特性等を考慮する必要がある．また，施設管理者の意向や現場の諸条件等を総合的に勘案して選定する．計測項目の選定にあたっては，直接的な変位，変形計測を主体とし，工事影響の因果関係が把握できるように選定することが重要である．一般的な既設構造物の用途別計測項目の例を**表-3.3.1**に示す．

表-3.3.1　一般的な計測項目の例 [5)を一部改変]

用　途	構造物	項　目
鉄道施設	軌道	水平変位，鉛直変位，軌間，水準，高低，通り
	シールドトンネル	内空変位
	地中構造物	内空変位，鉛直変位
	高架橋	鉛直変位，傾斜，相対変位
道路施設	杭基礎	変形
	ボックストンネル	沈下，水平移動，傾斜
	橋脚	沈下
	道路	地表面沈下
下水道	シールド管渠	鉛直変位
	下水道	沈下，隆起
	地中構造物	天端沈下，内空変位
上水道	水道管	鉛直変位沈下
電力，下水共同溝	共同溝（シールドトンネル）	内空変位
電力施設	洞道	鉛直変位，水平変位，内空変位
	鉄塔	基礎杭頭水平変位，脚間相対変位
通信施設	シールドトンネル	鉛直変位，内空変位
ガス施設	ガス管	ガス管直上沈下，鉛直変位沈下

3.3.3 計測期間および計測頻度

　計測開始時期は，施工による影響が生じる前から行うのが原則である．計測対象となる埋設物および周辺地盤の初期値の確認や，計測機器のキャリブレーション等を目的とした事前計測を行

っておくことが重要で，施工前・施工中・施工後に至るまで計測を行うのが一般的である．また，対象構造物の重要度や施工状況に応じて計測頻度等を計測対象構造物の管理者と協議のうえ設定する必要がある．特に鉄道関連工事では，列車の走行安全性に直接影響を及ぼす軌道の計測は，高頻度で行う必要がある．また，各計測項目相互の関連を比較検討するため，個々の計測項目は，時間軸を同一とし，その頻度も適切に定めることが望ましい．

3.3.4 計測機器の種類

計測機器は，既設構造物等に対して計測対象となる項目について，頻度や周辺の環境条件を考慮して適合性の高いものを選定し，経済比較等を行い総合的に判断して選定する必要がある．鉄道関連工事においては，工事の安全性および計測の信頼性を高めるために，手動による軌道計測器（ゲージ等）によって，軌間・水準を適当な頻度で検測し，レベル測量や糸張等を使用した高低・通り検測も実施することが重要である．ただし，軌道の計測を高頻度で行うため，手動では対応しきれない場合もあり，軌道変位量の計測方法については，軌道変位自動測定器等の連続的かつ自動的に計測できる機器を使用することが一般的である．

道路関連工事において路面沈下等の計測を行なう場合，交通量が少ない場所では，手動によるレベル測定が可能であるが，交通量が多く，手動によるレベル測定が困難な場所では，自動追尾トータルステーション等を使用し，自動計測する場合もある．また，下水道管渠等容易に立ち入ることができない箇所などについても自動計測を行なうのが一般的である．

なお，計測機器の選定にあたっては，次のような点に注意する．
・計測目的および計測項目に適した機器であること．
・現場計測であるから，耐水性，防塵性，耐衝撃性に優れていること．
・取扱いが容易であること．
・計測記録の保存が可能であること．
・測定期間を通して測定機能に安定性があること．
・故障時の対応が迅速にできるものであること．

計測項目に対する計測機器の例を**表-3.3.2**に示す．

表-3.3.2 計測項目に対する計測機器の例

計測項目	計測機器
軌道の変位	軌道計測機器（ゲージ等），レベル，トータルステーション 軌道変位自動測定器等
構造物等の変位	レベル，トランジット等
構造物等の傾斜	固定式傾斜計，トランジット等
構造物等の内空変位	レーザー距離計，トータルステーション等
道路・地表面の変位	レベル，トータルステーション等

3.3.5 管理値および管理体制

計測により得られた結果を施工管理に適切にフィードバックすることが重要である．計測結果に基づいて評価を行い，施工管理体制に反映させるためには，管理値の設定が重要である．管理値は，構造物管理者が定める許容値に対して余裕を持った値を段階的に設定する等の方法を用いている場合が多い．例えば，許容値の1/3を一次管理値，2/3を二次管理値とし，一次管理値を施工者内検討とし，一次管理値を超え二次管理値以内では工事企業者との協議，二次管理値を超え許容値内では近接構造物管理者との協議というような段階的管理方法である．

特に鉄道関連工事では，施工中において予期せぬ事態が発生し，計測値が急に管理値を超えると第三者へ与える影響が大きいため，軌道保守態勢の整備，列車防護装置等の適切な位置への設

置等の対策をとる必要がある．また，平常時から計測値の変化状況や計測項目ごとの相関，計測結果と実現象との関係性等についても注意し，総合的な判断を行うことが必要である．

また，緊急時の連絡網や応急策に関する事項等について十分な態勢を整えておくとともに，関係者との情報共有化に努めることが重要である．各種管理基準値に対する対応策の例を**表-3.3.3**に示す．

表-3.3.3 測定値の状況と対応策の例 [7]を一部改変

	状　況	対応策
1	測定値≦1次管理値	施工を継続する．
2	1次管理値＜測定値＜2次管理値	測定値が2次管理値未満であるのですぐに対策工を実施する必要はないが，次の施工以降で2次管理値を上回るか否かの予測検討が必要である．計測頻度を増して，施工を継続する．
3	2次管理値≦測定値	工事を一時中断し，原因の究明と何らかの対策工を実施する．

3.4 特殊トンネル本体の施工管理
3.4.1 トンネル本体製作時の品質管理

特殊トンネル本体の推進・けん引時には，大きな推力が本体に作用するとともに，製作精度によっては，周辺地盤の変形を引き起こすため，ボックスカルバート製作時の品質管理が重要となる．

a) 現場製作時

ボックスカルバートを現場製作する場合，基礎コンクリート版（発進台）の凹凸が，そのまま下床版底面の形状となるため，推進・けん引時の方向性に大きな影響を及ぼす恐れがある．このため高い精度の平坦性が求められる．また，上床版上面のコンクリートの均し作業については，通常人力によるこて仕上げの場合が多いため，正確な高低測量による高さ管理を行い，平坦な精度を確保することが重要である．

b) 工場製作時

ボックスカルバートを工場製作する場合，推進・けん引時の推力が推進方向に作用するため，ボックス同士の密着性が重要となる．このため，褄面の仕上げ精度が特に重要であり，製作時は両褄面に鋼製型枠を使用するなどして高精度の褄面とする必要がある．なお，褄面を上面とする型枠を使用し，こて仕上げを行う開削トンネル等で使用されるプレキャストボックスの製作方法は，ボックス同士の密着性が悪く，突起物などに推力が集中し，ひびわれが発生する要因となるため使用しない．

3.4.2 推進・けん引式の施工管理

1) 施工管理概要

一般的に特殊トンネルの本体構造形式は，鉄筋コンクリート構造の箱形ラーメン形式ボックスカルバートが適用される．その製作方法は，製作する構造物の大きさ，作業ヤード条件，搬入路などを総合的に勘案して選定され，現場または工場で製作される．なお，近年では鋼製セグメント構造による施工事例も報告されている．このようなボックスカルバート本体の施工管理では，ボックスカルバート推進・けん引終了までの各工種におけるトンネル本体の変形，ひびわれ等を引き起こすことがないよう，その製作方法や推進・けん引方法などに十分配慮する必要がある．また，トンネル本体の製作精度が軌道・道路面の変状に影響を与える可能性があるため，ボックスカルバートの品質管理，推進・けん引方法，計測管理などの検討が必要である．

2) 本体推進・けん引時の方向精度管理

本体推進・けん引時の急激な方向修正は，偏荷重がボックスに作用し，ひびわれの発生要因となるばかりでなく，周辺地盤に影響を与える場合が多い．このため，日々の函体推進・けん引時の計測により，早い段階で方向修正を行うことが重要であり，あらかじめ計測項目，計測方法ならびに管理値等を定め，施工時の管理を適切に行う必要がある．

エレメントおよび函体の施工精度（水平・鉛直）は，エレメントおよび函体ごとに定めた施工上の計画値に対して許容施工誤差（延長に対する割合で一般的に±0.2％）以内とする．施工精度を確保するため，推進・けん引中および推進・けん引完了後に高低（レベル）・水平（センター）・回転（ローリング）について測量管理を行う．この測量管理は，エレメントおよび函体ごとに実施する．特に，基準エレメントについては，測量の頻度を増して実施する．

3) 本体推進・けん引時の計測項目および計測頻度

計測項目は，鉄道および道路管理者等の関係機関と協議を行い，横断個所の施工条件に合わせた項目および管理値を定める．なお，異常値を計測した場合は，直ちに函体推進・けん引を中断し，原因を除去してから再開する．

一般的には，計算上の実推進・けん引力を基準とし，図-3.4.1に示すようなグラフを事前に作成し，異常値の目安としている．

以下に，一般的な函体推進・けん引時の計測項目および頻度を示す．

a) 高低（レベル）

高低管理は，各函体の底版部（四隅）に高低管理用の計測点を設け，函体推進・けん引開始および終了後にレベル等で高低の測量を行う．

b) 方向（通り）

方向管理は，施工時の支障とならない函体前方と後方の位置に基準を設け，函体推進・けん引開始および終了後にトランシット等で通りの測量を行う．

c) 推進・けん引力

本体の推進・けん引力は，想定した推進・けん引力の計算をもとに管理グラフ等を作成し，函体推進・けん引ごとに推進距離と推進・けん引力を記録する．推進・けん引力の管理グラフおよび記録表の例を図-3.4.1および表-3.4.1に示す．

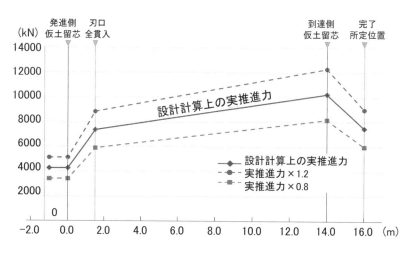

図-3.4.1 推進・けん引力 管理グラフ

表-3.4.1 函体推進・けん引記録表（例）

年　　月　　日（　曜日）

推進回数	ジャッキ台数	推進・けん引開始時			推進・けん引終了時			推進・けん引長	
		時間 (時・分)	圧力 (MPa)	推力 (kN)	時間 (時・分)	圧力 (MPa)	推力 (kN)	推進長 けん引長 (m)	累計 (m)

4) 掘進機計測管理の留意点

エレメントおよび函体を機械掘進する場合，掘進時の掘進速度，掘進機の推進・けん引力，オーガートルク値および軌道変位量を計測し，それらの関係を分析した結果，軌道変位と最も相関性が高いのは，オーガートルク値であることが明らかになっている．

従来，軌道変位との相関性が比較的高いとされている推進・けん引力は，正常な掘進中においても，その値は変動量が大きいため，エレメントおよび函体の先端が地盤内の支障物に当たった場合の変動量は正常時のそれに隠れてしまう．これにより支障物の検知や軌道変位を予測することは困難である．しかし，オーガートルク値は，支障物にエレメントおよび函体の先端が当った場合に顕著な反応を示し，軌道変位との相関性も高いことから，施工にあたっては掘進機のオーガートルク値を計測管理することが有効である．なお，オーガートルク値の計測の際には，合わせて掘進距離を正確に計測し，軌道との位置関係を明確にしておかなければならない．

推進・けん引力については，その値から支障物の検知や軌道変位を予測することは困難であるが，過剰な力の付加により，著しい軌道変位を発生させないように推進・けん引力にも注意し，常に適正な範囲内で推進・けん引力が推移していることを確認しながら施工することも大切である．

5) 掘進機計測の留意点

a) 計測内容

計測項目および計測データの例を**表-3.4.2**に示す．

表-3.4.2　函体推進・けん引記録表（例）

計測項目	計測データ
①推進・けん引力	掘進距離と推進・けん引力
②掘進速度	速度計または掘進開始・終了時の時刻
③掘削装置の切削トルク	オーガートルク
④掘進施工精度	エレメントおよび函体ごとの高低と水準

掘進機のオーガートルク値の計測のためには，現場に掘進機を搬入する前に，以下の必要な機器を掘進機の配電ボックス内等に取付けることが望ましい（**図-3.4.2**）．また，作業中において正確に計測値が把握できるよう計測値の表示方法についても工夫する必要がある．

・掘進機が電動式モーターの場合：電流変換器
・掘進機が油圧式モーターの場合：圧力変換器

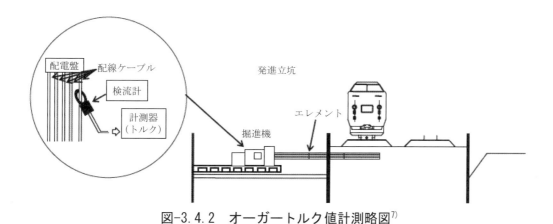

図-3.4.2　オーガートルク値計測略図[7]

b) 計測管理

　施工にあたっては，計測値と管理値を対比し，現在の施工状況・施工方法の安全性と妥当性を検証する．計測管理は，計測方法，計測規模および経済性などを十分に考慮し，データのサンプリングから管理に必要なデータの処理までの一連の作業が滞りなく確実に行えるような体制を構築しておく必要がある．

　掘進機のオーガートルク値は，掘進に伴い激しく変動するが，正常に掘進作業が行われている間は，その変動幅はほぼ一定である．しかし，エレメントの先端が支障物に接触した場合には，著しく変動することから，この現象を確認した際には，掘進を一旦停止し，その原因を究明するとともに以降の作業により軌道への影響が懸念される場合には，その原因を除去した後，作業を再開する．また，土被りが小さい場合に，この現象が生じた時は，エレメントの先端位置から前方2m程度の範囲で軌道変位（高低）が生じることが予測されることから軌道監視・軌道整備態勢を強化する必要がある．

　推進・けん引力については，設計推進・けん引力より定めるものとし，管理値は，計算上の推進・けん引力（安全率を考慮しない値）に基づくこととする．事業者に確認が必要であるが，計算上の推進・けん引力をもとに10％割増した値を1次管理値（警戒値），20％割増した値を2次管理値（工事中止値）とすることが一般的である．

　施工中の推進・けん引力が2次管理値を超える場合，および管理値の勾配を大きく上回る急激な上昇等が生じた場合は，推進・けん引を中止し支障物の有無等の原因を調査する．

3.4.3　箱形密閉泥土圧式特殊トンネル工法の施工管理

(1) 概要

　箱形密閉泥土圧式特殊トンネル工法は，切羽の安定性に優れる泥土圧式掘進機を用い，土圧管理と排土量管理を適切に行うことで，低土被りの施工でも地表面や上部埋設物への沈下等の影響を低減することが可能である．

　箱形密閉泥土圧式特殊トンネル工法には，「鋼殻を組み立てて掘進した後に鋼殻を切り開き，場所打ちコンクリートで躯体を構築（URUP工法（分割シールド形式），ハーモニカ工法），あるいは鋼殻接続部の場所打ちコンクリートと鋼殻内コンクリート充填で躯体を構築（MMST工法）する工法」と「推進形式も含めて掘進機の後ろで本設セグメントを組み立てる工法（パドルシールド工法，R-SWING工法）」がある．前者の場合には，泥土圧シールド工法あるいは土圧式推進工法等の掘進管理に加えて，切り開き時の地盤改良や接続部掘削時の周辺への影響，地盤改良の止水性や強度等について管理する．また，後者の場合には，いわゆる推進工法あるいは泥土圧シールド工法と同様な項目を管理する．以下に各管理項目について概略を説明するが，詳細については，**第Ⅱ編，第Ⅲ編**の各論に示す各工法を参照されたい．

(2) 掘進管理

　掘進管理は，切羽の土砂崩壊を防ぐことおよび周辺地盤への影響を最小限に留めることを目的として行う．管理項目としては，切羽土圧，チャンバー内土砂（泥土）性状，裏込め注入，掘削土量・排土性状，線形制御，総推力・カッタートルク，掘進速度等である．

a) 切羽土圧管理

　切羽の安定を確保するには，チャンバー内の圧力（泥土圧）を適正に保持する必要がある．切羽土圧の管理は隔壁内に設置した土圧計を確認しながら掘進することが一般的である．管理圧力の設定は主働土圧や静止土圧あるいは緩み土圧を用いる方法等いろいろあるが，地表面の沈下を抑制する場合は，「静止土圧＋水圧＋変動圧」が一つの目安となる．

b) 泥土性状管理

切羽の安定に必要な土圧を保持し掘進に合わせた土量の排出を行うために，チャンバー内の土砂の塑性流動性の確保と止水性の確保が重要である．地盤に応じて高分子系増粘材等の加泥材を使用するなど適切に対処する必要がある．加泥材の注入率は，サンプリングした土砂を用いた試験により決定する．

条件によっては地下水位以上の掘進の場合もあり，逸水，逸泥や，回転あるいは揺動カッターによる脱水についても適切な対処が必要となる場合があるので注意を要する．

c) 裏込め注入管理

掘進完了後に地山と同等程度の強度を発現する空隙充填材（裏込め材）で掘進時の余掘り空隙を充填する．注入量は，適用土質別に設定し，使用する裏込材は土質・施工条件により選定する．また，注入圧は土被りや水圧を考慮した適切な圧力を定める．圧力と注入量のどちらか一方の管理では不十分であり，両方を管理することが望ましい．

d) 排土管理

排土をポンプ圧送する場合，排土量は，土砂圧送配管に電磁流量計とγ線密度計を設置するなどして土砂圧送容積を計測する方法，スクリューコンベア回転数，圧送ポンプの回転数等から推定する方法，残土搬出時のダンプ搬出容量とピット内の残量の集計等を行う方法などにより管理する．地山への逸水や逸泥による影響もあるため，注意を要する．なお，それぞれの方法には誤差があるため複数の方法で管理することが望ましい．

また，泥土圧シールドで排土をベルトコンベアで運搬する場合，ベルトコンベアに設置したベルトスケールによる掘削土砂の重量計測や，レーザースキャンによるベルトコンベア上の掘削土砂の体積計測等を行い，排土量を管理する．

e) 線形管理

①方向制御

線形管理は，坑内測量に基づいた掘進管理測量を実施し，計画線からのずれを遅延なく修正する必要があり，掘進中の微妙な方向制御が必要となる．掘進機の設置精度や掘進機に装備した中折れ機構の使用等によって制御する．工法によっては，地表面への影響を軽減するための先行ルーフを出すことによって，切羽の土圧による浮上りを抑制しながら，掘進機の動きを制御する．

②ローリング対策

矩形断面のトンネルにおいては，ローリング対策が重要である．制御方法は，ローリング修正ジャッキの装備やそり機構等各工法の掘進機の機構によるところが大きく，各論の各工法を参照されたい．

f) 総推力・カッタートルク

推力およびカッタートルクは，泥土性状が適切で，地山の性状に対して適切な掘進速度であれば，大きな値を示すことはなく，一定の変動を伴う定常的な値を示す．推力やトルクの変化（上昇，下降）は，地山の変化や掘進速度の地盤への不適合，チャンバー内土砂性状の劣化，固結傾向の可能性を示す指標となるため，正常な掘進時の各数値を把握することが重要である．

g) 掘進速度

掘進速度は，地盤の状態にあわせて管理する．発進防護工の地盤改良体は地盤に比べて硬く，無理に掘進速度を速めず，地山部に比べてゆっくりと掘進する．改良体以外の地山部の掘進は，地盤により速度を調整しながら適切な掘進速度を維持する．

h) 覆工躯体の構築

①本設セグメントを組み立てる工法

　セグメントのたわみが大きくならないように管理する．トンネル幅が大きく頂版のスパンが大きい場合には，仮設の中柱を設置するなどの配慮が必要である．なお，仮設の中柱は，到達後に撤去する．

②鋼殻組立て後に場所打ち躯体を構築する工法

　鋼殻を組み立てた後に切り開いて場所打ちで躯体を構築する工法では，場所打ち躯体構築時の管理は一般地中 RC 構造物の管理に準じる．なお，上床版は上部からの打設が行えないため，高流動コンクリートを用いるなどが必要となる．

i) 計測管理

　掘進に並行して，直上地盤（路面，軌道を含む）の変状計測を実施し，切羽土圧の管理等に反映する．また，裏込め注入圧と注入量を管理し，地山が大きく変状することがないように施工する．

j) 地中支障物

　基本的には事前調査によって地中障害物を把握して事前に撤去するなどの措置をとるが，想定外の支障物が現れた場合には，掘進を中断し，前面を地盤改良してカッターより前で人力により撤去を行うなどが必要になる．

　支障物へのあたり具合によっては，掘進機のビットが損傷する可能性もあり，その後の掘進への影響が大きくなってしまうリスクがあるため，先行して探査することが望ましい．工法によってはルーフ部分を先行して掘進できるものもあり，詳細は各論を参照されたい．

参考文献

1) 日本道路協会：舗装点検必携平成 29 年度版，p.17，2017.
2) 日本道路協会：道路土工構造物技術基準・同解説，p.15，2017.
3) 日本道路協会：舗装試験法便覧，pp.932-934，1988.
4) 日本道路協会：道路維持修繕要綱，p.68，1978.
5) 日本トンネル技術協会：地中構造物の建設に伴う近接施工指針，pp.105-108，1999.
6) 近接施工技術総覧編集委員会：近接施工技術総覧，p.500，1997.
7) 東日本旅客鉄道：非開削工法設計施工マニュアル，pp.9-12，2017.2

第Ⅱ編　エレメント推進けん引工法

1. URT工法（Under Railway/Road Tunnelling Method）下路桁形式

1.1 概　要
(1) 概　要

URT工法（下路桁形式）（図-1.1）は，鉄道または道路を挟んで発進立坑と到達立坑を設置し，矩形の鋼製エレメントを線路あるいは道路横断方向に並列推進して活荷重を受ける横桁とし，その両端部を線路や道路方向の主桁で支持する構造である．また，側方土圧に対しても鋼製のエレメントを線路横断方向に縦列推進して支持しその両端を橋台で支える構造である．

構造形式としては，主桁をU型の橋台で支持する形式と主桁を独立の橋台，フーチングで支持する形式がある．これらの形式では主桁と橋台間に支承部が必要となるが，維持管理上の問題により主桁を箱型ラーメン構造として支承をなくしたボックス橋台形式もある．ただし，線路横断方向の延長は，鋼製エレメントの桁高が低いことと輸送上の制限から20 m程度以下となっている（表-1.1）．なお，トンネル形式では延長100 m程度まで可能である．

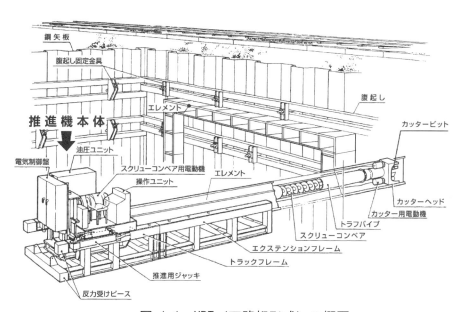

図-1.1　URT（下路桁形式）の概要

表-1.1　URT（下路桁形式）工法の構造形式

構造形式	下路桁形式			【参考】トンネル形式
	主桁・U型橋台構造	門型ラーメン構造	ボックスラーメン構造	
概念図				
エレメントの役割	梁構造（横桁）	梁構造（横桁）	梁構造（横桁）	アーチ構造本体
トンネル長さ	最大20 m程度が標準寸法	最大20 m程度が標準寸法	最大20 m程度が標準寸法	最大100 m程度までは可能
土被り	きわめて小さい土被りに有効	きわめて小さい土被りに有効	きわめて小さい土被りに有効	大きい土被りに有効
維持管理	支承・ストッパーの管理が必要	支承・ストッパーの管理が必要	特になし	特になし

(2) 特徴

a) 品　質

① URTエレメントは工場で十分な管理のもとで製作されるため，高品質で信頼性の高い製品が得られる．

② 鋼製エレメントなので加工の自由度が高い．

b) 施工性

① 小断面のエレメントを推進するため，地山を乱さず，土被りが小さい場合でも上部路盤への影響が小さい．

② 鋼製エレメントは軽量であるため施工性に優れ，形状の自由度も高い．

③ 推進力が小さいため，立坑規模や反力設備等が小規模で済む．

④ 鋼製エレメント推進後に主桁や橋台を構築するため，全体工期が比較的長くなる．

⑤ オーガーで排土する場合には，鋼管との軋み音等が発生し騒音対策が必要となる場合がある．

c) 安全性

① 防護工の推進と函体の推進を別に行う工法に比べて，線路下での推進が1回で，軌道や道路，地上構造物に与える影響が少なく，推進期間も短い．

② 徐行を要する期間を短くできる．

③ エレメントと躯体構築後，内部の土砂を掘削するため安全な施工ができる．

d) 経済性

① 土被りを小さくできるので（2 mまで），アプローチ部等を含めた全体工事費が節減できる．

② 鋼製エレメントが工場製作であるため，立坑構築作業と並行して行えるので工期短縮になる．

③ 薬液注入範囲は基本的に止水目的のみとなるため経済的である．

④ 鋼製エレメント推進工以外は主として現地での鉄筋コンクリート工となるので，経済的である．

(3) 開発の背景

　線路下横断工法は工事桁により一時的に軌道を支持し，その下でボックスカルバートを構築する開削工法が中心であったが，長期間に渡る列車運行への影響から非開削で施工が可能なフロンテジャッキング工法へ移行して行った．その後，軌道の変状や路盤陥没等のリスクを回避する必要からパイプルーフによる防護工が併設されるようになった．しかし交差する構造物側ではパイプルーフの直径分施工基面が下がることになり，道路縦断の制限あるいは河川・水路等の高水位の関係から土被りを小さく横断することへの要望が増加してきた．

　この対策として，防護を兼ねた鋼製エレメントを本設利用する開発が進められ，URT工法下路桁形式の線路下横断構造物が誕生した．当初，鋼製エレメントはH型鋼2本を用いて1エレメントとする断面とし鋼材の材質，溶接方法等様々な施工を検討し，また，主桁との接合方法も様々な方式を検討して，現在の標準断面と，主桁との結合方式を定着アンカーとする形が完成した．

1.2　設計・施工

(1) 設計[1]

a) 構造解析

　主桁と横桁は平面格子解析，橋台は平面骨組解析または立体骨組解析法により応答値を算定する．また，ボックス橋台形式では立体骨組解析法により応答値を算定する．

　限界値の算定は，鉄道では鉄道構造物等設計標準に準拠し，道路，河川等では事業主体や発注機関等により別途定められた基準にもとづき実施し，安全性，使用性，復旧性の照査や応力度を照査する．

b) 標準断面

横桁となる鋼製エレメントの標準断面は，高さ 400 mm×幅 800 mm（内空寸法），高さ 600 mm×幅 1000 mm に統一され，その後高さ 800 mm×幅 1000 mm が追加された[3]．

エレメントの鋼材の腐食代として，空気，水，土砂等と直接接する面に対しては 3 mm，地中にある側壁エレメントに対しては 1.25 mm を考慮し，電食や有害な水質の影響を受ける部分については別途対策を行う．

c) 主桁の設計

主桁の構造は一般的には鉄筋コンクリート構造としているが，支間が 20 m を超える場合には多径間化またはプレストレストコンクリート構造としている場合が多い．これまでの実績より桁高/支間比は，1/6.5～1/10 程度となっている．

主桁は活荷重を支持する横桁（鋼製エレメント）からのねじり力を受ける構造となるため主桁の構造形式に応じて設計する必要がある．単径間の場合，主桁が単純支承では活荷重半載状態で支間中央部のねじりモーメントが最大となる．また，主桁が固定支承の場合には活荷重を全面載荷した状態で支間端部が最大となる．

この形式は鉄筋コンクリート下路桁（U 型断面桁）と類似の形式であるため，構造ディテール等はこれらが参考となる．

d) 接合部の設計

主桁と横桁（鋼製エレメント）および橋台と側壁（鋼製エレメント）の結合部は，構造上重要な部分であり，また鋼材とコンクリートとの結合となることから，施工上様々な制約を受ける．

特に留意すべき事項には以下の点がある．

①横桁の推進による施工誤差
②コンクリートが十分に充填されるような鋼材や鉄筋の配置
③鋼製エレメントと主桁，橋台鉄筋との取合いと鉄筋の加工形状
④鋼製エレメントの鉄筋貫通孔の加工
⑤高力ボルト締付けや現場溶接に必要な作業空間の確保

現在までに設計・施工された接合部の構造は，吊上げ鉄筋方式，吊上げ鋼材方式，SRC 構造形式，フレーム方式，吊上げ PC 鋼棒方式，定着アンカー方式等が採用されてきたが，現在では鋼製エレメントの経済性と鉄筋との取合いにより，定着アンカー方式が一般的に用いられている（図-1.2，図-1.3）[4][5]．なお，せん断に対する斜め定着アンカーの必要本数を鋼製エレメント内に配置できない場合には，PC 鋼棒による吊上げ方式も用いられている．

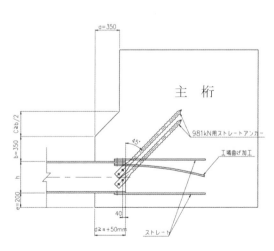

図-1.2 主桁定着アンカー取付け部

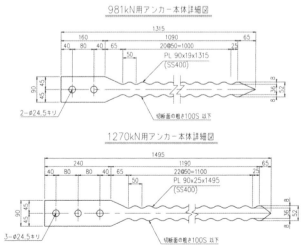

図-1.3 定着アンカー詳細部

また，定着アンカーを使用した下路桁形式の構造解析は，接合部を剛結したもの，定着アンカーのばね定数を評価したものの2通りある[6]．

e) 橋台・基礎の設計

橋台は一般的には鉄筋コンクリート構造であり，構造形式と基礎形式に応じて設計を行う．この形式の橋台は，支承と鋼製ストッパーとの配置により橋軸方向の幅が大きく橋台の剛性が高くなるため，それに応じたフーチングの剛性確保に留意する必要がある．

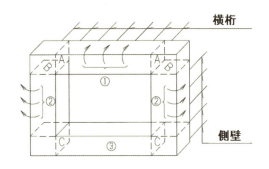 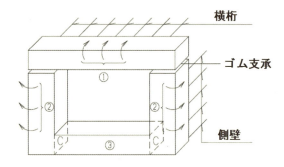

a) 主桁と橋台とを結合する場合　　　　　　b) 主桁を単純桁とする場合
①主桁部分のねじりモーメント
②橋台に作用するねじりモーメント
③下床版部

図-1.4　橋台に作用するねじりモーメントの例

なお，橋台の線路直角方向に対する安定が問題となる場合は，橋台と側壁（鋼製エレメント）を結合して作用する水平力に抵抗できるように設計する．

一般的に橋台に対して側壁（鋼製エレメント）の結合位置が偏心しているため，橋台にはねじり力が作用する．特に，ボックス橋台形式ではこれらと主桁からのねじりが作用するため，接合面でのねじり力を十分拘束するように設計する必要がある（**図-1.4**）．

f) U型擁壁の設計

U型擁壁は通常は橋台とは独立した構造系として設計され，下路桁構造が構築された後に内部を掘削して構築される．この場合，側方土圧は側壁（鋼製エレメント）により支持されている．

なお，U型擁壁に作用する浮力が大きい場合や地震の影響による橋台の安定性が問題となる場合，地盤支持力が小さい場合等では，U型擁壁と橋台を結合して設計する場合もある．

g) 支承部の設計

支承は，通常ゴム支承が用いられている．また，水平力に対しては鉄道ではストッパーを，道路，河川等では落橋防止構造，横変位拘束構造を用いている．

(2) 施工[2]

a) 施工ヤード

施工には，発進立坑，到達立坑，工事用道路等のほか，資材置場やクレーン等の工事用重機および生コン車の搬入出路，発生残土置場が必要であるため，作業に支障のないようなヤード計画を立てる必要がある．

b) 施工順序

一般的に施工される手順を**図-1.5**に示す．

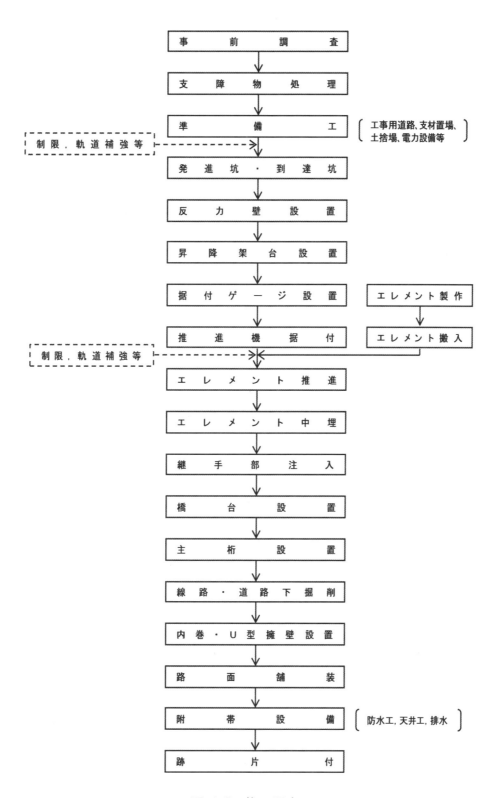

図-1.5 施工順序

c) 立坑計画

立坑,架台,反力壁,据付けゲージ等からなる発進設備は,構築する構造物の規模と現地の地形等を考慮して効率的な作業が出来るよう計画する.

また,到達設備は,推進作業や構造物に支障がないように計画する.立坑内での一般的な作業には,機械の搬出入,エレメントの据付け・推進,主桁・橋台の築造,中詰めコンクリートの打込み,掘削土の排出等があり,これらを考慮した最低限の寸法を確保する.

d) 推進工
① 主要機械設備

URT工法で使用されている推進機の仕様は，**表-1.2** に示すものがあり，選定にあたっては推進抵抗の計算値に若干の余裕を見込んで機械を選定するほか，薬液注入地盤では土と鋼製エレメント付着力の増加を見込んでいる．

表-1.2 推進機の仕様

URT推進機	仕　様	200B	200C	600B, C, D
本体＋トラックフレーム（寸法）	幅（mm）	3050	2720	3320
	高さ（mm）	2350	2250	2300
	長さ（mm）	3225	2880	3700
推力	MN	2	2.3	5.6
推進速度（最高）	mm/min	150	140	150
オーガートルク（低速/高速）	kNm	10	20/13	40/20
オーガー回転数（低速/高速）	rpm	20	13/20	13.2/26.4
電動機	オーガー用	22kW×4P×200V	30kW×6/4P×200V	55kW×4/8P×200V
	油圧ユニット用	7.5kW×4P×200V	11kW×4P×200V	22kW×4P×200V
		5.5kW×4P×200	—	—
	オイルクーラー	1kW	1kW	1kW
推進シリンダーストローク	mm	800	600	1200
オーガシリンダー押力	kN	300	300	300
オーガシリンダーストローク	mm	400(±200)	300(+200, -100)	300(+200, -100)
スクリューコンベア（外径）		φ300, φ500	φ300, φ500	φ500

② 推進作業

鋼製エレメントの推進中は，機械の作動状況（油圧計（推進力），電流値（オーガートルク），推進速度），排出土の変化および軌道や路面の状態に十分留意し，作業が安全確実に進むように管理する．通常は 40〜60 mm/min で推進している．

また，軌道や路面への有害な影響を回避するためには，地盤等の条件に応じた適切な推進方法を選定することも重要であり，鋼製エレメントに対する掘削機械先端の位置により掘削先行か，圧入先行かを判断する．

③ 推進順序

エレメントの推進順序は，通常上床エレメント中央部に位置する基準エレメントを精度良く推進した後，片側の上床を順次推進しその後基準エレメントの反対側を順次推進する．上床エレメント推進完了後は，片側の側壁エレメントを上部より推進する．

④ エレメントの接合

鋼製エレメントは1本ものを原則とするが，部材の手配・運搬上から溶接接合とする場合には完全溶け込み溶接を基本とする．

⑤ 目地部への土砂流入の防止

先行するエレメントの継手部に養生用鋼板を設置しておき，後続エレメント推進時に置き換えることにより目地部への土砂流入を防止する．

⑥ 支障物への対応

URT工法（下路桁形式）においては，基本的に土被りが小さいため支障物の撤去は軌道または路面上部より行う．

⑦ 裏込め注入

鋼製エレメントの推進に際して，周辺地盤に緩みが発生するため，セメント系の裏込め材を用いて軌道面や路面に与える影響を防止する．一般的には，2インチの注入孔を 2 m 間隔に設

置し,エレメント内部より充填している.

⑧推進精度

鋼製エレメントの推進精度は,推進機本体の面盤と据付けゲージの2点により決定されるが,推進が進むにつれて先端が下がる傾向がある.これらの対策として,推進勾配の上越し,沈下量を予想した鉛直方向の上越し等の対策がなされている.

e)中埋め工

横桁および側壁(鋼製エレメント)には,防食,騒音防止等を目的として中埋め材を充填する.中埋め材には,死荷重軽減のため単位体積重量 10～13 kN/m³,σ_{ck}=20 N/mm² 程度の発泡モルタルまたは気泡モルタルが用いられている.なお,横桁のたわみ計算に中埋め材の剛性を考慮する場合には,σ_{ck}=24 N/mm² のコンクリートを充填している.

f)目地部充填工

横桁および側壁間の継手部は,継手材の応力集中の緩和による疲労強度向上や荷重の伝達,止水性の向上を目的に高流動コンクリートまたは無収縮モルタルを充填する.

g)主桁・橋台・基礎等の施工

主桁,橋台,基礎および擁壁等については,一般の土木構造物と同様に品質等を確保する.

1.3 施工事例

(1)糸魚川・梶屋敷間前川橋りょう改築工事

a)形式:下路桁形式

b)横断延長:12.100 m(北陸本線複線横断)

c)内空幅:8.500 m,高さ:3.700 m

d)斜角:60° 02′ 56″

e)特徴:海岸線からの距離 100 m

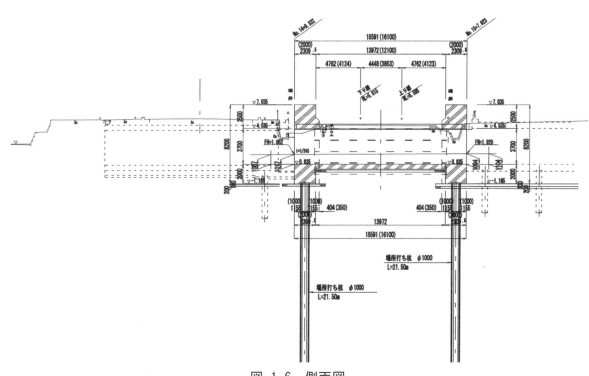

図-1.6 側面図

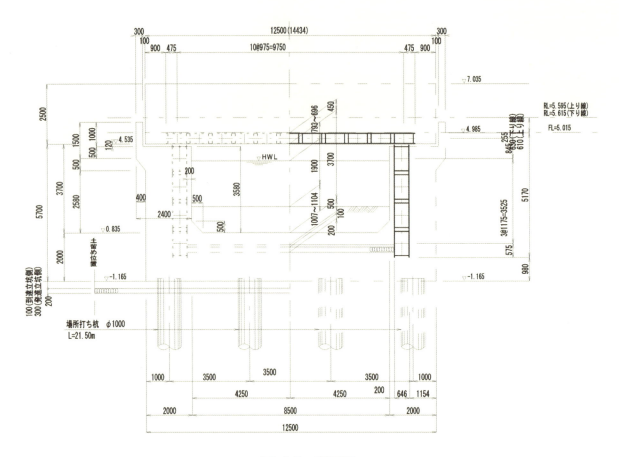

図-1.7 断面図

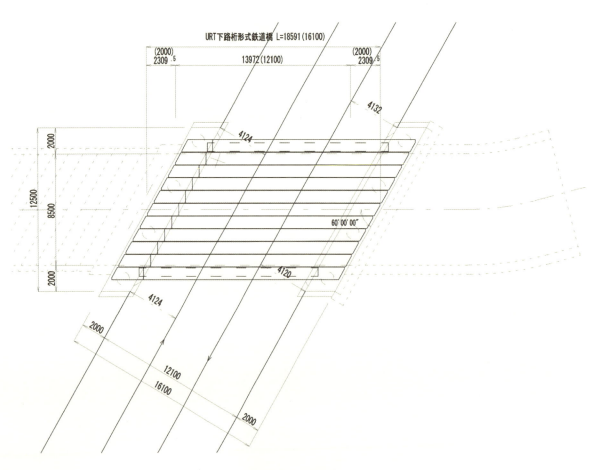

図-1.8 平面図

エレメント推進工（設備）

エレメント推進工（到達状況）

エレメント推進工（完了）

橋 台 ・ 主 桁 工

内 部 掘 削 工

完　　　　成

図-1.9　施工状況写真

参考文献
1) URT協会：線路下横断構造物設計の手引き　下路桁形式，1987．
2) URT協会：URT工法施工の手引き，1983．
3) 林雅博：URT工法とその基準化，建設の機械化，Vol.413，pp.28-33，1984．
4) URT協会：URT工法技術講習会テキスト，1990．
5) 垂水尚志，小山幸則，瀧内義男，美浦明彦，泉保彦：URTエレメントのアンカーによる定着方式，土木学会第46回年次学術講演会，VI-47，pp.120-121，1991．
6) 小山幸則，安藤豊弘，西村竹利，泉保彦：定着アンカーを用いたURTの現場計測，土木学会第48回年次学術講演会，III-141，pp.336-337，1993．

2. URT 工法（Under Railway/Road Tunnelling Method）PC ボックス形式

2.1 概　要
(1) 概　要

URT 工法（PC ボックス形式）（図-2.1）は，鉄道または道路を挟んで発進立坑および到達立坑を設置し，矩形の鋼製エレメントを線路横断方向に上床部，側壁部，底版部の順に推進して閉合させ箱型ラーメン構造ボックスを構築する．その後，エレメント直角方向に PC 鋼材を配置しコンクリートを施工した後プレストレスを導入することにより一体化する．なお，地盤が良好な場合には側壁底部のエレメントの支持面積を大きくして門型ラーメン構造とした例もある．

構造形式として PC 鋼材の緊張作業の空間が必要であることから，通常は本設エレメント隅角部の横に作業用エレメントを配置しているが，隅角部エレメント内で PC 鋼材を定着または曲げ配置し作業用エレメントを省略した形式もある．内空幅としては 12 m 程度までであるが，トンネル延長方向は推進機の能力と背面土留めの耐力により 100 m 程度は可能なものと思われ，実績としては 62 m がある（表-2.1）．なお，作業用エレメントを省略した形式での実績は内空幅 7 m がある．

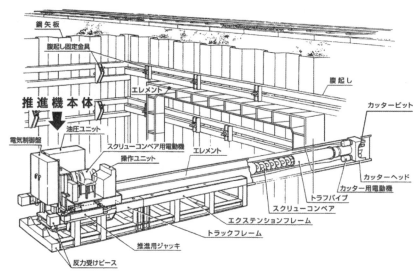

図-2.1　URT 工法（PC ボックス形式）の概要

表-2.1　URT 工法（PC ボックス形式）の構造形式

構造形式	門型ラーメン構造	箱型ラーメン構造	作業用エレメント省略構造
概念図			

(2) 特徴

a) 品　質
　①URT エレメントは工場で十分な管理のもとで製作されるため，高品質で信頼性の高い製品が得られる．
　②鋼製エレメントなので加工の自由度が高い．

b) 施工性
　①小断面のエレメントを推進するため，地山を乱さず，土被りが小さい場合でも上部路盤への影響が小さい．
　②鋼製エレメントは軽量であるため施工性に優れ，形状の自由度も高い．
　③推進力が小さいため，立坑や反力設備等が小規模で済む．
　④箱型ラーメン形式，門型ラーメン形式とも横断延長を長くできる．
　⑤PC 鋼材の設置・緊張のための特殊工が必要となる．
　⑥エレメントが長い場合，分割して打ち込むコンクリートの仕切位置と打込み方法の計画，中詰めコンクリートの流動性，分離抵抗性，充填性等の確認を実験により決定している場合が多い．
　⑦オーガーで排土する場合には，鋼管との軋み音等が発生し騒音対策が必要となる場合がある．

c) 安全性
　①防護工の推進と函体の推進を別に行う工法に比べて，線路下での推進が 1 回で，軌道や道路，地上構造物に与える影響が少なく，工期も短い．
　②徐行を要する期間を短くできる．
　③躯体構築後，内部の土砂を掘削するため安全な施工ができる．

d) 経済性
　①土被りを小さくできる（2 m 以下）ので，アプローチ部等を含めた全体工事費が節減できる．
　②鋼製エレメントが工場製作であるため，立坑構築作業と並行して行えるので工期短縮になる．

(3) 開発の背景

　軌道や道路等を横断する線路下横断工法では，防護を兼ねた鋼製エレメントを本設利用する開発が進められた結果 URT 工法下路桁形式が誕生した．この工法は土被りを小さくできる点では有利であるが，横断延長の適用範囲が 20 m 程度までの制約があり横断延長の長いトンネルには適用できないという課題があった．

　これを解決する方法として鋼製エレメント同士にプレストレスを導入することによって一体化して長いトンネルに対応させた形式が URT 工法（PC ボックス形式）である．プレストレスは，鋼製エレメント内に挿入した PC 鋼材の緊張により導入されるが，この作業には緊張ジャッキの設置空間が必要であり，この空間には箱型ラーメン隅角部に配置した作業用エレメントを利用する．

　しかし，この作業用エレメントにより経済性に劣る結果となることから，作業用エレメントを省略する形式の開発が進められ現在に至っている[1]．

2.2 設計・施工

(1) 設計[2]

a) 構造解析

　構造解析は，横断面において単位長さの奥行きを持つ鋼製エレメントからなる集合体を棒部材として，平面骨組解析により応答値を算定する．この場合，鋼製エレメント部と鋼製エレメント

間（目地部）では耐力が異なることから，骨組モデルには目地部に節点を設け各目地部についての照査を実施する．また，底版部には鉛直方向の地盤ばねを考慮したモデルとする．

なお，支持地盤の強度が縦断方向に著しく変化している場合や軟弱地盤上で盛土等の大きな荷重の作用がある場合には縦断方向のモデルを作成して構造解析を実施する．

b) 標準断面

①標準断面

活線下の浅い土中では切羽面積を小さく抑えて，推進に伴う地表面の隆起や陥没等を避ける必要がある．さらに，推進抵抗を抑えること，PC鋼材挿入時の作業性を確保すること，準備する掘削機の大きさを標準化すること，構造強度上必要な部材高さ等を考慮して，標準エレメントの呼び寸法を決定している．

標準エレメントの呼び寸法は，高さ600 mm×幅1000 mm（内空），高さ800 mm×幅1000 mm，高さ1000 mm×幅1000 mmとし，**図-2.2**のとおりである．

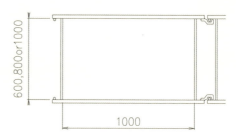

a) 上床・下床エレメント

b) 側壁・中壁エレメント

図-2.2　鋼製エレメントの標準断面

継手（**図-2.3**）は，隣接するエレメントを精度良く推進するためのガイドとして位置付けている．

側壁・中壁エレメントの構造は，コンクリートの充填性を良くしコンクリート打込みの連続性を確保する目的で，側壁ウエブをトラス構造としている（**図-2.4**）．

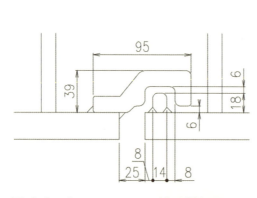

図-2.3　上下エレメント継手詳細図

図-2.4　側壁・中壁エレメント鳥瞰図

②使用材料と設計用値

エレメントの役割は，地中に構造物を構築するための推進施工手段，コンクリートブロックのせん断補強部材，トンネル軸方向部材の応力伝達，コンクリート充填の型枠，コンクリートおよびPC鋼材の腐食，劣化からの保護等である．そのため，鋼製エレメントの材質は，二次部材に準じるものとして溶接構造用圧延鋼材（SM400またはSM490）が用いられている．

PC鋼材は，標準的なURT断面の断面性能上から必要なPCケーブルの機械的性質と狭隘空間内での作業性より選定している．一般的なエレメント横締め工法では，ケーブルを SWPR7BL

12S12.7Bとしセットロスの関係からVシステムを採用して定着具を12V13くさび式定着であるフレシネー工法を採用している．作業用エレメントを省略した形式では，隅角部エレメント内でのPCケーブルの挿入時の曲げ半径と緊張作業の施工性より，SWPR7BL 7S11.1としねじ式定着工法であるF100が一般的に用いてられており，これより適用支間が限定されている．中埋めコンクリートは，優れた流動性と分離抵抗性を必要とすることから一般的には高流動コンクリートが用いられている．

c）設計照査

横断方向の設計照査は，鉄道では鉄道構造物等設計標準に準拠し，道路，河川等では事業主体や発注機関等に定められた基準にもとづき実施し，各限界状態や応力度を照査する．

鉄道構造物を例にとると以下の限界状態について照査している．

① 終局限界状態に対する照査
② 使用限界状態に対する照査
③ 疲労限界状態に対する照査
④ 耐震性能の照査[3]
⑤ 躯体の安定性の照査
⑥ 斜角構造の照査

d）鋼製エレメントの設計

鋼製エレメントの板厚は，施工時の作用に対して十分な耐力を有するように設計する．部材厚はフランジについてはエレメント単体の横断面をボックスラーメンと仮定し，施工時に作用する土圧等に対する応力解析より決定している．なお，標準エレメントの最小厚はこれまでの経験から，フランジについては16 mm，ウエブについては14 mmとしている．また，土中の鋼製エレメントは地盤ばねに支持されていることから全体座屈は発生しないが，推進力に対する局部座屈に対する配慮から幅厚比を考慮に入れて設計する必要がある．

作業用エレメントを省略した形式での隅角部エレメントは，PC定着端となる補強リブでの応力を外殻鋼板に伝達できるように各部材を設計する．この場合の外殻鋼板は本設部材となるため腐食代3 mmを考慮する．

鋼製エレメントの割付けは，必要な内空断面に施工誤差を包含して配置を決定する．施工誤差は現在までの施工実績を考慮して上下，左右にそれぞれ$L/1000$程度（L：推進延長）の施工余裕を考慮している．

e）PC鋼材の配置

PCケーブルの配置は，各断面に有効にプレストレスが導入されるように偏心配置を基本としている．しかし，中壁を鉄筋コンクリート構造とする場合には仮設中壁が必要となる場合があり構造系が施工時と完成時で変化する．この場合には，曲げモーメントの正負が反転する箇所があるため上下の平行配置とした例もある．

f）構造細目

① エレメントの単品長さ

エレメントの単品長さは，推進精度の確保，施工の効率化より長い方が有利であるが，一般的には6.0 m～8.0 mのものが用いられている．

② 土留め壁とエレメント端部の離れ

土留め壁とエレメント端部との離隔は，標準で600 mm以上とし，斜角を有する場合には750 mm以上が必要となる．

③エレメント端部の処理

　エレメントの端部は鋼材の防食，防護を目的として耳桁を設ける．ただし，斜角を有する場合には耳桁に上床版の荷重を分担させるため，必要な部材厚と配筋を設計により決定する必要がある．また，この部分は鋼材に接してコンクリートを打ち込むことやコンクリートの乾燥収縮が進行しやすい部位であることから，ひび割れ抑制のため膨張材の使用や繊維補強コンクリートを選定する．

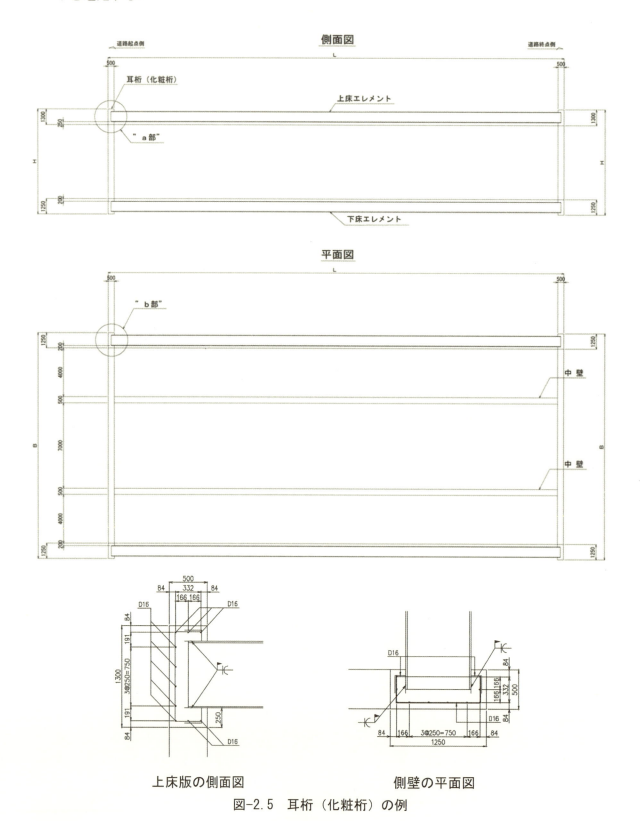

上床版の側面図　　　　　　側壁の平面図

図-2.5　耳桁（化粧桁）の例

(2) 施工[4]

a) 施工ヤード

施工には，発進立坑，到達立坑，工事用道路等のほか，資材置場やクレーン等の工事用重機および生コン車の搬入出路，発生残土置場が必要であるため，作業に支障のないようなヤード計画を立てる必要がある．

b) 施工順序

一般的に施工される施工手順を**図-2.6**に示す．

c) 立坑計画

立坑，架台，反力壁，据付けゲージ等からなる発進設備は，構築する構造物の規模と現地の地形等を考慮して効率的な作業ができるよう計画する．また，到達設備は，推進作業・構造物に支障がないように計画する．

立坑内での一般的な作業には，機械の搬出入，エレメントの据付け・推進，主桁・橋台の築造，中詰めコンクリートの打込み，掘削土の排出等があり，これらを考慮した最低限の寸法を確保する．

d) 推進工

① 主要機械設備

URT工法で使用されている推進機の仕様は，**表-2.2**に示すものがあり，選定に当っては推進抵抗の計算値に若干の余裕を見込んで機械を選定するほか，薬液注入地盤では土と鋼製エレメントの付着力の増加を見込む．

表-2.2 推進機の仕様

URT推進機	仕様	200B	200C	600B, C, D
本体+トラックフレーム（寸法）	幅 (mm)	3050	2720	3320
	高さ (mm)	2350	2250	2300
	長さ (mm)	3225	2880	3700
推力	MN	2	2.3	5.6
推進速度（最高）	mm/min	150	140	150
オーガートルク（低速/高速）	kNm	10	20/13	40/20
オーガー回転数（低速/高速）	rpm	20	13/20	13.2/26.4
電動機	オーガー用	22kW×4P×200V	30kW×6/4P×200V	55kW×4/8P×200V
	油圧ユニット用	7.5kW×4P×200V	11kW×4P×200V	22kW×4P×200V
		5.5kWw×4P×200	—	—
	オイルクーラー	1kW	1kW	1kW
推進シリンダーストローク	mm	800	600	1200
オーガシリンダー押力	kN	300	300	300
オーガシリンダーストローク	mm	400(±200)	300(+200, -100)	300(+200, -100)
スクリューコンベア（外径）		φ300, φ500	φ300, φ500	φ500

② 推進作業

鋼製エレメントの推進中は，機械の作動状況（油圧計（推進力），電流値（カッタートルク），推進速度），排出土の変化および軌道や路面の状態に十分留意し，作業が安全確実に進むように管理する．通常は，40〜60 mm/min で推進している．

また，軌道や路面への有害な影響を回避するためには，地盤等の条件に応じた適切な推進方法を選定することも重要であり，人力掘削の選定もしくは鋼製エレメントに対する掘削機械先端の位置により掘削先行か圧入先行かを判断する．

1. 準備工・立坑一次掘削・上床エレメントの推進

　　1) 資材置場・電力設備・他機材準備
　　2) 鋼矢板の打込み
　　3) 地盤改良工
　　4) 立坑の一次掘削、腹起しおよびアンカーの施工
　　5) 均しコンクリートの打設
　　6) H型鋼定盤の設置・反力壁の設置
　　7) 推進機をH型鋼上に設置
　　8) 基準エレメントの吊込み・推進機へのセット・推進
　　9) 推進機の横移動、推進機にて隣接列の推進
　10) 上床エレメント推進終了
　11) 推進機、H型鋼定盤の撤去

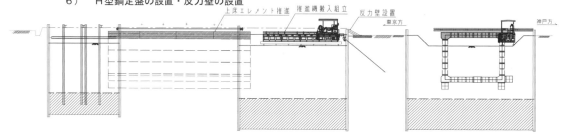

2. 立坑二次掘削，側壁・底版エレメントの推進

　　1) 立坑二次掘削、腹起しおよびアンカーの施工
　　2) 均しコンクリートの打設
　　3) 薬液注入工（止水薬注）
　　4) 反力壁の設置
　　5) 昇降架台および推進機の設置
　　6) 推進機・昇降架台の撤去
　　7) 推進機・昇降架台の撤去
　　8) H型鋼定盤、架台（H型鋼）および推進機の設置
　　9) 底盤エレメントの推進
　10) H型鋼定盤、架台（H型鋼）、推進機および反力壁の撤去

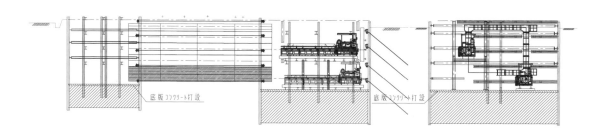

3. PC鋼材の挿入・中詰めコンクリートの注入，PC鋼材緊張

　　1) エレメントにPC鋼材を挿入
　　2) 緊張作業用以外のエレメントに仕切板の取付け
　　3) エレメント内、継手部へ中詰めコンクリート注入
　　4) PC鋼材を緊張
　　5) エレメント端部コンクリート工
　　6) トンネル内部を掘削

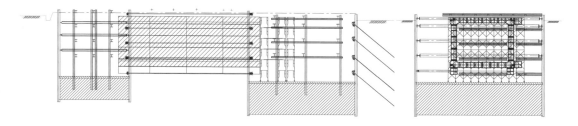

図-2.6　施工順序

③推進順序

エレメントの推進順序は,通常上床エレメント中央部に位置する基準エレメントを精度良く推進した後,片側の上床を順次推進しその後基準エレメントの反対側を順次推進する.上床エレメントの推進完了後は,側壁エレメント,底版エレメント,閉合エレメントの順で推進を完了する.

④エレメントの接合

分割した鋼製エレメントの接合は,現場溶接を標準としている.この場合の接合部は上載荷重による安全性の照査を実施する.

⑤目地部への土砂流入の防止

先行するエレメントの継手部に養生用鋼板を設置しておき,後続エレメント推進時に置き換えることにより目地部への土砂流入を防止する.

⑥支障物への対応

URT工法(PCボックス形式)においては,基本的に人力による掘削も可能な断面寸法としているため,支障物の撤去はエレメント内より行う.

⑦裏込め注入

鋼製エレメントの推進に際して,周辺地盤に緩みが発生するため,セメント系の裏込め材を用いて軌道面や路面に与える影響を防止する.一般的には,2インチの注入孔を2 m間隔に設置し,エレメント内部より充填している.

⑧推進精度

推進する鋼製エレメントの精度は,推進機本体の面盤と据付けゲージの2点により決定されるが,推進が進むにつれて先端が下がる傾向がある.この対策として,推進勾配の上越し,沈下量を予想した鉛直方向の上越し等の対策がなされている.

e) 中埋め工

鋼製エレメント内に打ち込まれる中詰めコンクリートの仕様は,その作業性とコンクリートの流動性,分離抵抗性の確保から高流動コンクリートが用いられている.高流動コンクリートの仕様は流動勾配の関係から自己充填性ランク2,$\sigma_{ck}=35$ N/mm^{2}以上のものが多く施工されている.

施工延長については,過去の施工性試験の結果から35 m程度までは片押しが可能であると考えられるが,これを超える場合には仕切り板を設置して分割施工することが望ましい.

また,上下床エレメントに作用する打込み側圧を0.1 MPa以下に抑えて管理し鋼製エレメントの変形を防止している.

f) PCケーブルの配置と緊張工

PCケーブルの配置に際して,目地部へのゴムブッシュの取付け,定着具保持金物による定着具取付けを終了した後,シースとPC鋼より線を挿入する.緊張工は,一般の土木構造物と同様に行い,緊張力と伸び量を管理する.

2.3 施工事例

(1) 吹田・東淀川間貨物専用道路Bv新設工事[5)6)]

a) 形式:エレメント横締め(URT)工法

b) 横断延長:56.000 m(東海道本線 6 線横断)

c) 内空幅:10.500 m,高さ:5.200 m

d) 縦断勾配:4.0%

e) 特徴:エレメント推進延長が56.0 mと非常に長く,下り勾配での推進施工である.

T.L.31 特殊トンネル工法―道路や鉄道との立体交差トンネル―

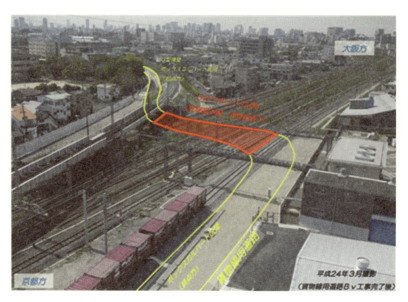

図-2.7 位置図

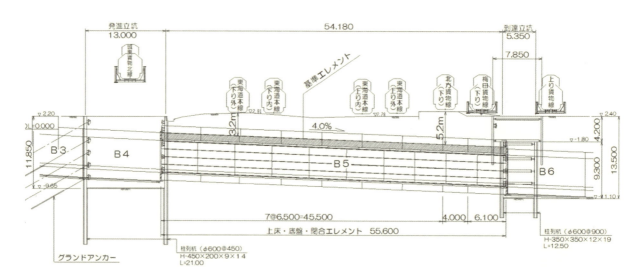

図-2.8 側面図

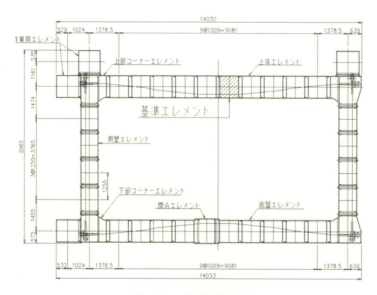

図-2.9 標準断面図

エレメント推進状況

切羽防護状況

中詰めコンクリート充填状況

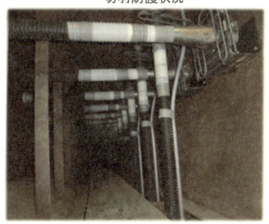
PC鋼線配線状況

内部掘削状況

函体内掘削完了

内装工施工状況

完　成

図-2.10　施工状況写真

参考文献
1) 中村哲郎，泉保彦，竹山純徳，高木宣章，児島孝之：URT工法作業用エレメント省略に伴う隅角

部載荷試験，土木学会第 58 回年次学術講演会概要集，V-239，pp.477-478，2003.
2) URT 協会：URT 工法 PC ボックス形式設計の手引き，2009.
3) 村上淳，泉保彦，岡野法之，川島義和：URT ボックス形式の正負交番載荷試験，土木学会第 58 回年次学術講演会概要集，V-348，pp.695-696，2003.
4) URT 協会：URT 工法技術資料（施工編），2008.
5) 武部啓吾，内田慶一：URT 工法における推進精度及び軌道変状管理について，土木学会第 66 回年次学術講演会，VI-050，pp.99-100，2011.
6) 西日本旅客鉄道，大鉄工業：吹田貨物専用道路 Bv 建設工事誌，2016.

3. PCR工法（Prestressed Concrete Roof method）下路桁形式

3.1 概　要
(1) 概　要 [1)2)]

　PCR工法下路桁形式は，横断する道路や線路の両側に立坑を構築し，推進により地中に圧入された矩形のPCR桁を立坑内に構築した橋台・主桁とプレストレスを与えて一体化して下路式のPC橋梁を構築する形式である（図-3.1）．主桁および載荷重を受ける床版部PCR桁からなる上部工と，それを支持する橋台および土圧を受ける側壁部PCR桁からなる下部工が分離した構造である（図-3.2a）．横断構造物の幅員は最大50 m程度で，横断延長は20 m程度である．独立橋台を採用することで河床に部材がない構造となり，河川改修に適した構造形式である．

　また，ラーメン橋台（箱形，門形）を採用することにより支承等を不要とする構造（図-3.2b）も可能である．このときの幅員方向は30 m程度となる．

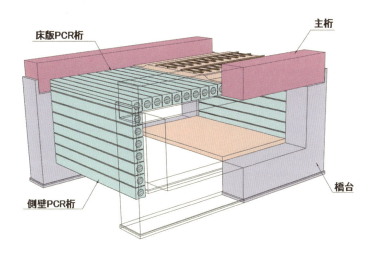

図-3.1　PCR（下路桁形式）工法の概要

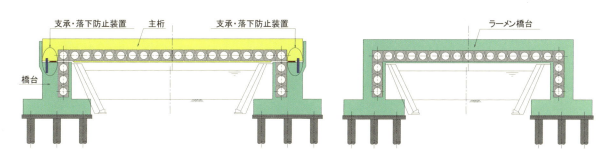

a) 上下部分離形式　　　　　　b) ラーメン橋台形式

図-3.2　PCR（下路桁形式）工法の構造形式

(2) 特徴

a) 品　質

　①PCR桁は，工場で十分な管理のもとに製作されるので，高品質で信頼性の高いものが得られる．

　②PCR工法による構造物は，主要材料が高強度コンクリートなので，耐腐食性・耐久性に優れる．

b) 施工性
　①小断面エレメントの推進工法であるため，上部路盤への影響が小さい．
　②推進力が小さいため反力設備が小規模である．
　③PCR桁上面にフリクションカットの薄鉄板（またはロール鉄板）を用いるため，推進時の土砂の連行がない．
　④礫・玉石・障害物等が想定される場合は，先行して角形鋼管を推進しPCR桁に置き換える置換法で対応できる．
　⑤下路桁形式のPCR桁は1本ものが基本であるが，作業ヤードに制約のある場合にはPCR桁を桁軸方向にブロック化することで作業ヤードを小さくできる．

c) 安全性
　①地中に構造物本体を構築した後，内部の土砂を掘削するので安全な施工ができる．
　②推進から掘削まで一連の作業となるため，省力化された安全な工法である．

d) 経済性
　①PCR桁で構成した断面をそのまま本体構造物とすることで，仮設・仮受けなどの付帯工が省略できる．
　②土被りを小さくできるので，アプローチを含めた全体工費の節減，工程短縮ができる．
　③桁軸方向に分割したPCR桁はPC接合のため，溶接に比べて短時間で施工でき，工期が短縮される．
　④PCR桁が工場製品のため，立坑構築作業と工場製作が並行して行えるため工程が短縮される．
　⑤全断面掘削工法に比べて薬液注入範囲を小さくできるため経済的である．

(3) 開発の背景

　PCR工法開発以前の線路下横断構造物の構築方法は，工事桁を用いた開削工法か，パイプルーフ工法等の仮設工法を併用した非開削工法が中心となっていた．線路内作業に伴う作業時間の制限による工期の長期化，仮設工施工時および本体工施工時と長期間にわたる軌道等への影響，仮設工法を用いることによる土被りの増加に伴うアプローチ部を含めた工費の増加を解消し，かつ本体利用可能な工法としてPCR工法が1977年に旧国鉄，オリエンタルコンクリート（株）（現オリエンタル白石（株）），日本ケーモー工事（株）の3社によって，鉄道下横断構造物構築の非開削工法として開発された．1980年に東北本線（南仙台～長町）大野田Bvにおける施工以来これまでに74件（2017年12月現在）の実績がある．

3.2 設計・施工

(1) 設計

a) 構造解析 [3)4)]

　主桁とPCR桁は平面格子解析，橋台は平面骨組解析または立体骨組解析法により応答値を算定する．また，ラーメン橋台形式では立体骨組解析法により応答値を算定する．

　限界値の算定は，鉄道では鉄道構造物等設計標準に準拠し，道路，河川等では事業主体や発注機関等により定められた基準にもとづき実施し，安全性，使用性，復旧性等の照査を行う．

b) 標準断面
　①PCR桁の標準断面
　　下路桁形式のPCR桁の標準寸法は，図-3.3に示す6種類を標準とする．

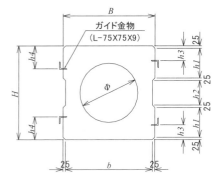

呼び名	断面寸法						ガイド位置	
	H	B	ϕ	b	$h1$	$h2$	$h3$	$h4$
PCR 75-50	750	750	508.0	700	250	150	125	206
PCR 85-60	850	850	609.6	800	300	150	125	206
PCR 95-70	950	950	711.2	900	300	250	150	231
PCR 95-60	950	950	609.6	900	300	250	150	231
PCR 105-70	1050	1050	711.2	1000	350	250	150	231
PCR 105-60	1050	1050	609.6	1000	350	250	150	231

図-3.3 下路桁形式のPCR桁の標準断面

②標準目地構造

下路桁形式の目地は，止水性，PCR桁単独での変位の制限および美観に留意する．このため，図-3.4に示すように止水材および目地モルタルを注入することを標準とする．

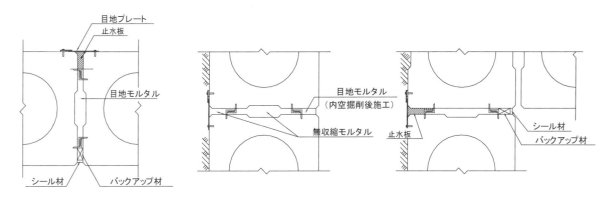

図-3.4 標準目地構造図

③PCR桁の設計

PCR桁は，施工時の断面力に対しては，一般的にプレテンション方式によるPC構造としている．また，完成時断面力や主桁および橋台との一体化のため，ポストテンション方式による二次緊張を行う．なお，推進時のそり量を制限していることから，一次鋼材は偏心の少ない配置としている．

c) 主桁の設計

主桁の断面は長方形を標準とし，必要に応じて中空断面を採用している．

d) 接合部の設計

主桁とPCR桁の接合部に発生する断面力により照査する．

e) PC鋼材の緊張順序

主桁のプレストレスとPCR桁の二次プレストレスに対する緊張順序は，構造物に局部的に大きな応力が生じないように計画する．一般の場合の緊張順序は，次のようにするのがよい．

①支点付近のPCR桁2～3桁分の二次プレストレス

②主桁自重相当分の主桁プレストレス

③残りのPCR桁の二次プレストレス

④残りの主桁のプレストレス

f) 橋台・基礎の設計

橋台は一般的には鉄筋コンクリート構造であり，構造形式と基礎形式に応じて設計を行う．橋

台は，支承と鋼製ストッパーとの配置により橋軸方向の幅が大きく橋台の剛性が高くなるため，それに応じたフーチングの剛性確保に留意する必要がある．

(2) 施工

a) 施工ヤード

施工には，発進立坑・到達立坑，工事用道路などのほか資材置場，クレーンなどの工事用重機およびダンプトラック，トレーラーの搬出入走行路，掘削土置場が必要であるので，作業に支障のないようなヤード計画を立てる必要がある．

b) 施工順序

一般的に施工順序は図-3.5のとおりである．

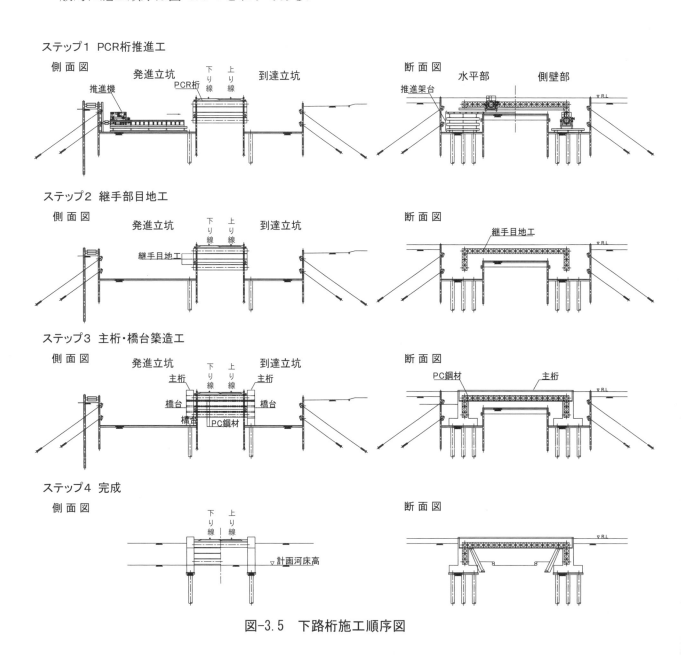

図-3.5　下路桁施工順序図

c) 立坑計画

発進立坑は，PCR桁および推進機の据付けに必要な寸法を有し，坑内各作業が円滑に行える構造とする．

また，到達立坑は推進PCR桁到達に伴う作業およびその他作業が円滑に行える構造とする．一般的な立坑寸法を図-3.6，図-3.7に示す．なお，到達側の幅方向は発進側と同寸法とし，長さ方

向は 6 m を標準とする．

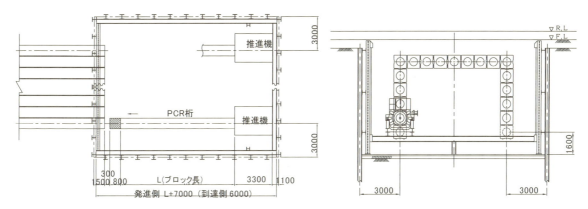

図-3.6　立坑平面図（発進側）　　図-3.7　立坑断面図（発進側）

d) 推進工

①主要機械設備

・推進機（図-3.8）

　PCR 工法で使用する推進機の仕様は，図-3.9 に示すとおりである．選定にあたっては，PCR 桁断面，長さ，土質等により推進抵抗値を求め若干の余裕を見込み選定する．

図-3.8　推進機

水平ボーリングマシーン KE-2300

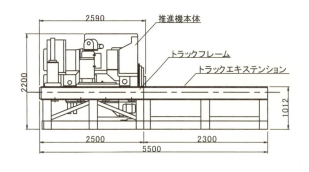
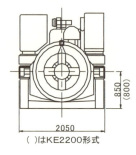

KE-2300	
推力	2300kN
トルク	20kN·m
本体質量	12t
エクステンション質量	2.64t
商用電力	41kW
発電機	125kVA

（ ）はKE2200形式

水平ボーリングマシーン KE-3300

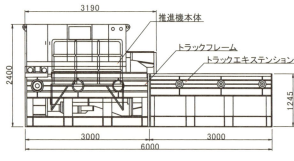
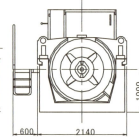

KE-3300	
推力	3000kN
トルク	34kN·m
本体質量	19.8t
エクステンション質量	3.2t
商用電力	63kW
発電機	150kVA

水平ボーリングマシーン KE-5500

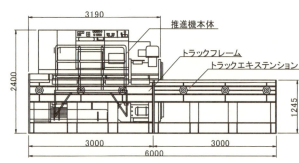
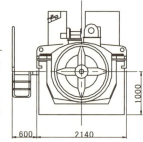

KE-5500	
推力	4000kN
トルク	42kN·m
本体質量	20t
エクステンション質量	3.72t
商用電力	81kW
発電機	200kVA

図-3.9　推進機の仕様

・刃口金物

図-3.10 に示す刃口金物は，PCR 桁推進時に回転カッターの保持と，PCR 桁前頭部の破損防止のために PCR 桁前頭部に取り付ける鋼製方形枠の支承である．また，先掘りを行う場合に地山の崩壊を防止するため刃口金物はフード状となっている．

刃口金物には，PCR 桁と上部土砂の間のフリクションをカットする薄鉄板を収納するポケットが設けられている．

図-3.10　刃口金物

・すべり支承

PCR 桁は重量が大きいため，据付けゲージの H 形鋼で全面支持すると摩擦抵抗が大きくなり正確な推進ができなくなるばかりでなく，PCR 桁が破損するおそれがある．そのため，すべり支承（図-3.11）を取り付け，摩擦抵抗を抑えている．

・PCR桁の沈下防止工

推進の完了したPCR桁は，沈下を防止するため，適切な沈下防止装置を設置する．

床版PCR桁は，据付けゲージのH形鋼との間に鋼製ブロックを用いて固定する．

側壁PCR桁を推進する場合は，据付けゲージの一部を取り外すため床版端部のPCR桁が沈下するので仮吊ボルトを使用して支持する．また，側壁PCR桁は，土留め杭等を利用してブラケットにより固定する．

図-3.11 すべり支承

・目地プレートの取付け

PCR桁間の目地部には，止水材，モルタルを注入するので，土砂の流入を防ぎ空間を確保するために目地プレート（図-3.12）を取り付ける．

②推進作業（図-3.13）

PCR桁の推進中は，推進機の作動状況（推進力，カッタートルク），PCR桁の推進速度，排出土の状況および上部軌道や路面の変状状況などに十分注意し，作業が安全確実に進むように管理する．推進速度は通常20～50 mm/minであるが，土質により若干の差があるので現場の状況に適した速度を選定する必要がある．

図-3.12 目地プレートの取付

③推進順序

PCR桁の推進順序は，作業が正確，安全かつ能率的に行われ，所定の精度で完了するように定める．通常の推進順序は，床版中央部のPCR桁を基準桁として精度良く推進した後，片側の床版PCR桁を順次推進し，基準桁の反対側の床版PCR桁を順次推進する．床版PCR桁の推進完了後，片側の側壁PCR桁を上部から推進する．

図-3.13 推進作業

④PCR桁の接合

下路桁形式の場合は1本もののPCR桁を使用することが原則であるが，プレキャストセグメント工法を採用する場合にはPCR桁接続面に接着剤を塗布し，PC鋼棒をカップリング接合し，PCR桁後方よりプレストレスを与えて一体化する．

⑤支障物への対応

あらかじめ障害物の存在が想定される場合や，玉石，礫層中に推進する場合は，桁と同一断面の角形鋼管を用いて推進を行ったのち，PCR桁と置き換える推進方法を採用する．角形鋼管推進時，推進不可能になった時点でオーガーを引抜き人力により角形鋼管内より支障物を撤去する．このとき，酸欠空気，有毒ガスなどに対する注意が必要である．

⑥推進精度

PCR桁の推進精度はPCR工事の出来栄えに大きな影響を及ぼすので入念に施工する．一般的には，地中に推進される部材は前端部が下がる傾向があるが，土質状況によっては下がらない場合もあるので，土質などを適確に判断して作業を行う．全体での許容誤差は，上下方向で50 mmを目標とする．

e) 目地部充填工

　PCR 桁間の目地は推進後，内部掘削を行う前に施工する．目地材の充填を確実に行うため，目地間の土や石等異物がないように高圧洗浄機で入念に洗浄する．目地部には目地材を充填するが，要求する機能，目地の部位によって適切な目地材を使用する．また，目地材は片側からの注入となるため，施工を入念に行う．この目地は構造物完成後には，PCR 桁相互のずれを防ぐとともに地下水等の浸入を防止する．図-3.4に標準的な目地構造を示す．

図-3.14　目地洗浄

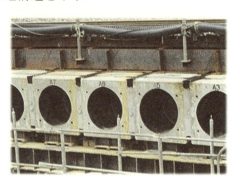

図-3.15　目地充填

f) 主桁・橋台・基礎等の施工

　主桁，橋台，基礎および擁壁等については，一般の土木構造物と同様に品質等を確保する．

g) PC 鋼材の緊張工

　主桁のプレストレスと PCR 桁の二次プレストレスに対する緊張の順序は，構造物に局部的に大きな応力が生じないように定める．

図-3.16　橋台・主桁構築

図-3.17　PC 鋼材緊張

3.3　施工事例

(1) 元木沢橋りょう

　a) 構造形式：上下部分離形式

　b) 横断延長：15.950 m（複線）

　c) 内空：幅 27.500 m，高さ 4.020 m

　d) 斜角：60° 00′ 00″

　e) 土被り：0.950 m

　f) 用途：河川改修

　g) 特徴：独立橋台

図-3.18　適用事例

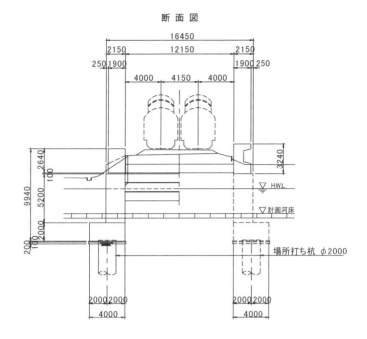

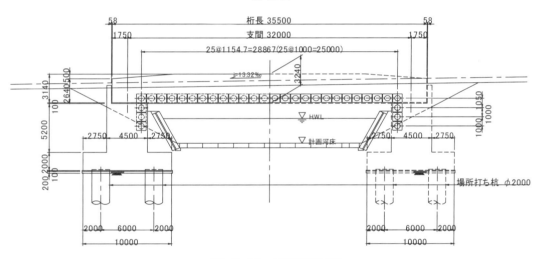

図-3.19 事例概要図

参考文献

1) URT協会：線路下横断構造物設計の手引き 下路桁形式，1987.
2) ジェイアール東日本コンサルタンツ：PCR工法 計画・設計・施工の手引き，1991.
3) ジェイアール総研エンジニアリング：PCR工法の耐震設計検証報告書，2005.
4) 大信田秀治，木村礼夫，獅子目修一，清原勝司：PCエレメントによる地下構造物の耐震設計，プレストレストコンクリート，Vol.48，No.3，pp.44-49，2006.

4. PCR 工法（Prestressed Concrete Roof method）箱形トンネル形式

4.1 概　要
(1) 概　要[1]

　PCR 工法箱形トンネル形式は，横断する道路や線路の両側に立坑を構築し，推進により地中に矩形の PCR 桁を上下床版部，側壁部に配置し，隅角部にプレストレス導入の作業用空間として鋼製エレメントを配置し，下床版部に場所打ちコンクリートによる閉合部を設け，上下床版部は水平方向に，側壁部は鉛直方向にプレストレスを与えて一体化したボックスカルバートを地中に構築する形式である（図-4.1）．PC 鋼材には耐食性に優れたプレグラウト PC 鋼材を使用する．

　適用支間は 14 m 程度で，それを越える場合には，中間壁を設けて対応する．また，施工延長は推進機の能力，施工性等より最大 80 m 程度と考えられる．施工実績としては 60.5 m がある．

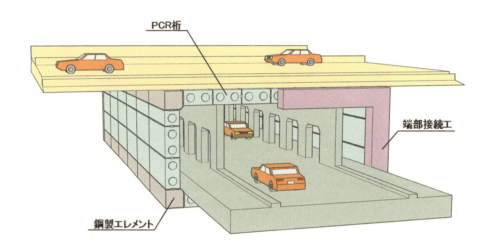

図-4.1　PCR 工法（箱形トンネル形式）工法の概要

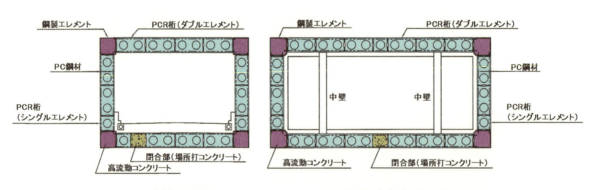

a) 一室箱形断面　　　　　b) 中間壁を有する箱形断面
図-4.2　PCR 工法（箱形トンネル形式）工法の構造形式

(2) 特徴

a) 品　質

　①PCR 桁は，工場で十分な管理のもとに製作されるので，高品質で信頼性の高いものが得られる．

　②PCR 工法による構造物は，主要材料が高強度コンクリートであるため，耐腐食性・耐久性に優れる．

b) 施工性
　①小断面エレメントの推進工法であるため，上部路盤への影響が小さい．
　②推進力が小さいため反力設備が小規模である．
　③PCR桁上面にフリクションカットの薄鉄板（またはロール鉄板）を用いるため，推進時の土砂の連行がない．
　④あらかじめ角形鋼管を推進し，これとPCR桁を置換することで，礫・玉石・障害物などにも対応ができ，高い推進精度が得られる．
　⑤PCR桁をセグメント化することで作業ヤードを小さくできる．
c) 安全性
　①地中に構造物本体を構築したのち，内部の土砂を掘削するので安全な施工ができる．
　②推進から掘削まで一連の作業は，省力化された安全な工法である．
d) 経済性
　①PCR桁で構成した断面をそのまま本体構造物とすることで，仮設・仮受けなどの付帯工が省略できる．
　②土被りを小さくできるので，アプローチを含めた全体工費の節減，工程短縮ができる．
　③桁軸方向に分割したPCR桁はPC接合のため，溶接に比べて短時間で施工でき，工期が短縮される．
　④PCR桁が工場製品のため，立坑構築作業と工場製作が並行して行えるため工程が短縮される．
　⑤全断面掘削工法に比べて薬液注入範囲を小さくできるため経済的である．

(3) 開発の背景

　アンダーパス構築工法の非開削工法として，PCR工法下路桁形式が開発されたが，桁形式であるため構造上から施工延長が20 m程度までとなるため，高速道路や鉄道の駅部などの横断延長が長い場合の対応が不可能であった．このことを解決するために，配置したPCR桁にプレストレスを与えて一体化して地中にボックスカルバートを構築する工法として開発されたものがPCR工法箱形トンネル形式である．開発当初は，シングルエレメントを配置していたが，工期短縮および工費削減をめざして，近年ではシングルエレメント2本と1つの目地を一体としたダブルエレメントを主として配置するダブルエレメント置換工法[2),3)]を採用している．

4.2 設計・施工

(1) 設計

a) 構造解析[4)]

　構造解析は，構造物の横断面において単位長さの奥行きを持つPCR桁と鋼製エレメントを棒部材として，平面骨組解析により応答値を算定する．支持地盤の強度が縦断方向に著しく変化している場合や軟弱地盤上で盛土等の大きな作用がある場合には縦断方向のモデルを作成して構造解析を実施する．

b) 標準断面

　①標準断面

　　箱形トンネル形式のPCR桁の標準断面は，シングルエレメントおよびダブルエレメントの2種類があり，それぞれ6種類である．図-4.3に標準寸法を示す．

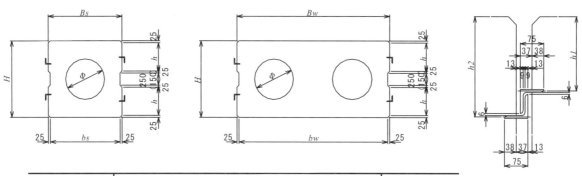

呼び名	断面寸法							ガイド位置	
	H	Bw	bw	Bs	bs	h	Φ	$h1$	$h2$
PCR 850	850	1750	1700	850	800	300	400	204	285
PCR 950	950	1950	1900	950	900	300	500	204	285
PCR 1050	1050	2150	2100	1050	1000	350	600	230	311
PCR 1100	1100	2250	2200	1100	1050	375	650	230	311
PCR 1200	1200	2450	2400	1200	1150	425	750	230	311
PCR 1300	1300	2650	2600	1300	1250	475	850	230	311

図-4.3 箱形トンネル形式のPCR桁の標準断面図

②使用材料

使用材料は以下のとおりである．

・PCR桁は養生設備が整った工場製作であるため，コンクリートの設計基準強度は，50 N/mm^{2}を基本とする．

・目地材は，流動性，密実性を兼ねた設計基準強度が45 N/mm^{2}以上の無収縮モルタルを基本とする．

・場所打ちコンクリート部の隅角部および閉合部は，40 N/mm^{2}の高流動コンクリートを基本とし，中間壁は30 N/mm^{2}を基本とする．

・横締め鋼材は，土中および狭あいな空間での施工性から，グラウトやシースが不要なプレグラウト鋼材の使用を基本とする．

c) PCR桁の照査

横断方向の設計照査は，鉄道では鉄道構造物等設計標準に準拠し，道路，河川等では事業主体や発注機関等で定められた基準にもとづき実施し，各限界状態の照査や応力度を照査する．

なお，照査断面は以下の2断面とする（図-4.4）．

①PCR桁部断面位置（桁ボイド位置）

②目地部断面位置（目地幅中央位置）

d) 隅角部の照査

隅角部に位置する角形の鋼製エレメントは，施工時においてPC鋼材のプレストレス導入の作業空間を確保するとともに，完成時にはコンクリートを充填しラーメン構造の隅角部としての本体部材となる．したがって，施工中におけるエレメント単独での安全性を確認するとともに，完成形での充実断面としての照査を行う．

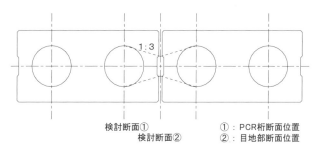

図-4.4 PCR桁の照査断面図

e) 構造細目

①ガイド金物（図-4.5）

ガイド金物は，推進時のガイドとしての役割のほか，施工時の側壁PCR桁の吊り下げ部材として使用する．なお，ガイド金物は山形鋼を使用し，PCR桁内にはアンカー鉄筋を配置する．また，目地モルタル注入のための長孔を設ける．

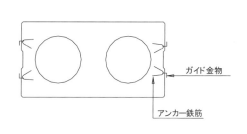 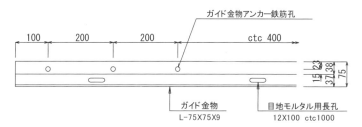

図-4.5 ガイド金物

②目地プレートおよびゴム型枠

目地部の長手方向の型枠は，モルタルが充填時に漏出しないよう止水性のあるゴム型枠および2枚の目地プレートで構成し止水を確実に行う．

③PCR桁の接合

箱形トンネル形式の場合は，一般に桁延長が長くなり運搬上の制限や，立坑長の制約等によりPCR桁を分割する必要がある．この場合，工場製作された

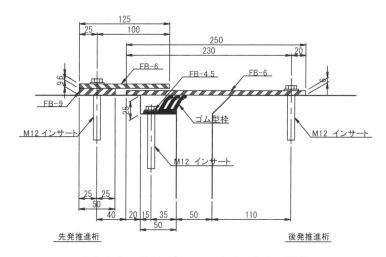

図-4.6 目地プレートおよびゴム型枠

プレキャストセグメント桁を現場にてPC鋼棒により接合し一体化する．

④隅角部エレメント内の配筋

鋼製エレメントは，箱形トンネル形式の各隅角部，上・下床版両端部に位置するもので，構造は，エレメント内に配置する補強鉄筋および中埋めコンクリートによる鉄筋コンクリート（RC）部材として剛性を評価する[5]．

⑤閉合部の配筋

閉合部における補強鉄筋は，示方書等に定められたプレストレストコンクリート部材の最小鉄筋量を配置する．

(2) 施工

a) 施工ヤード

施工には，発進立坑・到達立坑，工事用道路などのほか資材置場，クレーンなどの工事用重機およびダンプトラック，トレーラーの搬出入走行路，掘削土置場が必要であるので，作業に支障のないようなヤード計画を立てる必要がある．

b) 施工順序

箱形トンネル形式の施工は立坑構築後，図-4.7のように上床版部→側壁部→下床版部の順に行う．

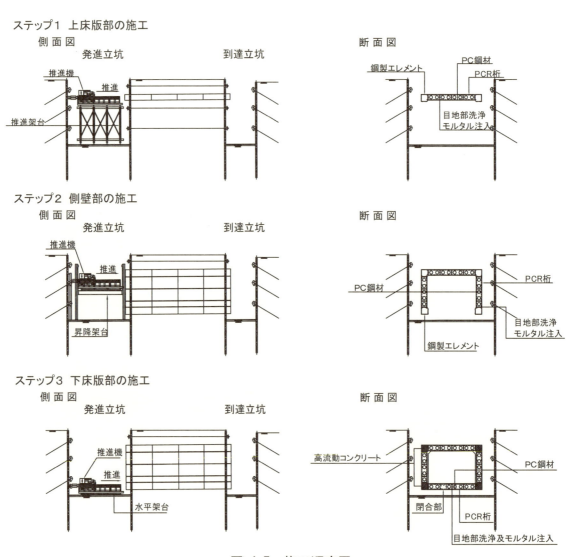

図-4.7　施工順序図

c) 立坑計画

発進立坑は，PCR 桁および推進機の据付けに必要な寸法を有し，坑内各作業が円滑に行える構造とする．

また，到達立坑は，角形鋼管の回収および推進 PCR 桁到達に伴う作業およびその他坑内各作業が円滑に行える構造とする．一般的な立坑寸法を図-4.8, 図-4.9に示す．なお，到達側の長さは，6 m を標準とする．

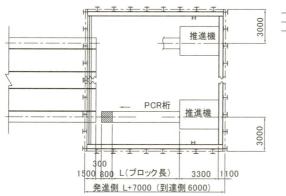

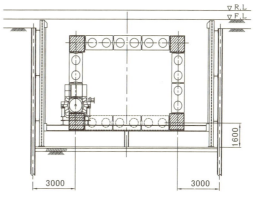

図-4.8　立坑平面図（発進側）　　　図-4.9　立坑断面図（発進側）

d) 推進工

①主要機械設備

・推進機

　PCR 工法で使用する推進機の仕様は，図-3.9 に示すとおりである．PCR 桁断面，長さ，土質等により推進抵抗値を求め若干の余裕を見込み選定する．

・角形鋼管および刃口金物

　角形鋼管の断面寸法は，使用する PCR 桁シングルエレメントと同じである．また，角形鋼管 1 ブロックの長さは 3.0 m を標準とし，使用延長は施工延長と同じである．ダブルエレメント施工時には 2 列並列で使用する．

　刃口金物は角形鋼管推進時に，掘削切羽の崩壊防止と回転カッターの保持のために，先端部に取り付ける鋼製枠である．

②推進作業（すべり支承，フリクションカットプレート）

　箱形トンネル形式の推進工は，推進した PCR 桁の精度が高精度を要求され，横締めケーブルの挿入が，確実にできることが必要となる．したがって推進方法は，角形鋼管を先行推進してその精度等の確認をしてから，PCR 桁に置き換える置換推進を原則とする．

図-4.10　推進機

図-4.11　推進作業

　PCR 桁は重量が大きいので，据付けゲージの H 形鋼で直接支持して推進すると，PCR 桁を損傷する恐れがあるので，すべり支承（図-3.11）を取り付ける．

　PCR 桁置換推進時の上部路盤との縁切り用として，フリクションカットプレートを角形鋼管の上面に載せて推進する．

③推進順序

　PCR 桁の推進順序は，上床版部中央付近の基準桁を精度良く推進したのち，片側の上床版部を隅角部の鋼製エレメントまで順次推進して，その後基準桁の反対側を同じく隅角部の鋼製エレメントまで推進する．側壁部は，上部 PCR 桁より順次下方の桁を推進し下床版部の鋼製エレメントまで推進する．下床版部は鋼製エレメント側の PCR 桁より推進し，最後に閉合部を推進

する.
④PCR桁の接合

PCR桁の接合はPC鋼棒にて行う.接合面は清掃・乾燥させ,接合部に接着剤を塗布してPC鋼棒をカップリング接続し,プレキャストセグメント桁後方より緊張ジャッキによりプレストレスを与えて一体化する.

⑤土砂流入の防止（目地プレートおよびゴム型枠）

トンネル形式における目地部には,目地モルタルを注入する.目地プレートは土砂の流入を防ぎ,モルタル注入時の型枠のためのものであるが,止水性を高めるためPCR桁にゴム型枠を取り付けて推進する.目地プレートおよびゴム型枠の標準構造は図-4.6のとおりである.

図-4.12　PCR桁の接合

⑥支障物への対応

角形鋼管の推進中,支障物に当った場合は推進機の運転を中止して,異常の原因を確認のうえ必要な対策を講ずる.

一般的な対策は,カッターを引き抜き作業員による支障物の確認および除去を行う.

除去作業は酸欠空気,有毒ガスなどに対する対策を講じてから実施する.

図-4.13　目地プレート

⑦閉合部の施工

閉合部の推進は,角形鋼管の上下に型枠となる鉄板をセットし,角形鋼管と一緒に推進する.このとき,上下の鉄板は先端部のみ角形鋼管と溶接により固定する.角形鋼管が到達立坑まで推進完了した時点で,上下型枠鉄板と角形鋼管の固定部を切断し,角形鋼管のみ発進立坑側に引き抜く.このようにして確保された空間を洗浄したのち,鉄筋,シース,横締めPC鋼材を配置して,高流動コンクリートを充填する.

図-4.14　閉合部の施工

⑧推進精度

PCR桁の推進精度は,PCR工事の出来栄えに大きな影響を及ぼすので入念に施工する.全体での推進誤差は,推進長の1/500を目標とする.

e) 目地部の施工および横締めケーブル挿入と緊張工

目地部の施工および横締めケーブル挿入と緊張工は,以下の順序で施工を行う.

①洗浄工

目地部に土や石等の異物がないように,高圧洗浄機で入念に洗浄を行う.

②横締めケーブル挿入工

図-4.15　目地洗浄

横締めに用いるケーブルはプレグラウト鋼材のPC鋼より線とし，所定の長さに切断されたケーブルの固定端には，あらかじめコンプレッショングリップを装着したものを用いる．所定の長さ，仕様に加工されたPC鋼材を鋼製エレメント内に小運搬し，次の各号により挿入作業を行う．

・PCR桁横締めケーブル挿入は，桁推進後横締め孔が一直線であることを確認して行う．
・鋼製エレメント内での作業は，狭い空間内で行われるため酸欠等に注意して行う．
・作業はリード線を先行挿入し，横締めケーブルを引き込む．
・引込みの際には，プレグラウト鋼材の被覆材（ポリエチレンシース）を傷つけないように十分に配慮する．

③モルタル注入工

目地空間およびPC鋼材が入った横締め孔に無収縮モルタルを充填する．モルタルは，緊張力を導入するため密実なモルタルを充填する必要がある．モルタル注入材としては，流動性，密実性に配慮しプレミクスタイプの無収縮モルタルの使用を原則とする．

④緊張工

緊張工（緊張ジャッキの設置撤去，PC鋼材の定着・切断等）は，人力による施工を標準とする．この際，鋼製エレメント内部での狭い空間での緊張作業には，換気等に十分に注意を払う必要がある．緊張管理は，緊張力による鋼材の伸び量およびポンプの圧力計による．

⑤仕上げ工

内部掘削後目地部の後処理として仕上げ工（目地プレート・ゴム型枠の撤去，目地仕上げ）を施す．なお，箱形トンネル形式の目地部は，本体構造の耐力部材となるため，目地の施工は入念に行う．目地部の施工における各工種は，外気温5度以上で行う．

f) 中埋め工

隅角部の鋼製エレメント内に鉄筋を組み立てたのちに，高流動コンクリートを充填する．補強鉄筋は，PC鋼材定着具の支圧板にねじ切りを施し，組み立てる．

コンクリートの充填は，狭隘な空間であり，なおかつ十分な締め固めができないため，高流動コンクリートを用いる．空隙部が生じないように十分配慮し，コンクリートの打込み計画を行う．

図-4.16 横締め鋼材挿入

図-4.17 目地モルタル注入

図-4.18 緊張工

図-4.19 鋼製エレメント

図-4.20 高流動コンクリートの打込み

高流動コンクリートの打込みは，エレメント両端部に型枠を取り付け，低い方より片押しでポンプ圧送する．この際，コンクリートの液体圧は自重と高さによるものであることから，数％の桁勾配がある場合でも施工可能である．また，あらかじめ高い方の端部型枠上端には排気孔およびコンクリート充填確認用孔等を設けておき，目視できるようにしておく．

高流動コンクリートの適用にあたっては，以下の点に留意する必要がある．

① 使用骨材の品質管理（表面水管理等）には特に注意する．

② コンクリートプラントから工事現場までの運搬時間を把握し，品質低下を招かぬように入念な運搬計画を練る．

③ 出荷時および受け入れ時には必ず品質確認検査（試験）を実施する．

4.3 施工事例

(1) 九州自動車道嘉島ランプ[6]

a) 形式：箱形トンネル形式

b) 横断延長：33.600 m（九州自動車道横断）

c) 内空：幅 15.350 m，高さ 5.900 m

d) 土被り：0.8 m

e) 特徴：高速道路下横断，中間壁，礫混り粘性土の盛土

図-4.21 施工事例

断面図

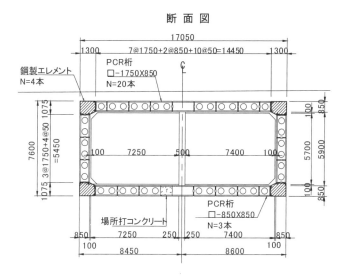

側面図

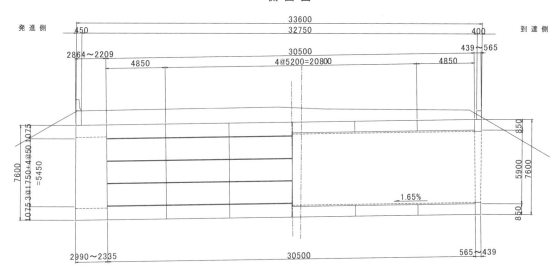

図-4.22　施工事例概要図

参考文献
1) URT協会：PCR工法 箱形トンネル形式 設計・計画・施工の手引き，2017．
2) 笹川耕司，稲田耕次，青柳直樹，辻幸志，鈴木公二，舘健一：PCRダブルエレメント工法に伴う地盤変状に関する考察，土木学会第64回年次学術講演会，Ⅲ-379，pp.757-758，2009．
3) 大野隆，堀之内講一，上月健司，和田健次，丸山芳之：PCRダブルエレメント工法における推進力に関する考察，土木学会第64回年次学術講演会，Ⅲ-394，pp.787-788，2009．
4) 大信田秀治，木村礼夫，獅子目修一，清原勝司：PCエレメントによる地下構造物の耐震設計，プレストレストコンクリート，Vol.48，No.3，pp.44-49，2006．
5) 高藤寛，栗原啓之，今井昌文，手塚正道：PCR工法箱桁トンネル形式における隅角部補強に関する実験的研究，プレストレストコンクリート技術協会第3回シンポジウム論文集，pp.371-376，1992．
6) 大国明，畠山慎也：PCR工法による推進ボックスカルバートの施工－九州縦貫自動車　嘉島JCT－，高速道路と自動車，Vol.57，No.1，pp.42-46，2014．

5. JES 工法（Jointed Element Structure method）

5.1 概　要
(1) 概　要[1)2)]

　JES 工法（Jointed Element Structure method）は，軸直角方向に力の伝達が可能な特殊な継手（JES 継手）を有する鋼製エレメントを，隣り合わせた継手に沿わせて地中に設置し，継手嵌合部の遊間にセメントミルクを充填した後，鋼製エレメント内にコンクリート充填することで連続した路線方向の構造部材として函体構造を形成する（**図-5.1**）．エレメントの敷設は，一般に HEP 工法（High speed Element Pull method）によるのが効果的である．HEP 工法は，到達側に設置したけん引装置で，掘削装置に定着した PC 鋼より線をけん引することにより，掘削装置に連結されたエレメントを発進側から土中に挿入する工法である（**図-5.2**）．

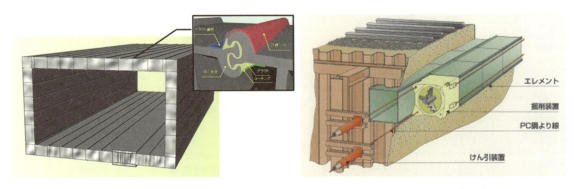

図-5.1　JES 工法の概要　　　　　図-5.2　HEP 工法の概要

　JES 工法により構築される構造物の例を**図-5.3**に示す．適用例として，箱形ラーメン形式，多径間箱形ラーメン形式，円形トンネル形式およびラーメン桁形式などがある．多径間を含む箱形ラーメン形式では，すべての部材をエレメントで構築する構造のほか，エレメントを門形に配置し，下床版を場所打ちのRC構造とする方法，または中壁を場所打ちのRC構造とする方法がある．また，ラーメン桁形式でスパンが大きい場合は，鋼板で不足する耐力を上部交差路線方向に PC 鋼より線を配置することで補うこともできる．橋台としての適用例では，エレメントを桁構造とする方法，ボックス構造とする方法などがあり，施工条件を考慮し構造形式を決定する．

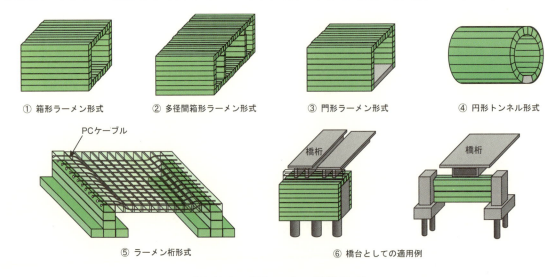

① 箱形ラーメン形式　② 多径間箱形ラーメン形式　③ 門形ラーメン形式　④ 円形トンネル形式

⑤ ラーメン桁形式　⑥ 橋台としての適用例

図-5.3　JES 工法の構造形式

(2) 特徴
a) 品　質
　①鋼製エレメントは工場で十分な管理のもとで製作されるため，高品質で信頼性の高い製品が得られる．
　②鋼製エレメントなので加工の自由度が高い．
b) 施工性
　①掘進する個々のエレメントは小断面であるため，エレメント掘進による軌道面や舗装面への影響が小さい．
　②けん引力が小さく，立坑規模や反力設備が小規模である．
　③横断延長に制限がない．
　④鋼製エレメントは軽量であるため，施工性に優れ加工の自由度が高い．
　⑤一般部エレメントはコの字形状のエレメントを使用するため，施工性が良い．
　⑥エレメント敷設後，JES継手の遊間にセメントミルクを充填し，エレメント内にコンクリートを充填することでエレメント軸直角方向の部材となるため，一般的にはPC鋼より線の設置の必要がない．
　⑦HEP工法と併用する場合，掘進延長や土質条件などの施工条件に応じて，掘進方法，掘削方法および排土方法を適切に組み合せることにより，高速の掘進速度を確保できる．
　⑧HEP工法と併用する場合，施工管理のシステム化と先行エレメントの継手をガイドにして到達側の目的地点からけん引しながら掘進するため，施工精度が良い．
c) 安全性
　①地中に敷設した鋼製エレメントをそのまま本体構造物として用いるので，軌道や道路下の掘進が1回で済み，軌道面や舗装面に与える影響が少ない．
　②横断構造物を構築後に内部の土砂を掘削するため，安全な施工ができる．
　③HEP工法と併用する場合，掘進状況をリアルタイムに監視するシステムにより，的確な管理で安全な施工を行うことができる．
d) 経済性
　①鋼製エレメントをそのまま本体構造物として用いるので工期が短い．
　②土被りを小さくできるので，アプローチ部等を含めた全体工事費の節減・工程短縮ができる．
　③一般部エレメントはコの字形状のエレメントを使用するため，経済的である．
　④鋼製エレメントは工場製品のため，立坑構築作業と工場製作が並行して行えるため工程が短縮される．
　⑤全断面を掘削する工法に比べて薬液注入範囲を小さくできるため，経済的である．
　⑥HEP工法と併用する場合，到達側の土留め壁を反力として，エレメントをけん引装置で到達側に引き込むため，発進側の推進装置および反力設備が不要となり立坑設備が軽減できる．
　⑦HEP工法と併用する場合，けん引のため，エレメントの座屈がなく，またエレメントの接合が比較的容易である．

(3) 開発の背景
　線路下横断構造物を構築する場合，列車走行の安全性を確保することを第一とし，さらには施工期間が短く経済性の高い工法が求められる．JES工法は，このような要求に対して，防護工として用いられてきた小断面のエレメントを本体利用し，かつ，エレメント相互の継手を有効に利用することで横断延長に制限なく線路下横断構造物が構築可能な工法として開発された[3]．本工法は，1998年の奥羽本線野呂川Bを初めとし，2018年6月までに140件の施工実績がある．

(4) 近年のトピックス

近年，さらなる安全性向上と工期短縮を目指し，地盤変状が生じにくいエレメント掘進方法として地盤切削タイプが開発された[4)5)].

本工法は，エレメント先端の刃口上面に設置した地盤切削ワイヤにより，支障物が混在する地盤を切削しながら，刃口を土中に貫入していく．これにより地盤の沈下を抑制しながら，また支障物が出

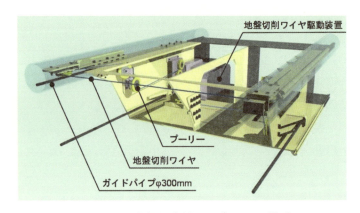

図-5.4 地盤切削タイプの刃口構造

現した場合もワイヤで必要部分を切断し，刃口内部で撤去することで，路面に影響を与えることなく，エレメントを掘進することを可能にした．図-5.4 に刃口構造の例を示す．

実大試験施工を実施した後，高崎線桶川北本間二ツ家こ道橋新設工事に導入された．列車運行時間帯で掘進を行い，列車運行に影響を与えることなく，かつ，所定の工期短縮ができている[6)].

5.2 設計・施工

(1) 設計

a) 断面計画

鋼製エレメントの割付けは，必要な内空断面に以下に示す施工余裕を考慮して行う．

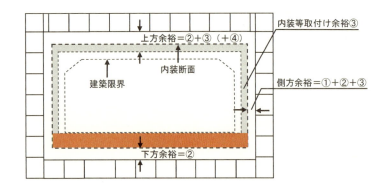

① 継手部の遊間
　（5 mm/箇所）
② エレメントの施工余裕
　（$L/500$，L：掘進延長）
③ 内装等の設置余裕
④ 上床版のたわみ

図-5.5 内空余裕量の取り方の例

b) エレメントの種類

JES 工法で使用されるエレメントの種類を図-5.6 に，基準エレメントおよび一般部エレメントを図-5.7，図-5.8 に示す．一般的に用いられるエレメント高さを 850 mm としているのは，エレメント内に人が入って作業する際の必要内空 800 mm を確保するためである．

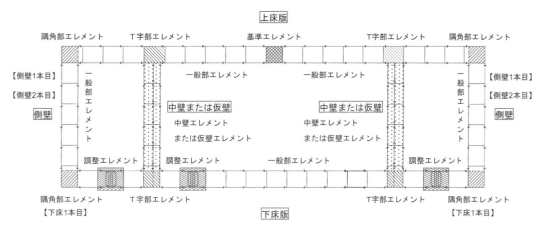

図-5.6　JES エレメントの種類

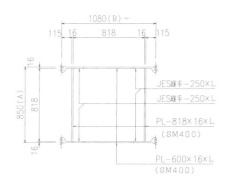

図-5.7　基準エレメント

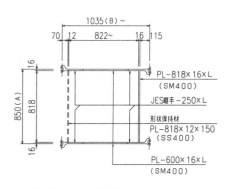

図-5.8　一般部エレメント

c) 設計手法

横断方向の設計は，一般に，鉄道構造物では鉄道構造物等設計標準に準拠し性能照査型を用いて，道路，河川等では各事業者により定められた基準にもとづき実施する．

鉄道構造物を例にとると以下について検討している．

①JES 部材の安全性（破壊）の検討

②JES 部材の使用性の検討

③JES 部材の安全性（疲労破壊）に対する検討

④調整エレメントの検討

⑤耐震に関する検討

⑥施工時の検討

⑦構造細目

d) 構造解析

構造解析は線形解析を基本とし，構造物の横断方向を単位長さの奥行きを持つ鋼製エレメントからなる集合体の棒部材として，平面骨組解析により応答値を算定する．図-5.9 に構造解析モデルの例を示す．また，RC 部材が混在する場合は，部材間の剛性の違いによる影響を考慮するため，図-5.10 に示すように，JES 部材の断面剛性を 50％低減させた場合についても検討を行う．

なお，施工時（中空状態）の作用に対しても十分な耐力を有するように設計する．具体的には，3 つのエレメントを接続した状態を 3 径間連続ラーメンと仮定し，施工時に作用する土圧等に対する安全性を確認する．

e) 使用材料と設計用値

鋼製エレメントに充填するコンクリートは，高流動コンクリートを用いる．コンクリートの圧縮強度の特性値は，30 N/mm² を標準とする．エレメントを構成する鋼材は，JES形鋼と溶接構造用圧延鋼材（SM400等）を用いる．なお，JES継手部の強度特性値は，引張強度試験および疲労試験を実施し，引張強度は厚さ13 mmの鋼板（SM400相当）と同等，疲労強度は，試験結果から S-N 曲線式を求めて使用している[7]．

部材は，鋼製エレメントのフランジ部が引張力を負担し，鋼製エレメント内部に充填したコンクリートが圧縮力を負担する構造（単鉄筋コンクリート構造と同等の構造）として設計する[8]．JES継手部を含む引張鋼材の応力度は，JES 継手の引張試験結果およびJES継手部に接続する鋼板（板厚16 mm）が腐食代 3 mm を考慮していることから，板厚 13 mm の一様な鋼板が連続するものとして算出する．図-5.11に構造部材モデルを示す．作用力に対して部材の曲げ耐力が不足する場合は，鋼材引張強さが継手強度により制限されるため，エレメント高さを大きくすることより対応する．

f) 構造細目

①JES継手部の腐食防止

JES 継手の湾曲部分は製作過程において腐食代を設けることができないため，FRPシート等を貼付け，腐食防護を行う．

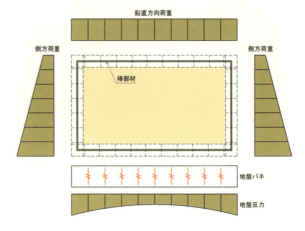

図-5.9 構造解析モデルの例

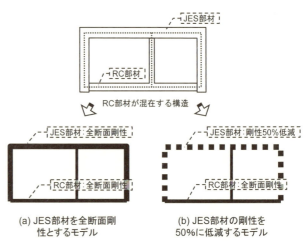

図-5.10 RC部材が混在するときの構造造解析モデルの例

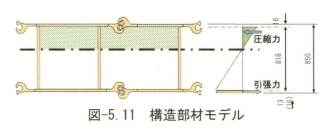

図-5.11 構造部材モデル

②エレメント単品の長さ

エレメント単品の長さは，掘進精度の確保，施工の効率化より長い方が有利であるが，運搬などを考慮して一般的には6.0 m～8.0 m 程度のものが用いられている．

③土留め壁とエレメント端部の離れ

土留め壁とエレメント端部は，1000 mm 程度の離隔をとる．

④エレメント端部の処理

エレメントの端部は鋼材の防食，防護および隣接構造物との接合を目的として端部コンクリートを設ける．また，この部分は鋼材に接してコンクリートを打ち込むことやコンクリートの乾燥収縮が進行しやすい部位であることから，ひびわれ抑制対策として膨張材の使用や繊維補強コンクリートを選定する．

(2) 施工

a) 施工ヤード

施工には，発進立坑，到達立坑，工事用道路などのほか，中央管理室，資材置場，クレーンな

どの工事用重機およびダンプトラック，トレーラーの搬出入走行路，発生残土置場が必要であるので，作業に支障のないようなヤード計画を立てる必要がある．

b) 施工順序

JES工法は，HEP工法による施工を標準としている．HEP工法によるJES工法の施工順序の例を図-5.12に示す．

STEP1　水平ボーリング

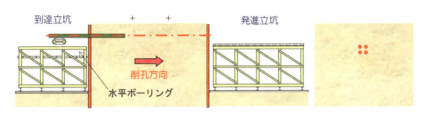

1本目の基準エレメントをけん引するために，水平ボーリングを行いPC鋼より線を設置する（2本目以降のエレメントでは水平ボーリングは不要である）．

STEP2　上床版エレメントのけん引

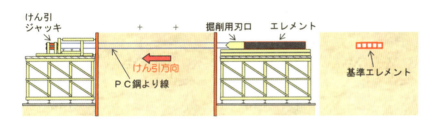

PCより線を掘削用刃口に取り付け，到達側のけん引設備により掘進けん引を行い，エレメントを設置する．はじめに，基準エレメントをけん引し，2本目以降の一般部エレメントを順次けん引する．

STEP3　上床版の構築

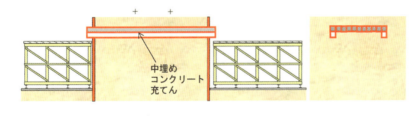

上床エレメントの設置完了後，継手グラウト，中埋めコンクリートにより上床版を構築する．

STEP4　側壁・下床版エレメントの施工，内部掘削

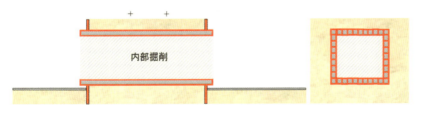

側壁，下床版と同様のエレメント掘進を行い，構造物を構築した後，内部を掘削し，トンネルを完成する．

図-5.12　施工順序の例

c) 立坑計画

必要な立坑形状・寸法は，施工条件および環境条件等を考慮の上，発進・到達立坑における設備配置，作業空間（施工余裕の確保）から決定する．側壁部は，昇降架台の床版（ステージ）を順次降下しながら施工する．切梁式の支保工とした場合，切梁の盛替えに手間と時間を要するため，グラウンドアンカーおよびタイロッドを用いた支保構造を標準とする．図-5.13に発進立坑

の形状・寸法の例を，図-5.14 に到達立坑の形状・寸法の例を示す．

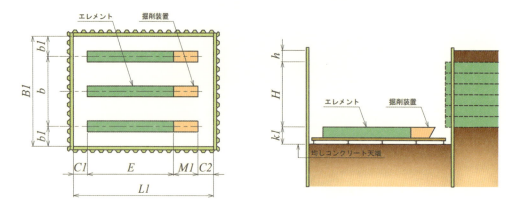

発進立坑長さ($L1$:表-5.1による)＝エレメント長(E)＋掘削装置または刃口長($M1$)＋エレメントセット余裕($C1$)＋掘削装置または刃口セット余裕($C2$)
発進立坑幅($B1$)＝両端エレメント中心間隔(b)＋両端必要幅4.0m($b1$:2.0m)
発進立坑深さ＝被り(h)＋構造物高さ(H)＋架台高さ($k1$:0.7m)

図-5.13 発進立坑の形状・寸法の例

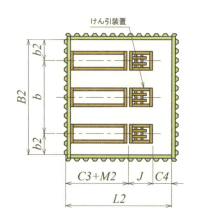
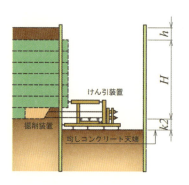

到達立坑長さ($L2$：表-5.1による)＝エレメント出代($C3$)＋掘削装置または刃口長および撤去余裕($M2$)＋けん引装置(J)＋PC鋼より線曲り余裕($C4$)
到達立坑幅($B2$)＝両端エレメント中心間隔(b)＋両端必要幅4.0m($b2$:2.0m)
到達立坑深さ＝被り(h)＋構造物高さ(H)＋架台高さ($k2$:1.0m)

図-5.14 到達立坑の形状・寸法の例

表-5.1 立坑長さの標準寸法

単位：m

掘削方法	けん引方法	発進立坑				到達立坑				
		$C1$	$M1$	$C2$	$L1$	$C3$	$M2$	J	$C4$	$L2$
オーガー式機械掘削	標準ジャッキ	1.5	3.0	1.5	E+6.0	1.0	4.0	3.7	1.8	10.5
	連続けん引ジャッキ	1.5	3.0	1.5	E+6.0	1.0	4.0	2.3	1.8	9.1
人力掘削	標準ジャッキ	1.5	1.5	1.5	E+4.5	1.0	2.5	3.7	1.8	9.0
	連続けん引ジャッキ	1.5	1.5	1.5	E+4.5	1.0	2.5	2.3	1.8	7.6

d) 水平ボーリング

基準エレメントのけん引に使用する PC 鋼より線（19 本より φ28.6 mm シングルストランド）を設置するための水平ボーリングは，到達側より行う．ボーリング径は，φ70 mm 程度を標準と

する．基準エレメントの精度施工延長が長い場合は，水平ボーリングの精度を確保するため，慎重に工法を選定する必要がある．なお，2本目以降のエレメントでは，先にけん引する隣接エレメントと一緒にPC鋼より線を引き込むため水平ボーリングは不要である．

e) けん引掘進工

けん引掘進は，掘削装置に定着したPC鋼より線を到達側のけん引装置によりけん引すると同時に，連結したエレメントを土中にけん引する施工方法である．その掘削方式および排土方式は，掘進延長や土質等の施工条件により，円滑かつ安全に施工できる掘進設備を選択する．

①掘削装置

・オーガータイプ掘削装置

オーガータイプ掘削装置は，外部ケーシング（□850 mm×850 mm）および掘削装置本体によって構成される．掘削装置本体は，カッターと掘削土砂を後方に排土するリボンスクリュー，これを回転する駆動部および駆動用油圧モータ等によって構成され，一体構造となっている．図-5.15にオーガータイプ掘削装置の例を示す．

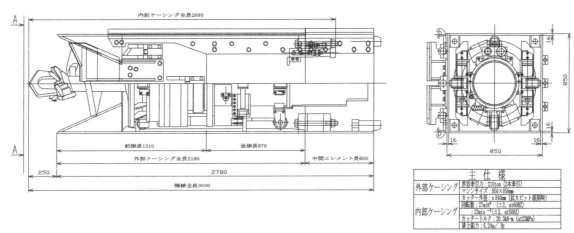

図-5.15　オーガータイプ掘削装置の例

・バケットタイプ掘削装置

バケットタイプ掘削装置は，オーガータイプでは困難とされる大径の礫の混在する砂礫層や玉石混じりの地層にも対応できる．バケットタイプ掘削装置もオーガータイプと同様，外部ケーシングおよび掘削装置本体によって構成される．図-5.16にバケットタイプ掘削装置の例を示す．

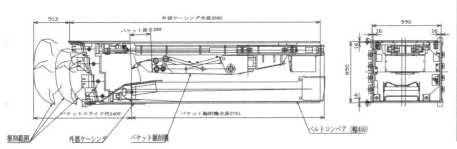

図-5.16　バケットタイプ掘削装置の例

②けん引設備

けん引設備は，けん引用油圧ジャッキ，パワーユニット，PC鋼より線，PC鋼より線を定着するためのチャック，けん引架台により構成され，けん引架台はジャッキを所定の位置に設置し，けん引反力を到達側鏡の土留め壁に伝達する働きをする．図-5.17にけん引設備の例を示す．

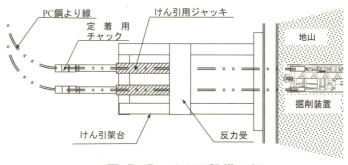

図-5.17　けん引設備の例

・けん引方式

けん引方式は，通常，PC鋼より線を直接けん引できるセンターホールジャッキを用いる．ストロークごとのPC鋼より線の盛り替え時間を短縮し，掘進の連続性を確保する（高速施工）ために，連続けん引ジャッキ方式を用いる場合もある．

・PC鋼より線

けん引に用いるPC鋼より線は，けん引ジャッキによるけん引力を掘削装置に確実に伝達できる仕様とする．なお，通常は，19本よりϕ28.6 mmシングルストランドを用いる．

③設計けん引力の算定

設計けん引力は，地質条件，施工延長，掘削方法などによって異なるため，様々な条件を考慮して適切に算定する．また，求めた設計けん引力をもとに，PC鋼より線の必要本数，ジャッキの必要台数を決定する．

④排土設備

けん引施工において，掘削土砂の排土は施工速度，施工性を決定する重要な要素となるため，排土設備は，土質条件や施工延長によってベルトコンベア，ズリ台車等について検討を行い，掘進速度に応じた排土能力を有する最適な方法を選定する．図-5.18にユニット式ベルトコンベアを示す．

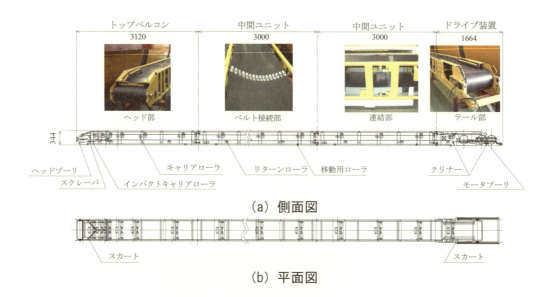

図-5.18　ユニット式ベルトコンベア

⑤架台設備

架台設備は，作業上の安全はもとより，エレメントおよび掘削装置を所定の位置に正確かつ効率的に据え付けられ，エレメントに有害な変形等を及ぼすことがないものとする．架台の幅は，水平方向エレメントの施工が全数可能な範囲とする．また，架台の長さは，発進側は掘削装置とエレメントを据付け可能な長さとし，到達側は，掘削装置の引き出しスペース・切り離し余裕，けん引装置設置スペースを考慮した長さとする．

⑥エレメントの連結

エレメントの長手方向の連結

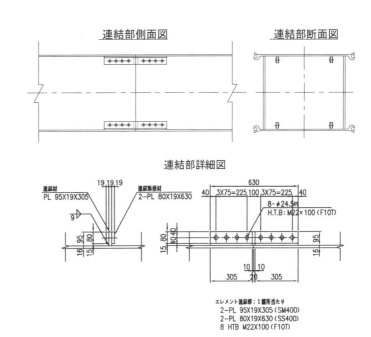

図-5.19 ボルトによるエレメント連結の例

は，けん引力の大きさ，また，支障物遭遇時の掘削装置の引出しに対し，支障とならない位置を考慮し，ボルト，PC鋼棒，溶接などの連結タイプを決定する．また，エレメントの連結箇所は，変動荷重の影響を1断面に集中させないため，千鳥に配置する．連結箇所を縦断方向に相互にずらす距離は，エレメント高さの2倍以上を標準とする．図-5.19にボルトによるエレメント連結の例を示す．

⑦エレメント部の防水

エレメント内部および構造物内部へ水が浸入しないための止水対策を行う．上床版エレメント上下フランジ部（JESエレメント連結部，裏込め注入孔部，内装材吊りボルト孔部）は，上床版上面からの水の供給を防止する対策を行う．側壁や下床版についても，函体背面の地下水位が回復した時点で漏水の可能性があるため，条件に応じて止水対策を計画する．

⑧継手部への土砂流入防止

けん引掘進中は，噛み合わせていない側の継手内部に土砂の流入等を防止するための防護を行う．

⑨支障物への対応

エレメントを掘進する箇所の支障物は事前撤去を原則とするが，事前撤去できない場合や残存した支障物は人力掘削によりエレメント内から撤去する．なお，掘削装置は，外部ケーシングを土中に残して本体を発進立坑に引き抜ける構造としている．

⑩掘進管理

エレメント掘進にあたり，工事中止値，限界値等の管理値を明確にし，路面もしくは軌道変位，けん引力，けん引速度，カッタートルク・回転数等の常時計測値と対比しながら施工を行う．

f) 裏込め注入

エレメント掘進の完了後，エレメント外面に速やかに裏込め注入を実施する．けん引掘進後できる限り早期に充填するため，上床版上下面，側壁および下床版の内外面に分割して実施する．

裏込め注入は，エレメント内部より2.0 m間隔を基準として行い，裏込め材は充填性のよい材料を用いる．

g) セメントミルク充填工

エレメント間の継手部は，引張力を伝達する構造上重要な部位となるため，エレメント敷設後，この遊間にセメントミルクを確実に充填する．充填するセメントミルクの強度は 30 N/mm² 以上とする．

h) 中埋めコンクリート工

エレメントに充填するコンクリートは，1本のエレメントの打込み開始から充填完了までの間，端部の打込み口から到達側端部まで空隙がなく，材料分離することなく充填できる流動性，材料分離抵抗性を保持する必要があるため，高流動コンクリートを用いる．充填する高流動コンクリートは，工事開始前に実際に使用する材料およびプラントのミキサーにて実機試し練りを行い，経時変化を含めた所要の性能を満足することを確認する．

i) エレメント端部処理

エレメント端部処理に使用するコンクリートは，ひびわれ抑制対策として，収縮補償コンクリートとする．図-5.20 に端部コンクリートの例を示す．

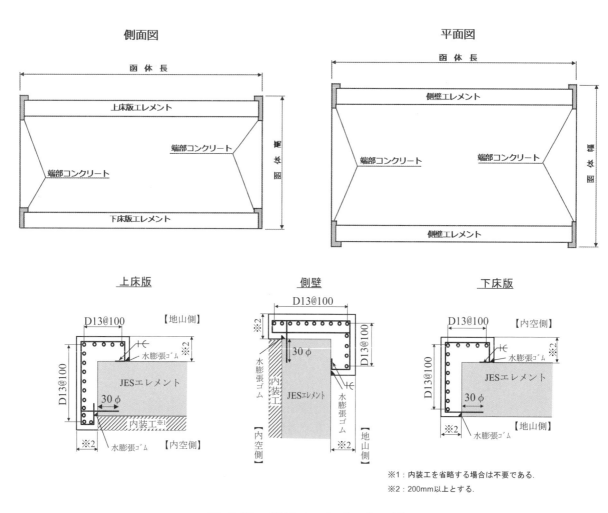

図-5.20 端部コンクリートの例

j) 排水設備

上床版上面に縦断方向の排水勾配を確保するとともに，エレメント端部コンクリート内に排水設備を設ける（図-5.21，図-5.22）．

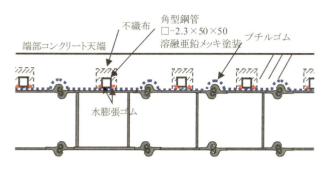
図-5.21 排水設備の例（正面図）

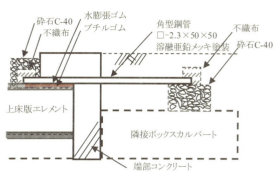
図-5.22 排水設備の例（隣接ボックスカルバートを有する場合：側面図）

5.3 施工事例

(1) 東京臨海高速鉄道りんかい線　第2広町トンネル新設[9]
 a) 場　　所：東京都品川区
 b) 延　　長：106.4 m
 c) 内　　空：内径 φ10.20 m
 d) 特　　徴：円形トンネル形式，長距離施工

(2) 品鶴線大崎駅構内住吉こ道橋新設[10]
 a) 場　　所：東京都品川区
 b) 延　　長：31.0 m
 c) 内　　空：幅 9.20 m，高さ 5.50 m
 d) 特　　徴：箱形ラーメン形式，新幹線高架橋近接

(3) 山手線新大久保・高田馬場間　第一戸塚Bv改築[11]
 a) 場　　所：東京都新宿区
 b) 延　　長：36.7 m
 c) 内　　空：幅 25.54 m，高さ 7.59 m
 d) 特　　徴：多径間箱形ラーメン形式，分割施工

図-5.23 施工事例(1)

図-5.24 施工事例(2)

図-5.25 施工事例(3)

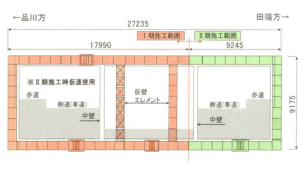
図-5.26 施工事例(3)（分割施工区分）

参考文献

1) 鉄道 ACT 研究会：HEP&JES 工法　技術資料，2013．
2) 東日本旅客鉄道：非開削工法設計施工マニュアル，2009．
3) 清水満，森山智明，木戸素子，桑原清，森山泰明：鋼製エレメントを用いた線路下横断トンネルの設計法，トンネル工学研究論文・報告集，Vol.8，pp.407-412，1998．
4) 小泉秀之，森山智明，有光武，長尾達児，中井寛：地表面を抑えたエレメント掘進工法の開発，トンネル工学報告集，Vol.19，pp.279-283，2009．
5) 有光武，桑原清，小泉秀之，千々岩三夫，山村康夫：地表面変位を抑えたエレメント掘進工法の実証試験，トンネル工学報告集，Vol.19，pp.285-290，2009．
6) 中山泰成，高橋保裕，齋藤貴，本田諭，尾関聡：軌道変状リスクを低減した新しい線路下横断工法，トンネル工学報告集，Vol.23，pp.411-418，2013．
7) 石橋忠良，清水満，渡邊明之，森山智明，栗栖基彰，山口昭：噛み合わせ継手の力学特性，土木学会論文集，No.777/V-65，pp.73-82，2004．
8) 安保知紀，石橋忠良，松岡茂，長尾達児，栗栖基彰：噛み合わせ継手で鋼製エレメントを接合した鋼コンクリートサンドイッチ部材の曲げ変形，土木学会論文集 E2, Vol.71, No.3, pp.248-256, 2015.
9) 荒川栄佐夫，早川和利，酒井喜市郎，HEP&JES 工法による大断面長距離トンネルの施工　臨海副都心線第2広町トンネル，トンネルと地下，土木工学社，2002.9，pp.7-15．
10) 山田宣彦，本田諭，星光紀，齋藤貴：新幹線橋脚フーチング横を離隔 40cm で JES 函体施工　横須賀線　住吉こ道橋，トンネルと地下，土木工学社，2015.10，pp.7-17
11) 竹内幹人，本田諭，遊座啓史：山手線新大久保・高田馬場間第一戸塚 Bv 拡幅工事 II 期　SED，No.46，2015.11，pp.62-67．

6. ハーモニカ工法

6.1 概　要
(1) 概　要

　ハーモニカ工法とは，アンダーパスなどの大断面トンネルを小断面に等分割し，小型の矩形掘削機を用いて隣接する鋼殻同士を接触させた状態で掘削し，内部に躯体を構築することで小断面トンネルを一体化し，トンネルを作り上げる工法である．

　掘削には切羽の安定性に優れている泥土圧式掘削機を用い，土圧管理と排土量管理を適切に行うことで，低土被りの施工でも地表面や上部埋設物への沈下などの影響を低減することが可能である（図-6.1）．

図-6.1　ハーモニカ工法の概要[1]

(2) 開発の背景

　従来のパイプルーフ工法や外殻先行型の非開削工法では曲線施工が不可能とされ，施工距離も50〜60 m程度が限界とされていた．また，多大な機械設備費用を内包する大口径シールド工法は，土被りに制限を受け，コスト面でも劣ると言われていた．このような課題を解決する方法としてハーモニカ工法が開発された．

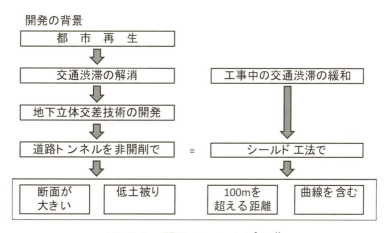

図-6.2　開発のコンセプト[1]

従来の非開削工法やシールド工法のもつ課題を解消し両工法の長所を取り込んだ新工法の開発を，**図-6.2**のコンセプトに基づいて行い，新たなアンダーパス構築技術として，大断面分割シールド工法（ハーモニカ工法）が開発された．

開発コンセプトを以下に示す．

① 交通渋滞を発生させる要因を極力削減する．
② 大断面を等分割し小型の機械を使用し，低土被りに対応可能な掘削機で施工する．
③ シールド工法では可能だが，従来の非開削工法では対応できない曲線施工を可能とする．
④ 従来の非開削工法が不得意な 100 m を超える距離の掘削を行う[1]．

(3) ハーモニカ工法の用語

ハーモニカ工法では，覆工部材として矩形の鋼殻を掘削機の後方に連結して，元押しジャッキからの推力を伝える．鋼殻は主桁・縦リブ・スキンプレートおよび継手から構成される．

継手は，隣接する函体同士を接触させ離隔を制御しながら掘削するためと，掘削完了後の止水ゾーンとして使用する[1]．

鋼殻	：矩形の鋼製セグメント
函体	：鋼殻を長手方向に接続して出来上がった 1 本の小断面トンネル
主桁	：鋼殻に作用する外部荷重に対抗する部材
縦リブ	：鋼殻に作用する推進力に対抗する部材
スキンプレート	：掘削空間と外部地山・地下水とを遮断するために，主桁と縦リブの外部に貼られた鉄板
継手	：函体間を繋ぐ継手（隣接函体間の離隔を制御し止水ゾーンとして利用）

(4) ハーモニカ工法の施工順序

一般的なハーモニカ工法の施工順序を**図-6.3**および以下に示す．

・基準となるトンネル①を掘削する（STEP1）．
・基準トンネルに隣接するトンネル②〜③を掘削する（STEP2）．
・上段トンネル④〜⑥を順次掘削する（STEP3）．
・複数の函体により大断面が完成する（STEP3）．

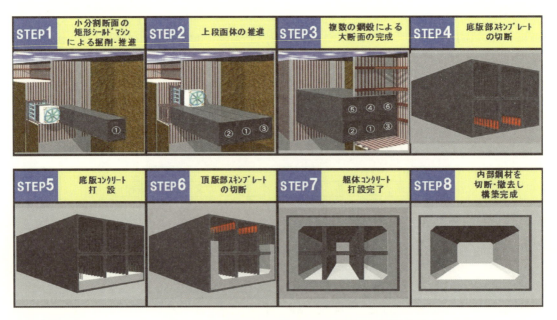

図-6.3　ハーモニカ工法施工順序図[1]

- トンネル間の止水処理を行った後，鋼殻の一部（スキンプレート，縦リブ）を部分的に撤去しながら鉄筋を組み立て，コンクリートを打ち込み，大断面のトンネルを構築する（STEP4～STEP7）．
- コンクリートの養生後，内部の鋼殻（主桁・縦リブおよびスキンプレート）を切断・撤去し仕上を行う（STEP8）[1]．

(5) ハーモニカ工法の特徴

ハーモニカ工法の主な特徴を以下に示す．

- 低土被り施工にも対応可能

  掘削機が3～4 mと小型かつ矩形であるため，低土被りに対応可能である．

- 地下水圧下での施工が可能

  密閉型のシールド機を使用するため，地下水位が高くて10 mを超える深度にも対応可能である．

- 曲線施工が可能

  方向修正装置を備えたシールド機と曲線に沿った形状の鋼殻を使用するため，単曲線施工が可能である．また，鋼殻に備えた特殊継手により函体同士の離隔を制御することが可能で，曲線への追従性が高く構造物の線形に沿った最適な断面で掘削できる．

- 掘進完了後は内部掘削が不要

  函体を接触させて順次掘削するため，各函体の掘削が終了すると別途内部掘削を行う必要がない．また，鋼殻の主桁が中間杭や切梁支保工の役目を果たすため，新たな支保工の架設は不要である．

- 小規模の作業帯での施工が可能

  小断面掘削機の使用により，クレーンなどの立坑設備や土砂搬出設備の小型化が可能となるため，占用作業帯などが小規模となる．そのため交通渋滞の誘因を削減できる[1]．

(6) 近年のトピックス

近年では，ハーモニカ工法の需要も増加し，一般的なハーモニカ工法のみならず，上床版，下床版あるいは側面のみの施工に部分的に使用する事例（図-6.4），また，単体トンネルの覆工体である鋼殻の本体構造物としての利用や，2 m×2 mの小型矩形掘進機を縦・横に組合せ連結して利用することで，工程短縮ならびにコスト縮減を図った事例がある（図-6.5）．

6.2 設計・施工

(1) 設計

ハーモニカ工法の設計は，大断面トンネルを構築するにあたり，施工誤差を加味した小断面トンネルの割り付けを行い，小断面トンネルの覆工体である単体鋼殻の設計を行う．単体鋼殻の設計は，掘進機荷重，鋼殻自重，土圧，水圧のほか，推力を考慮する．また，単体鋼殻が接続されることで荷重条件および構造条件が逐次変化するため，施工ステップに応じた作用荷重，構造を適切にモデル化して行う．単体鋼殻が本設利用の場合は，鋼殻の主桁を主鉄筋としたRC構造として設計を行う．

a) 準拠指針

鋼殻の設計は，以下の指針・文献に準じている．

[準拠指針]
- トンネル標準示方書（シールド工法）・同解説　土木学会

[参考文献]
- セグメントの設計【改訂版】　社団法人　土木学会

- 道路橋示方書・同解説　II鋼橋編　社団法人　日本道路協会
- 下水道推進工法の指針と解説　社団法人　日本下水道協会
- 推進工法の調査・設計から施工まで　社団法人　土質工学会

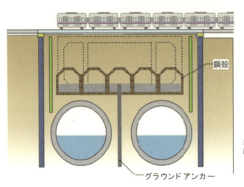

図-6.4　ハーモニカ工法部分使用の例[2)]

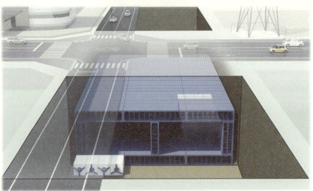

図-6.5　□-2m×2m 小型掘進機組合せ使用の例

b) 構造計算手法

設計は許容応力度法による．鋼殻を仮設構造物として取り扱う場合は，発生応力度が短期許容応力度（長期許容応力度×1.5）以下となるように照査する．

c) 考慮する荷重

鋼殻の設計は，施工の各段階で鋼殻に作用する荷重を想定し，鋼殻に発生する断面力を算定する．施工の各段階とは，掘進時の推力が作用している段階，鋼殻周囲に裏込め材を注入している段階，土水圧が作用している段階，隣接鋼殻を掘進している段階など，鋼殻に作用する荷重が変化する各段階をさす．主な考慮すべき荷重を以下に示す．

①上載荷重・・・・・・・路面交通荷重，建物荷重など．一般に 10 kN/m^2
②鉛直土圧・・・・・・・基本的に全土被り，地盤条件，深度により設定する．
③水平土圧・・・・・・・地盤条件により，準拠指針を参考に設定する．
④鋼殻重量・・・・・・・鋼殻仕様により設定する．
⑤ハーモニカ掘進機重量・推定する．
⑥裏込め注入圧・・・・・水圧＋α kN/m^2
⑦ジャッキ推力・・・・・推力算定より掘進力の検討
⑧地盤反力・・・・・・・変位と独立した反力または地盤ばねとして適切に評価する．

d) 構造モデル

構造モデルは，鋼殻をビーム材，地盤をばねと評価した梁ばねモデルとする．このモデルに施工ステップごとの荷重を作用させることにより，各鋼殻（函体）に発生する断面力を算定する（図-6.6）．

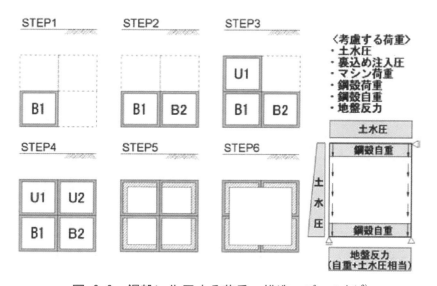

図-6.6　鋼殻に作用する荷重，構造モデルの例[3]

e) 各部材の設計

鋼殻を構成している主桁，縦リブ，スキンプレートの設計手法は，シールドトンネルのスチールセグメントの設計手法に則っており，b)，c)，d)で示した手法により，各部位に発生する断面力を求め，照査を行い，部材仕様を設定する．

f) 立坑の計画

発進立坑には，構築する構造物の大きさや現地の条件等を考慮し，効率的な作業が行えるように発進架台，支圧壁，発進坑口，元押しジャッキ設備等を配置する．到達立坑については掘進機を回収するか，回転・再発進するかで大きさが異なるが，現地の作業条件等を考慮し，構造物の

築造や掘進作業に支障のないように計画する．

(2) 施工

ハーモニカ工法の施工は，小断面の単体トンネルを複数回推進工法で掘削して行う．単体トンネル間の先行鋼殻には凹型の継手材を配置し，後行鋼殻に凸型の継手材を配置し，先行したトンネルに沿わせて隣接する後行トンネルを掘削する．単体トンネルの掘削が完了した後に単体トンネル間を一体化させる構築を行い大断面トンネルを完成させる．

a) 施工順序

ハーモニカ工法の一般的な施工順序を**図-6.7**に示す．

b) 防護工

発進・到達部の防護工としては，地質，地下水位の有無等により，鏡切時の地盤の安定を確保できる工法を選択する．なお地盤改良工は立坑土留め施工後，立坑掘削前に施工する．また，急曲線を伴う施工においては，函体が曲線の外側に張り出す力に対する地耐力の確保および曲線のためのオーバーカット空間の確保を目的として，薬液注入などによる地盤補強を行う場合もある．

c) 推進工

① 主要機械設備

ハーモニカ工法で使用されている主要機械設備を**表-6.1**に示す．

掘進機は構築する構造物に均等に割付けた寸法となるため，工事ごとに形状の異なった掘進機となる．掘進機は基本的に密閉型の泥土圧式掘削機を使用する．

元押しジャッキ設備も，掘進する土質条件や鋼殻断面寸法，掘進延長を考慮し，設計推力を求めて工事ごとにジャッキの台数を決定する．

加泥材注入プラント，滑材注入プラント，裏込め注入プラントは，掘進する土質条件に適応した材料を選定し，掘進中に注入する量を計画した後に，注入量および注入圧力の制御を確実にできる規格・容量のものを選定する．

土砂搬出設備は，掘進する土質条件や掘進延長を考慮して排土方法を決定した後に，掘進速度に見合った圧送ポンプやずり鋼車設備を選定する．

② 推進工

掘進管理は，切羽の土砂崩壊を防ぐことおよび周辺地盤への影響を最小限に留めることを目的として行う．管理項目としては，切羽土圧・チャンバー内土砂性状・掘削土量・排土性状・総推力・カッタートルク・掘削速度等である．ハーモニカ工法は小断面の函体を接続して，大断面のトンネルを造るものであるために，基準の函体の精度が完成断面出来形に大きな影響を与える．このため基準の函体は，坑内測量を入念かつ高頻度で行う．

後行の函体の掘進は，基準の函体または隣接の函体の出来形に沿って行う．

③ 加泥材注入工

掘進切羽の安定性を確保するために，チャンバーとスクリューコンベア内に不透水性と塑性流動性を持つ泥土を充満し，これにジャッキ推力を作用させることにより，泥土圧を発生させ，切羽の土圧と地下水圧に対抗し，掘削土量と排土量のバランスを図る．加泥材はサンプリングした土砂に添加材を加えるテーブルテストにより，適切な注入率を決定する．加泥材の材料としてはベントナイト系，吸水性樹脂系，高分子ポリマー系，ベントナイト＋ポリマー系などが使用される．注入量は土質と排土方法によって異なる．

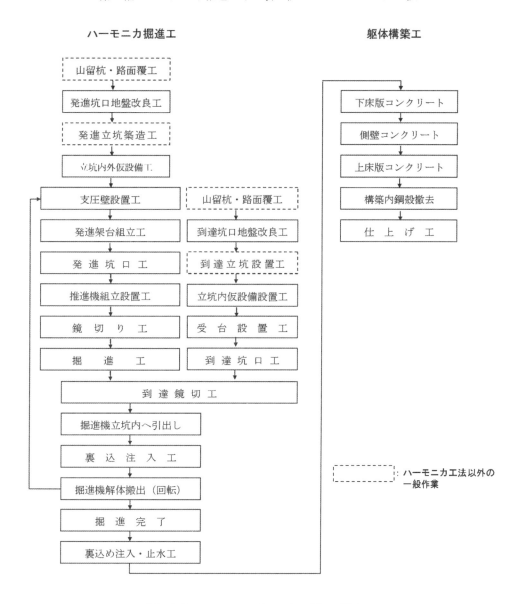

図-6.7 ハーモニカ工法の施工順序

表-6.1 主要機械設備

名　称	用　途
掘進機（泥土圧式）	鋼殻形状に合わせた矩形掘進機
元押しジャッキ設備	設計推力以上の能力を有するジャッキ設備
加泥材注入プラント	注入量に見合った混練・注入設備
滑材注入プラント	注入量に見合った混練・注入設備
裏込め注入プラント	注入量に見合った混練・注入設備
土砂搬出設備	土砂圧送ポンプやずり鋼車，ベルトコンベア等の掘削土砂を坑外へ搬出する設備

④滑材注入工

　滑材は推進中の地山の緩みを抑えるとともに，地山と推進鋼殻との摩擦を低減することを目的として注入する．滑材には，ベントナイト滑材のほか，一液型滑材，粒状型滑材，固結型滑材等がある．

⑤裏込め注入工

　推進時の余掘り空間の充填は滑材で対応し，推進完了後に地山と同等程度の強度を発現する空隙充填材で滑材と置き換える．裏込め材を兼ねることができる滑材を使用する場合は不要に

なる．裏込め材としてはセメントとベントナイトの混合物が一般的に使われる．分散剤，フライアッシュ等を混入させる場合もある．注入範囲は，鋼殻の外側の余掘り量分程度とする．注入量は，適用土質別に**表-6.2**のように設定する．使用する裏込め材は土質・施工条件により選定する．

表-6.2 土質別注入量の目安

土　質	注入量
普通土，硬質粘性土	余掘空間の130%
砂礫混り土，巨礫混り砂礫土	50%増し

⑥仮設備工

・支圧壁工

　支圧壁は，推進時に発生する推進力の反力を後方地山に伝えるものであり，推進力に耐える構造とし，トンネル軸線に対し直角に設置する．この支圧壁が推進の蛇行に大きな影響を与えるため，精度良く築造する必要がある．ハーモニカ推進は，上方向に積み重ねて推進を行っていく工法であるために，支圧壁は段ごとに設置する必要がある．

　また，ハーモニカ工法は，主に低土被りに適用される工法であるため，支圧壁背面（立坑外側）の地山強度を確認する．地山強度が不足している場合は，地盤改良，盛土等によって反力を確保する必要がある．支圧壁の種類としては，RC場所打ちコンクリート，鋼材，プレキャスト支圧壁等がある．

・発進坑口工

　発進坑口工は鋼殻外面または函体より土砂，滑材，裏込め材等の流出を防止するために設置する．基準函を施工する時は，すべての坑口パッキンを鋼矢板に設置できるが，それ以降の函体では，鋼殻が隣接しているので，一部の坑口パッキンを隣接している鋼殻に取り付ける．エントランスパッキンは，ゴムパッキン式を標準とするが，水圧が高い場合には，鋼殻に設置した継手部からの土砂や地下水の流出が問題になるため，ブラシ式＋シールグリスとするなどの工夫が必要になる（**図-6.8**）．

a）坑口金物設置状況

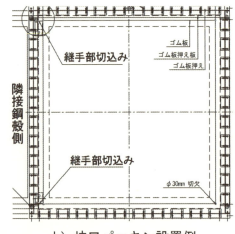
b）坑口パッキン設置例

図-6.8　発進坑口工の例

・発進架台工

発進架台・到達架台は基本的には同一であるが，出来形に影響及ぼす発進側については，より高い精度が求められる．架台は，ボルト・溶接等で堅固に固定し，推進による水平力に耐える構造とする．

・元押し設備工

元押し設備は発進立坑において鋼殻を圧入する装置で，押角・元押しジャッキ・矩形ストラットから構成され，鋼殻に平行かつ均等にジャッキ推力が伝達されるように設置する．

矩形ストラットは，鋼殻主桁に面で接することにより，ジャッキ推力を鋼殻縦リブに均等に伝え，押角は推進反力を支圧壁に分散，伝達させる役割を果たす．

ハーモニカ工法では，元押ジャッキとして多段式ジャッキを使用する．多段式ジャッキの特長は3000 mmのジャッキストロークでストラットが不要となるため，次のような利点がある．

－掘進速度の向上
－作業の安全性の向上
－連続推進による周辺地盤への影響の低減

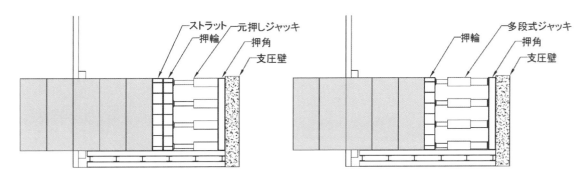

図-6.9　元押し設備概念図

⑦躯体構築工

ハーモニカ工法における躯体構築に先駆け，函体間における薬液注入や函体間に設置した継手部を利用し，止水材を充填する．止水完了後，隣接して設置された小断面トンネルの函体間スキンプレートを切断撤去し，鉄筋を組み立てる．下床版，側壁のコンクリートは上部から打込みが行えるため普通コンクリートにより施工するが，上床版コンクリートは上部からの打込みが行えないために，高流動コンクリートにより施工する．打込みには確実な充填を行うためにエアー抜き配管や充填確認センサを設置する．上床版のコンクリート打込み後の養生期間をとった後に躯体内部に残された鋼殻部材を撤去し，仕上げを行うことで大断面トンネルの躯体が完成する．

6.3 施工事例

(1)（仮称）外苑東通り地下通路③整備工事
a) 函体寸法：2,950 mmW×2,670mmH×4 函体
b) 躯体寸法：5,500 mmW×4,000mmH
c) 掘進延長：31.000 m
d) 横断延長：19.000 m（外苑東通り4車線道路横断）
e) 縦断曲線：190mR
f) 特徴：8%の勾配と踊り場で構成された地下通路の構造躯体を包括した単曲線で縦断線形を計画

ハーモニカ工法の主な施工事例は，以下のとおりである

図-6.10　施工事例(1)

表-6.3　ハーモニカ工法の実績

施工事例	用途	施工条件	線形	函体数	延長	躯体寸法 mm（函体寸法 mm）
（仮称）外苑東通り地下通路③整備工事	地下通路	道路下	H：直線 V：R=190 m	4 函体	30 m	5500×4000
（仮称）外苑東通り地下通路①整備工事	地下通路	道路下	H：直線 V：直線	6 函体	40 m	7450×5300
西大阪延伸線建設工事土木工事（第3工区）	鉄道	道路下	H：直線 V：直線	4 函体	21 m	9800×7350
国道1号線原宿交差点立体工事	道路	道路下	H：R=320 m V：R=1000 m	10 函体	73 m	18600×7250
第2ターミナル駅増築工事（北側）	鉄道	道路下	H：直線 V：直線	4 函体	38 m	6500×7050
府中3・4・7号線と京王線との立体交差工事	道路	鉄道下	H：直線 V：R=1800 m	5 函体	67 m	(15990×3120)
圏央道桶川北本地区函渠その1工事	道路	道路下	H：直線 V：直線	9 函体	44 m	27870×10020
外環自動車道田尻工区	道路	道路下	H：R=62 m V：直線	5 函体	65 m	(18400×3980)

※（　）はハーモニカ工法を部分的に使用したためハーモニカ工法の函体全断面寸法を記載

参考文献
1) 髙見澤計夫：「過酷な条件下での施工」と「70mを超える曲線施工」，月刊推進技術，Vol.23, No.12, pp.17-28, 2009.
2) 三上正哉，山本富士男，入江覚，堀祐三，南部俊明，三浦文男，清水竜也，飯村英之，岩元篤史，新宅建夫：解説　小断面連続施工，月刊推進技術，Vol.25, No12, pp.15-23, 2011.
3) 武田伸児，小柳善郎，服部佳文，佐藤充弘：大断面分割シールド工法（ハーモニカ工法）の施工実績，土木学会論文集，Vol.61, No.2, pp.363-368, 2006.

7. パイプルーフ工法

7.1 概要

(1) 概要

　パイプルーフ工法は，仮設材の鋼管を地中に連続して押し込み，その下部の掘削と並行して支保工を建て込んで，上部地山を直接支持し，函体等を構築するものである（**図-7.1**）．函体の構築はトンネル内での作業となり，コンクリートは支保工を巻き込んで打ち込まれる．連続して挿入された鋼管をパイプルーフと称しており，鋼管の挿入には一般にオーガー掘削鋼管推進工法が用いられる．この工法は，鋼管内にセットされたカッタービットにより地山を掘削しながら鋼管を圧入し，カッターと連動されたスクリューオーガーにより，掘削された土砂を発進側の立坑に搬出し処分する．このほか，パイプルーフ工法は，掘削時の切羽面の崩壊に伴う地表面陥没の防止，変状範囲の拡大抑止のための補助工法（防護工）としても用いられている[1]．

　防護工としてパイプルーフを用いる場合には，推進あるいはけん引される函体で支持するため，立坑部を除き，一般に支保工は用いない．函体とルーフを置き換える場合には，角形鋼管がルーフとして用いられる．

図-7.1　パイプルーフ工法の概要

(2) 特徴

　パイプルーフ工法は，φ300～1200 mm の鋼管を，マシン本体を交換することなく，カッタービットとオーガーを付け替えるだけで容易に管径を変更でき，異なった管径での組み合わせでパイプルーフの施工が可能である．また，パイプルーフの断面形状は，構造物の形状や土質によって，これに適合した様々な形状が用いられる．**図-7.2** に，これまでに用いられたパイプルーフの断面形状を示す．

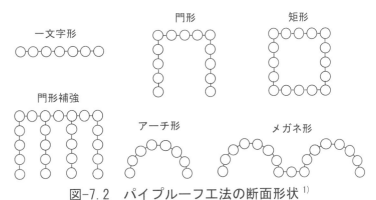

図-7.2　パイプルーフ工法の断面形状[1]

(3) 開発の背景

1963年にアメリカより，大型ホリゾンタルオーガーを使用して鋼管を推進するケーモー工法が導入されて以来，これがパイプルーフ工法にも利用されるようになった（第Ⅰ編 3.3 (1) 参照）．そののち，フロンテジャッキング工法において鉄道の軌道を防護する際に用いていたH型鋼に代わる防護工として，1972年頃より用いられるようになったと言われている[2]．

7.2 設計・施工

(1) 設計

a) パイプルーフ工法の設計

パイプルーフ工法の設計において，一文字型を適用する場合のトンネル横断方向の防護幅の例を**図-7.3**に示す．一般的に切羽が自立する地山においては，安全を考慮してトンネル底面から横断方向のすべり面を想定し，その延長内にパイプルーフを設置する[1]．一方で土質条件が軟弱な場合や地下水位が高い場合は，補助工法を併用するほか，門型形状とするなどの対策を講じる必要がある．

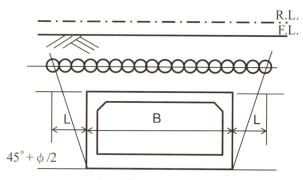

図-7.3　パイプルーフ工法の断面形状

b) 鋼管の径と肉厚

鋼管径および肉厚は，応力度および変形量を求めて決定するが，トンネル掘削時の支保工間隔に大きく影響される．最終的には，鋼管の施工法も含め，最も経済的となる形状が選定される．設計方法の例として，鉄道構造物の場合には，**図-7.4**に示すように弾性支承上の梁による解析法が挙げられる[2]．図中のスライディング・アーマ工法とは，掘削，土留め，排土，支保工組立を一連的に行う機能を装備したスライディング・アーマ掘削機が周囲の土圧を反力として機械自体が前進する機械化メッセル工法である．

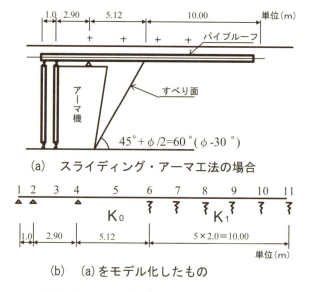

図-7.4　パイプルーフの設計モデルの例

c) 鋼管の種類

パイプルーフ工法で用いられる鋼管の種類には，SKK（鋼管杭），STK（一般構造用炭素鋼鋼管），SKY（鋼管矢板）があるが，引張強度および継手を含めた経済性を検討して選択する．

d) 鋼管の継手

継手は，施工時における鋼管推進のガイドの役目を果たすもので，施工精度の確保を主目的としている．継手形状には様々な種類があるが，一般に**図-7.5**に示すダブルアングル形継手が用いられている．

ダブルアングル形継手の諸元

呼　称　寸　法	300	400	500	600	700	800	900	1000	1100	1200
使用鋼管外径A(mm)	318.5	406.4	508.0	609.6	711.2	812.8	914.4	1016.0	1117.6	1219.2
鋼管の中心間隔B(mm)	370	460	580	690	790	900	1010	1135	1240	1330
継　手　部　材	L－50×50×6		L－65×55×6			L－75×75×9		L－90×90×10		L－100×100×12

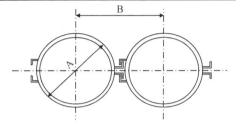

図-7.5　ダブルアングル形継手[1]

e) 安全ルーフ

　過去の施工実績によると，側壁エレメントの施工時に大きな変状が生じることは少ない．これは，上床エレメント等により路盤が防護され，推進位置の土被りが上床エレメントに比べ大きいためと考えられる．しかしながら，推進位置の地盤の自立性が良好でない砂や砂礫，軟弱な粘性土の場合，エレメント側部の空隙の発生に起因する路盤陥没の事例が報告されている（**図-7.6**）[3]．

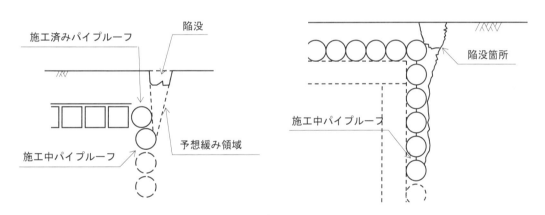

図-7.6　施工時の陥没事例[3]

　このような陥没が発生する原因として，円形エレメントどうしの連結部，角形エレメントと円形エレメントの連結部においては，余掘り・緩み等により空洞が発生しやすいことがあげられる．

　推進位置の地盤が砂，砂礫，軟弱粘性土の場合は，推進時に地盤の崩落が発生しやすい．このため，自立性の良好でない地盤の場合は，土被りに関係なく上床部に安全ルーフを施工することが望ましい（**図-7.7**）．ただし，一文字型のパイプルーフの場合は適用外となる．パイプルーフの施工は早期に裏込め注入をすることが前提である．早期に裏込め注入を実施しない場合には，安全ルーフの範囲を超える大きな主働崩壊面により，路盤陥没が発生する可能性がある．

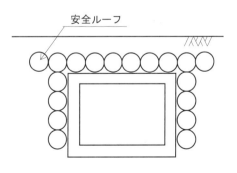

図-7.7　安全ルーフ略図[3]

なお，エレメント施工延長や構造物の径間が長い場合および地山の自立性の低い場合は，施工途中で裏込め注入を実施して変状を防止する．

(2) 施工

a) 施工手順

パイプルーフ工法のフローを**図-7.8**に示す．発進立坑内に架台を設置し，推進機をセットする．あらかじめ立坑の外でカッターおよびオーガーを鋼管内に組み込んでおき，これを推進機にセットし，推進を開始する．先頭管の推進が完了したのち，推進機を後退させて次の鋼管をセットし，オーガーを接続したうえで鋼管を溶接し，再び推進する．この最初に推進する一本目の鋼管を基準管と称し，鋼管の接続ごとに入念に測量し，高い精度を確保する．これにより，二本目以降の鋼管の精度が確保される．

鋼管推進完了後，支保工を設置しながら鋼管を一次覆工としてトンネルの掘削を行い，その後躯体を構築する．

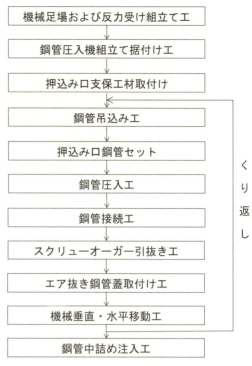

図-7.8 パイプルーフ工法の施工フロー[1]

b) 立坑計画

立坑は，発進立坑および到達立坑を構築する．到達立坑は，構築する構造物の種類に応じて異なり，かつ省略される場合もある．**図-7.9**に発進立坑の標準形状を示す．

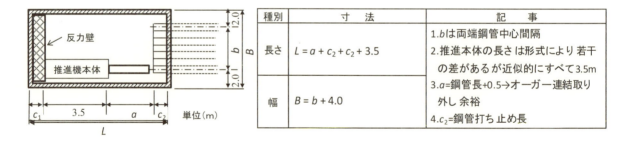

図-7.9 発進立坑の標準形状寸法[1]

c) 架台設備

架台設備には，一文字パイプルーフに使用する水平架台，幅の狭い門型パイプルーフに使用する全断面昇降架台および幅の広い門型パイプルーフに使用する側壁断面昇降架台があり，その構造を**図-7.10**に示す．

昇降架台は，架台支柱の天端に取り付けられたチェーンブロックにより，受け梁を上下させて施工位置に正しく鋼管をセットできるように工夫されている．

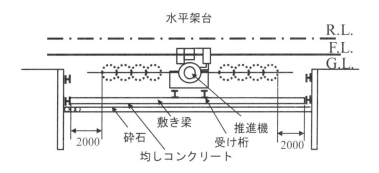

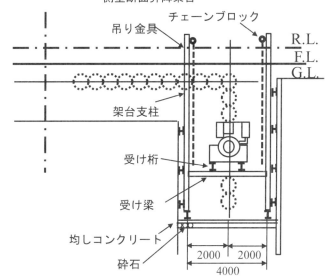

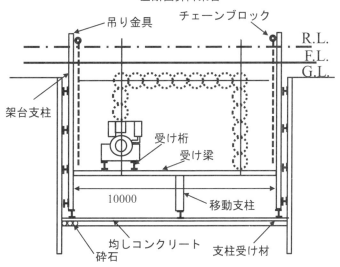

図-7.10 架台設備の種類[1]

d) 反力設備

推進機の推力を支持するための反力設備は，推進する鋼管の径，高さ，推進機の推力，立坑地盤高等により形状は異なるが，一般的に図-7.11に示す反力受けが用いられる．推進する鋼管の高さが現地盤より高い場合には，H鋼などを用いたストラット方式を採用し，鋼管の高さが現地盤より低い場合には，現地盤の受働土圧を利用した地盤反力方式が用いられる．

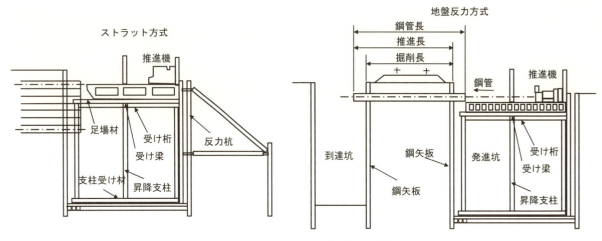

図-7.11 反力設備の概要[1]

7.3 施工事例

鉄道工事では，通常の列車を抑止して設定する長大間合いがとりづらくなる中，工事桁工法に代わる工法として，線路閉鎖間合いが短く，土被りも少なく，長大スパンの場合でも施工可能なパイプルーフ工法が採用されてきた．

支保工を用いる施工事例としては，仙石線仙台駅付近連続立体交差化事業の際に仙台駅構内の在来線直下に2層3径間のボックスラーメンを構築するために非開削のパイプルーフ工法が採用されている[4]．また，防護工としては，フロンテジャッキ工法の補助工法として，尼崎池田街道Bv新設工事等で採用されている．ここでは2本の鋼管に対して刃口を1つとして人力掘削により施工している（第Ⅲ編 1.3 (1) b))．

(1) 仙石線仙台・苦竹間地下化工事
　　（線路下工区）
a) 場所：宮城県仙台市
b) 延長：72.0 m
c) 内空：幅 15.97 m，高さ 10.30 m
d) 特徴：長距離施工，分岐器下

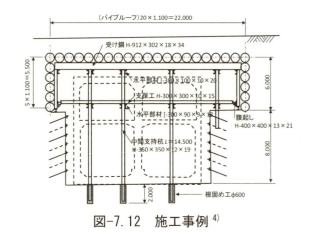

図-7.12 施工事例[4]

参考文献
1) 「線路下横断工法」連載講座小委員会：線路下横断工法(7) PCR工法，パイプルーフ工法，トンネルと地下，土木工学社，Vo.32, No.4, pp.71-77, 2001.
2) 日本鉄道施設協会：日本国有鉄道構造物設計事務所監修　構造物設計資料 No.49, p.32, 1977.3
3) 東日本旅客鉄道：非開削工法設計施工マニュアル, pp.18-2-18-4, 2017.2
4) 松本岸雄，佐藤春雄：特集 最近の線路下横断構造物　報告 分岐器下を通るパイプルーフ工法による施工例，基礎工，Vol.22, No.4, pp.58-66, 1994.

8. パイプビーム工法

8.1 概要

(1) 概要

　パイプビーム工法は，地表面下に継手付鋼管を水平または門型に連続して押し込み，鋼管両端を仮受け梁で支持したのちに鋼管下を掘削して函体を構築するものである．従来二次的な防護工として用いられていた小口径パイプルーフを大口径鋼管ビーム材に変え，さらにこれらを一定の強度，剛性を持つ継手で相互に連結して鋼管を主梁とした面構造ルーフを形成し，これを仮り受けする構造である．パイプルーフ工法との違いは，仮設材としてではあるが，継手の剛性を設計上評価することにより，荷重分散を考慮する点である．図-8.1に工法の概要を示す[1]．

図-8.1　パイプビーム工法の概要[1]

(2) 特徴

　パイプビーム工法は，まず鋼管ビームを水平に連続的に地盤中に圧入し，その鋼管の両端を受け梁で支えることにより，既設の構造物の仮受けを行い，その後に鋼管ビーム材相互の継手部をモルタルグラウトで連結する．連結された鋼管ビーム材直下を機械掘削し，現場打ちコンクリートにより構造物を施工する方法であり，以下の特徴がある．

① 鋼管ビーム材を主梁として用いて直接軌道部の仮り受けを行い，鉄道の複線程度では，中間支保工を必要としないため，経済的である．
② 支保工を設置することにより横断延長を長くできるとともにパイプルーフ工法と比べて支保工を少なくすることが可能である．
③ 鋼管ビーム材直下の空間を機械掘削できるうえ，コンクリート構造物の場所打ち施工が可能なので工期が短縮できる．
④ 鋼管ビーム材相互の継手を連結することにより，列車荷重等の活荷重による隣接鋼管ビーム材間のたわみ差を小さくすることができる．
⑤ 鋼管ビーム材相互の継手を連結することにより，活荷重が隣接ビームに分配されるため，鋼管ビーム材の断面が小さくなり，経済的である．

　パイプビーム工法を発展させたものとして，アンダーピニング併用パイプビーム工法がある．本工法の特徴は水平鋼管ビームにより列車運行の安定を確保しつつ，下床板→上床板→側壁とボックスカルバートを3分割施工する．下床板を施工後，その上にジャッキアップ設備を設置し，ジャッキの上に上床板を施工してパイプビーム下までジャッキアップし，最後に側壁を施工する

工法である．上床版をジャッキアップすることによって従来のパイプビーム工法よりも広い作業空間の確保が可能であり，さらにはパイプの下端と上床板の隙間を小さくすることで，計画路面を高くできることが特徴である（第Ⅰ編 図-1.3.11 参照）．

8.2 設計・施工

(1)設計

a)設計

　パイプビーム構造は，厳密には継手を介して連結された厚肉円筒シェルとして解析すべきである．しかし，通常ビーム材として使用される鋼管は D/t（D：鋼管径，t：板厚）が比較的小さく，しかも L/D（L：鋼管の長さ）が大きいため，鋼管の断面変形あるいは鋼管の軸方向のせん断変形が鋼管断面力に与える影響は小さい．**図-8.2** にパイプビーム構造モデルを示す．パイプビーム構造の解析においては鋼管を曲げ剛性 EI，ねじり剛性 G_J の弾性床上の梁とし，隣接する梁について線形分布ばね K_J を介して連結したモデルとしている．

　ばね剛度 K_J は，継手の変形特性を表わすばね K_1 と鋼管の断面変形特性を表わすばね K_2 を直列したばね剛度とする．K_1 は**図-8.3a** に示す継手載荷試験から実験的に求め，K_2 は**図-8.3b** に示すリングの変形から解析的に求めている．

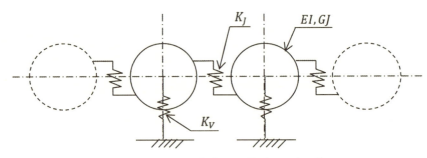

図-8.2　パイプビーム構造モデル[1]

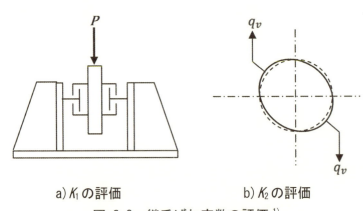

a) K_1 の評価　　　　b) K_2 の評価

図-8.3　継手ばね定数の評価[1]

b)構造計画

　パイプビーム工法の構造計画の検討において，代表的な形式について以下に示す．

①一文字形

　鋼管を水平に並べた形式である（**図-8.4**）．地盤が良好で掘削面が自立する場合に有効な形式である．なお，地盤が軟弱な場合は，土留め工との併用が必要である．

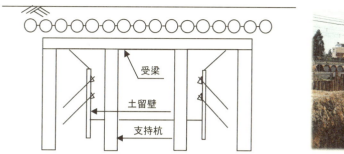

図-8.4　一文字形[1]

②門形

パイプビーム工法として標準的な形式である（**図-8.5**）．鋼管を門形に配置することによって軌道等を仮受けするとともに側方の土留めを兼用する．

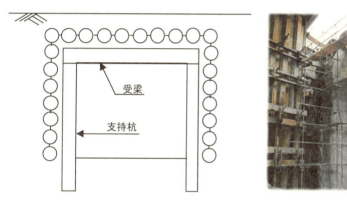

図-8.5　門形[1]

③鋼管支持方法

鋼管支持方法は，単径間および多径間に分類される．単径間は，鋼管両端に設けた受け梁，支持杭のみで支持する形式であり，土被り等の条件にもよるが，通常 20 m 程度までは単径間により対応することができる．多径間は，鋼管両端の受け梁，支持杭とともに中間支保工を併用する形式であり，土被りが小さく大口径鋼管の使用が制約される場合や延長が長い区間の防護を行う場合に適用する（**図-8.6**）．

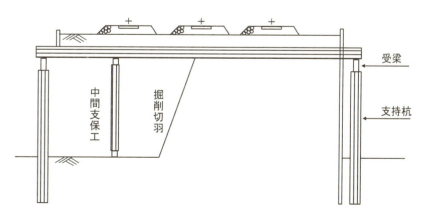

図-8.6　多径間の支持方式の例[1]

① 押込み用の反力壁と線路両側に仮土留め工

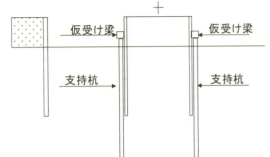

② ルーフパイプの両端を支持する仮受け梁および支持杭
　※鋼管の精度は±0.5％程度であるから，これを考慮して到達側受梁を下げて施工する必要がある

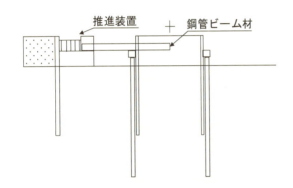

③ 推進装置を用いて線路下にパイプを圧入
　※基準管は左右の押し管抵抗を同等にするため，継手金物を左右同形状とする
　※砂質土や非常に硬い粘性土の場合はフリクション・カッターを兼ねた先端補強プレートを取り付ける

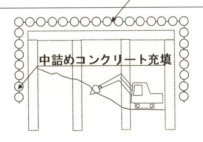

④ 継手部をモルタル充填した後，側方に土留めをしながら掘削
　※土留め壁としてパイプを使用する場合は中詰めコンクリート充填

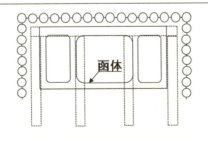

⑤ 掘削後，函体等を構築

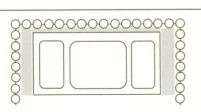

⑥ 函体とパイプルーフとの空隙および鋼管の中にモルタル等を充填し，最終的に仮受け梁と支持杭を撤去

図-8.7　パイプビーム工法の施工手順[2]

c) 鋼管の継手

　パイプビーム工法では，相互に連結させた鋼管を主梁とした面構造ルーフとして機能させるため，継手に所要の強度をもたせ，継手剛性を確保しなければならない．また，継手は実験で確認された構造とする必要があり，剛性を確保するために継手部に無収縮モルタル等を充填する．

(2) 施工

　パイプビーム工法における施工手順の例を図-8.7に示す．はじめに押込み用の反力壁と線路両側に仮土留め工を施工し，鋼管の両端を支持する仮受け梁および支持杭を施工する．その際，鋼管の施工精度は±0.5％程度であるから，これを考慮して到達側の受け梁を下げて施工する必要がある．次に，推進装置を用いて線路下に鋼管を圧入する．最初に圧入する基準管は左右の押し管抵抗を同等にするため，継手金物を左右同形状とした方がよい．さらに，砂質土や非常に硬い粘性土の場合はフリクション・カッターを兼ねた先端補強プレートを取り付ける．継手部をモルタル充填した後，側方に土留めをしながら掘削する．この際，土留め壁として鋼管を使用する場合がある．掘削後，函体等を構築し，函体と鋼管との空隙および鋼管の中にモルタル等を充填して最終的に仮受け梁と支持杭を撤去する．

8.3　施工事例

　パイプビーム工法は，線路閉鎖工事間合いが短い場合でも施工が可能であり，硬い地盤にも対応できたため，鉄道への適用が多い．ただし，土被り等の施工条件や鉄道事業者の判断により，線路閉鎖間合い以外での施工が認められる場合もある．昭和52年頃より開発が進められ，昭和54年に初めて東北本線上富田Bvで採用された．

(1) 鹿児島本線千鳥・古賀間古賀東架道橋新設工事[3]（図-8.8）
 a) 場所：福岡県古賀市
 b) 延長：13.0 m
 c) 内空：幅14.0 m
 d) 特徴：アンダーピニング併用，直下に既設下水道

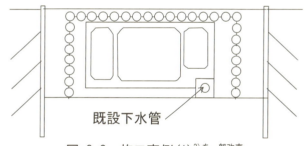

図-8.8　施工事例(1)[3]を一部改変

(2) つくばエクスプレス小菅交差部工事[4]
　（図-8.9）
 a) 場所：東京都足立区
 b) 線路方向：55 m
 c) 線路直角方向：鋼管長24.5 m，支間23 m
 d) 特徴：鋼管内にコンクリートを充填したPC構造とし複々線を1支間で支持，交差角度が小さいため線路方向も延長が長く鋼管本数が多い

図-8.9　施工事例(2)

参考文献

1) 住友金属工業：パイプビーム工法，pp.1-8,83-85.
2) 日本国有鉄道　構造物設計事務所：線路下横断構造物の計画および施工法の選定の手引き，pp.30-31.1987.
3) 近藤緑：アンダーピニング併用パイプビーム工法の施工，日本鉄道施設協会誌，pp.57-59, 2002.4
4) 築島大輔，有森芳弘，竹内一雄：「つくばエクスプレス」小菅交差部工事　PCパイプビームの設計・施工，土木技術，Vol.57, No.10, pp.93-98, 2002.

9. URUP 工法（Ultra Rapid UnderPass） 分割シールド形式

9.1 概要
(1)概要

　URUP 工法（分割シールド形式）は，交差点や踏切で発生している慢性的な渋滞を短期間で解消するために開発されたアンダーパスの急速施工法で，シールドを直接地上から発進させ，トンネル区間を低土被りで掘進し，再び地上に到達させることにより，立坑の構築を不要とした画期的なシールド工法である．交差点や踏切のアンダーパス以外にも，道路，鉄道，電力，ガスなどのライフラインに対し，地上から地下へ，あるいは地下から地上へとアクセスするトンネルや，河川を横断するトンネルなどといったシールド施工に URUP 工法を適用することができる．

　特殊トンネルという観点からは，地上発進・地上到達する URUP 工法の低土被り掘進技術を応用し，分割された小断面のシールドにより大断面トンネルを構築する分割シールド形式が，東関東自動車道の谷津船橋インターチェンジ工事に適用された．

　分割シールド形式は，建築限界に合わせた自由な形状の大断面トンネルを周辺地盤への影響を最小限に抑えながら非開削により施工することを目的に開発されたものである．まず，トンネル本体構造物を包含するように分割した小断面シールドによる複数の先行トンネルを構築し，次に，先行トンネル間でセグメントを切り拡げて接続し，トンネル本体を構築，最後にトンネル本体内部の地山を掘削することでトンネルを完成させる（図-9.1）．

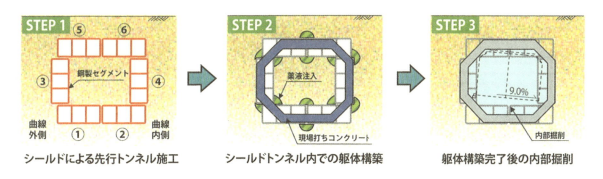

図-9.1　URUP 工法（分割シールド形式）の概要

(2)特徴
a)品質

　先行トンネル掘進はシールド施工のため，平面および縦断曲線を有する複雑な線形のトンネルに対しても精度の良い線形および出来形を確保することができる．

b)形状の自由度

　建築限界に合わせた自由な断面形状で，かつ大断面から超大断面トンネルまで施工することができるため，平面および縦断曲線を有する複雑な線形のトンネルのみならず，道路や鉄道の分岐部や合流部などの複雑な断面形状や断面が変化するトンネルを施工することが可能である．

c)安全性

　切羽の安定に有効なシールドを用いた小断面の先行トンネル掘進により，周辺地盤への影響を小さく抑制でき，地表面の沈下や隆起を小さく抑えることができる．さらに，トンネル内部の地山掘削は，トンネル本体構築後に行うので，周辺地盤に影響を与えない．

d) 経済性

小断面の矩形シールド先行トンネルにより，建築限界に沿った必要最小限の空間を掘削するので，排出する土砂を最小限に抑えることができる．また，先行トンネルより内部の掘削は一般残土として処分できるので，経済的である．

9.2 設計・施工

(1) 設計

分割シールド形式の設計の考え方・特徴を先行トンネルとトンネル本体について以下に示す．

a) 先行トンネル

先行トンネルの断面は，**図-9.2** に示すように，矩形小断面シールドのセグメントがトンネル本体を包括するように設定する．また，矩形小断面シールドはセグメント内でトンネル本体の構築を行う作業空間を確保できる形状寸法とする．

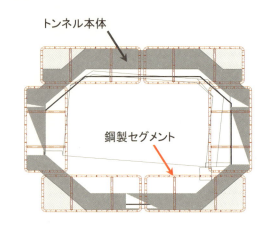

図-9.2 鋼製セグメントの配置

先行トンネルは，隣接セグメント同士の接続が容易な矩形セグメントとし，比較的軽量で，切断接続が容易な鋼製とする（**図-9.3**）．

また，鋼製セグメントはひびわれや欠けがないため一次覆工として止水性に優れているという利点がある．鋼製セグメントは，主桁が土水圧によって発生する軸圧縮力および曲げモーメントに抵抗する構造とする．さらに，矩形セグメントの変形を抑制するために，セグメント内部に支保工を設置して補強

図-9.3 鋼製セグメント

する．また，鋼製セグメントを切り拡げて接続する際，主桁切断前に切断箇所近傍に支保工を追加し安全性を確保する．

b) トンネル本体

トンネル本体の内空は，使用目的の建築限界や施工誤差を考慮して決定する．トンネル本体構造は，ボックス形状・多角形・アーチ形状などトンネル形状を考慮した骨組み解析により現場打ち RC 構造物として設計する．地盤条件や作用荷重は，現場の土質データや荷重環境を考慮し，開削トンネルやカルバートなどの設計指針・設計要領にもとづき設定する．ただしこの工法は，土留め壁のない非開削工法であるので，水平方向に作用する荷重やトンネル周辺の地盤ばねについては，トンネル形状を十分考慮し，構造上安全となるように設定する必要がある．

(2) 施工

分割シールド形式の施工の考え方・特徴を以下に示す．

a) 先行トンネル

トンネル本体の両端に設置した発進・到達立坑の間を小断面シールドで掘進し，先行トンネルを施工する．1 台のシールド機を転用して複数の先行トンネルを施工することが可能であるが，工程・経済性を考慮し，複数のシールド機を用いることも可能である．

地下水がある場合は，先行トンネルで完全な止水を行うことが重要である．トンネル本体を構築するための鋼製セグメントの切り拡げの際に，先行トンネルのセグメント間の止水のため，セグメント坑内から薬液注入（インナー注入）を行う（**図-9.4**）．インナー注入後，鋼製セグメントを切拡げ，セグメント間の地山を人力掘削した後に，接続部に止水シールを貼付け，止水鉄板を締結して止水性を確保する（**図-9.5**）．

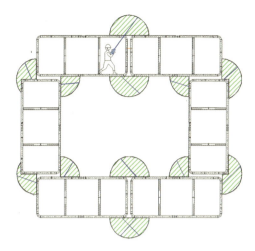

図-9.4　インナー注入施工箇所の例

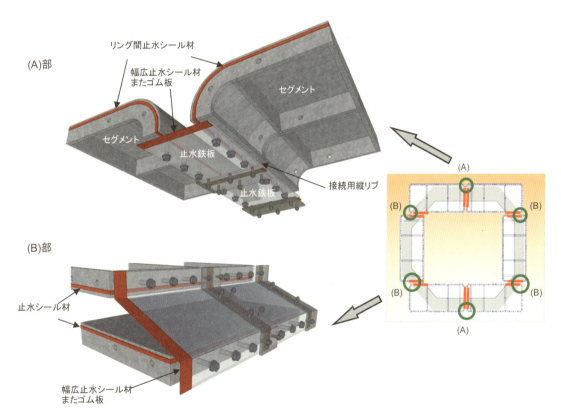

図-9.5　止水鉄板設置方法

b) トンネル本体

掘進が終了した最初と2番目の先行トンネルに対してインナー注入を行い，鋼製セグメントを切拡げ，その他の先行トンネルの施工と並行してトンネル本体の施工を開始する．

トンネル本体のコンクリートは，充填性を考慮し施工場所に応じて，普通コンクリートあるいは高流動コンクリートを用いる．

トンネル本体の接続部における鉄筋の継手には，機械式継手あるいはエンクローズ溶接を用いる．

9.3 施工事例

分割シールド形式の施工事例として，国道357号と東関東自動車道（東関道）のインターチェンジを築造した「谷津船橋インターチェンジ工事」がある．

(1) 工事概要

分割シールド形式は，東関道下り（千葉方面行）から県道千葉船橋海浜線および国道357号（千葉方面行）に接続するオフランプ（出口）の東関道横断部（非開削部）に適用された（**図-9.6**）．

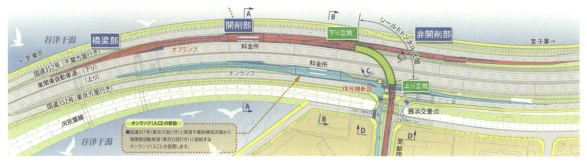

図-9.6 全体位置図

非開削区間の施工延長は約70 mであり，区間の両端に立坑を構築後，東関道の高速道路直下の浅い位置（最小土被り3.6 m）に平面曲線半径50 m，縦断曲線半径792 mの1車線道路トンネルを構築する．

トンネルの構築は，まず，本体構造物を包含する6つの小断面に分割し，各小断面をシールドにより先行トンネルとして構築する（**図-9.7**）．次に，先行トンネル間を接続しトンネル本体を構築する．最後に，トンネル本体内部を掘削し完成となる．**図-9.8**に施工手順を示す．

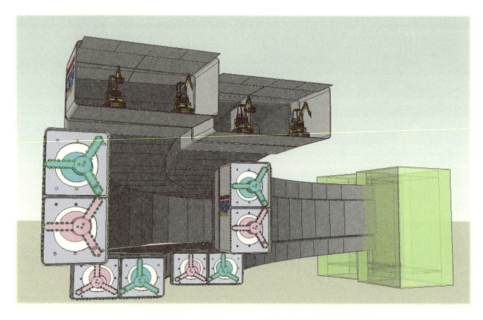

図-9.7 先行トンネルイメージ図

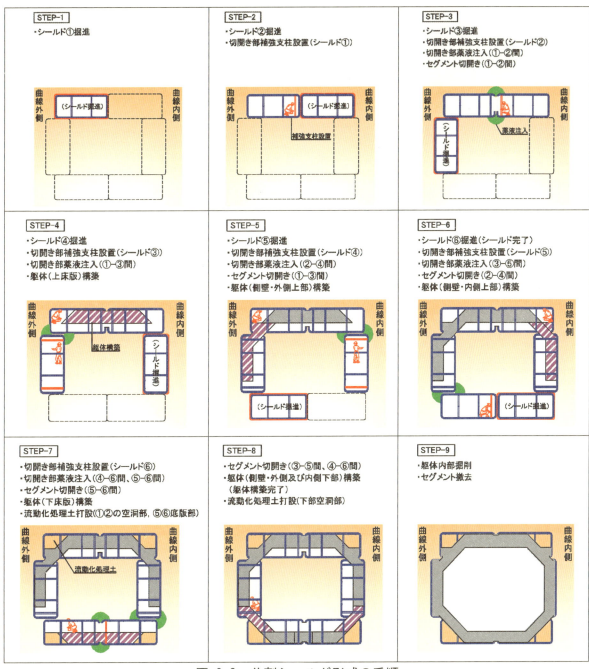

図-9.8　分割シールド形式の手順

(2) 先行トンネル工事
a) 施工条件

上段シールド掘削地盤は，ほぼ全線にわたり埋土層であった．埋土層には支障物が多く残置されており，密閉型シールド（泥土圧シールド）の施工の支障となったため，掘削と支障物撤去を同時に行うことができる開放型シールド（地盤改良併用）を上段シールドに採用した．

b) 掘削順序の変更

当初，上段先行トンネルの先受効果を期待し，上段シールド→中段シールド→下段シールドの順に施工する計画であったが，上段シールドの工法変更に伴うシールド機の改造や地盤改良工程が追加になることなどから掘削順序を変更した．掘削順序として，下段シールド→中段シールド→上段シールドの順にUターン方式にて各々の立坑で発進・到達を繰り返し，6本の先行トンネルを構築した．

c) シールド機の仕様

シールド機の仕様を**表-9.1**，**図-9.9**に示す．

下段シールドは密閉型シールド（横向き）であり，中段シールドは下段シールド施工後，90度回転させ，縦向きのシールドとした．

上段シールドは中段シールド施工後，前胴部を開放型に改造し，開放型シールド（横向き）とした（**図-9.10**〜**図-9.12**）．

表-9.1 シールド機仕様

路線	下段・中段	上段
形式	密閉型	開放型
マシン寸法	4864 mm×2214 mm	
掘削機構	偏芯軸回転矩形掘削カッター	・深礎掘削機（電動） ・バックホウ（0.03 m³）
総推力	7200 kN	
シールドジャッキ	600 kN/本×12本	
中折れジャッキ	横型：3.15°	縦型：2.75°
左右中折れ角	横型：1.10°	縦型：1.50°

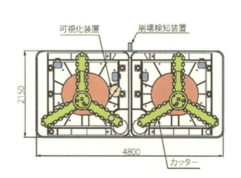
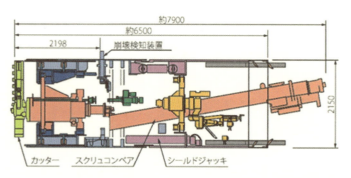

図-9.9 シールド機概要図

図-9.10 下段シールド
（横向き・密閉）

図-9.11 中段シールド
（縦向き・密閉）

図-9.12 上段シールド
（横向き・開放）

d) シールド掘進

東関道直下の低土被りシールドの掘進に対し，高速路面に変状を与えないよう次のような管理を行った．

泥土圧シールドでは，チャンバー内泥土の流動性が悪いと圧力伝播が悪くなり，天端付近の切羽圧が低くなる傾向があり，天端付近の切羽圧が管理値に対し不足する可能性があった（**図-9.13**）．本工事の中段シールド施工時は，シールド高さが 2.15 m から 4.8 m になるため，上記現象がより顕著になり，天端付近の切羽圧が管理値に対し不足する可能性があった．対策として，切羽全体で切羽圧が管理値以上であることを確認することとした．そのため，土圧計を横向きシールドでも縦向きシールドでも多段配置となるよう12個配置し（**図-9.14**），切羽管理を行った．

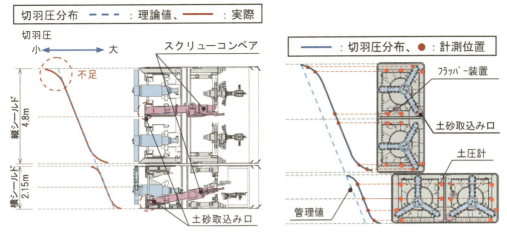

図-9.13 切羽圧分布   図-9.14 切羽圧管理位置

e) 路面変状

掘進中，東関道の高速道路外の観測やぐらに設置したトータルステーションおよび WEB カメラを使用し，東関道の路面変状を 24 時間連続で自動計測した（図-9.15）．

図-9.15 路面管理状況

①密閉型シールド掘進時の路面変状

図-9.16 に中段の密閉型シールド掘進時の東関道路面変状を示す．チャンバー内泥土を良好な塑性流動状態に維持し，土圧計を適切に配置し，切羽圧が管理値を下回らないよう調整して掘削したことにより，シールド掘進から通過まで，変状は±3 mm 程度で路面に影響なく掘進した．

②開放型シールド掘進時の路面変状

図-9.17 に開放型シールド掘進時の東関道の路面変状を示す．掘削前の地盤改良により，シールド掘進から通過まで，変状は±1 mm 程度で路面に影響なく掘進することができた．

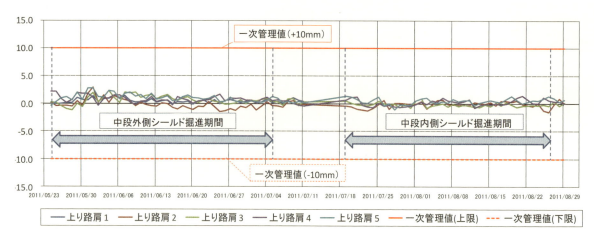

図-9.16 路面変状（密閉型）

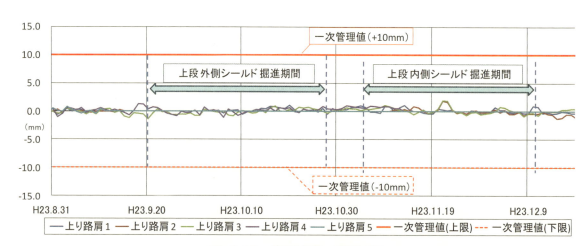

図-9.17 路面変状（開放型）

(3) トンネル本体構築工

a) 施工条件

セグメント内空 1.8 m の空間に底版厚・壁厚 0.8 m，上床版厚 1.0 m のトンネル本体を構築した．実際の施工では，躯体厚を確保するため，トンネル断面を包含するよう外側に 100～200 mm 程度大きくシールドを掘削したため，セグメント内の実際の施工空間は最小約 0.7 m であった（図-9.18）．

b) 施工方法

①セグメント間薬液注入

セグメント切開き部の止水と地盤強化を目的として，低圧浸透注入工法による薬液注入を行った（図-9.18）．

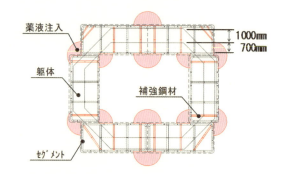

図-9.18 シールド機の配置

②セグメント切開き工

切開き部に補強鋼材を設置後（図-9.18），セグメントの主桁およびスキンプレートをガス切断し撤去した．その後，セグメント背面の裏込め材と土砂を人力により撤去し，セグメント間を切り開いた．切開き部の措置として，土留め・止水用鉄板をセグメントに全周溶接するとともに，鉄板背面の空隙に固化剤を注入し，セグメント切開きに伴う漏水と地盤変状を防止した．

③本体構築工

1ブロックを 10.0 m とし先行トンネル延長 70 m を 7 つのブロックに分けて施工した．コンクリート打込みは底版→下ハンチ→側壁→上ハンチ→上床版の順で行った（図-9.19）．コンクリートには，バイブレーターを使用する作業空間がないことから，自己充填性を有する高流動コンクリートを採用した．

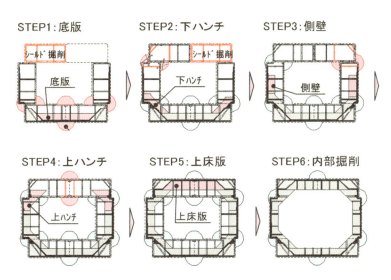

図-9.19　トンネル本体構築手順　（赤着色部：施工）

トンネル本体構築に先立ち，高流動コンクリートが材料分離しない流動距離を確認するために行った実証実験から，高流動コンクリートの水平流動距離を 5.0 m と決定し，1ブロック 10.0 m に対し少なくとも 2 本の打込み用配管を配置してコンクリートを施工した．底版，下ハンチ，側壁および上ハンチの高流動コンクリートは下向きに，上床版は褄枠側から挿入した打込み用配管を用いて高流動コンクリートを水平方向に圧送し，それぞれ水平流動距離 5.0 m 以下を厳守しながら施工した．

④内部掘削工

バックホウ（0.25 m³ 級ショートリーチ）を使用し，掘削・集土を行った（図-9.20，図-9.21）．東関道の高速道路が路面変状することなく掘削を完了した．また，掘削に伴う上床版の有害なひびわれは確認されなかった．

⑤セグメント撤去工

内部掘削完了後，高所作業車を使用して，上段から順にガス切断により先行トンネルのセグメントを撤去した（図-9.22）．工程短縮のためセグメントを大割で撤去できるようにバックホウにフォーク型のアタッチメントを取付け，掴みながらセグメントの切断を行った．セグメント撤去中も，路面変状や上床版の有害なひび割れは確認されず，トンネル本体工事を完成させた．

図-9.20 内部掘削（トンネル中央）

図-9.21 内部掘削（トンネル坑口）

図-9.22 セグメント撤去状況

図-9.23 トンネル本体完成

参考文献
1) 加藤哲, 江原豊, 宮元克洋, 丹下俊彦: 最小土被り 3.6m で高速道路を横断するトンネルを分割シールドで施工－東関東自動車道　谷津船橋インターチェンジ－, トンネルと地下, 土木工学社, Vol.45, No.5, pp.15-23, 2014.
2) 志農和啓, 宮元克洋, 日野義嗣, 迫田史顕: 供用中の東関東自動車道直下での横断トンネル施工, 基礎工, Vol.43, No.2, pp.43-46, 2015.
3) 加藤哲, 江原豊, 宮元克洋, 丹下俊彦: 小断面小土被り・高速道路横断トンネルの分割施工－東関東自動車道横断シールドトンネル－, 施工体験発表会, Vol.73, 2013.
4) 志農和啓, 加藤哲, 宮元克洋, 日野義嗣: 高速道路直下での小土被りシールド施工－東関東自動車道　谷津船橋インターチェンジ工事－, 土木施工, Vol.53, No.3, pp.79-83, 2012.

10. MMST工法(Multi-Micro Shield Tunneling Method)

10.1 概　要
(1) 概　要

　MMST工法(Multi-Micro Shield Tunneling Method)は，まずトンネル外殻部を複数の小断面シールドマシンにより先行掘削し単体トンネルを鋼殻で構築する．単体トンネルの施工完了後，鋼殻の一部を撤去し，単体トンネル間の土砂掘削，配筋およびコンクリートの打込みを行い，単体トンネル同士を相互に接続する．この作業を順次繰り返し外殻部躯体を構築した後，立坑より内部断面を掘削し大断面トンネルを構築する工法である（**図-10.1**）．

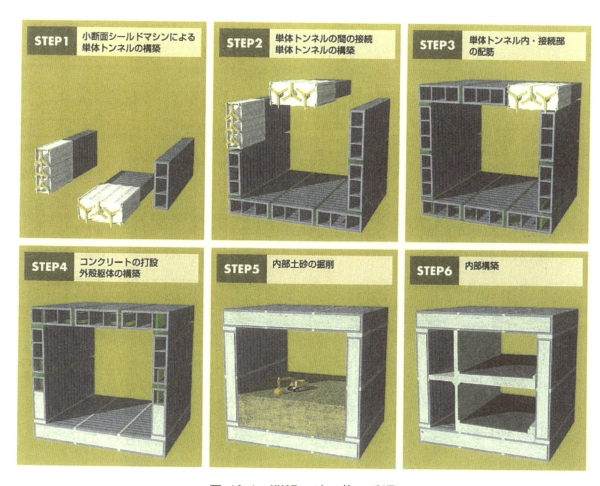

図-10.1　MMST工法の施工手順

　トンネル構造は，仮設段階である単体トンネル時は鋼殻構造であり，本設の大断面トンネル時には鋼・コンクリート合成構造（一般部）とRC構造（接続部）の複合構造というMMST工法特有の構造形式である（**図-10.2**）．構造上の特徴を以下に示す．

a) 単体トンネル

　単体トンネルは，主桁および中柱で構成される鋼殻構造である．土水圧，施工時荷重（裏込め注入圧，近接して通過するシールドマシンの重量など），単体トンネル間の接続部掘削時の偏圧に抵抗する構造として，施工手順を考慮した設計を行う．

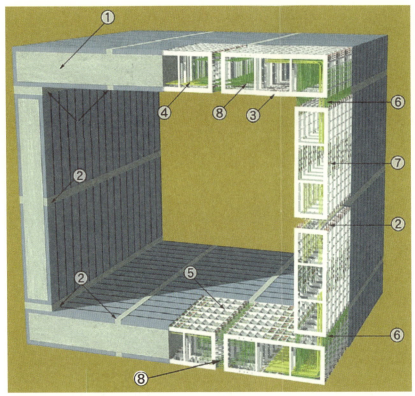

①一般部
　（鋼・コンクリート合成構造）
②接続部（RC 構造）
③主桁
④中柱
⑤縦リブ（シアコネクタ）
⑥接続部鉄筋
⑦継手部鉄筋
⑧せん断補強筋
　（図が煩雑となるため，せん断補強筋の一部を省略している）

図-10.2　MMST 構造の概要

b) 外殻構造一般部

　外殻構造一般部は，単体トンネルの鋼殻を本設部材とした鋼・コンクリート合成構造である．鋼殻の主桁は，シアコネクタ（単体トンネル掘進に使用する縦リブを使用）を介してコンクリートと一体化される．鋼殻を本設利用しない場合，鋼殻内に 5〜6 段の配筋が必要となり非合理的な構造となることから鋼殻を本設利用するのがよい．

c) 接続部・継手部

　隣接する鋼殻間をつなぐ接続部は，接続鉄筋を主鉄筋とした RC 構造である．接続鉄筋は直接主桁に力を伝達する結合方式と支圧板を端部に配し主桁内部に定着する支圧方式を採用する．支圧方式とは，図-10.3 に示すように接続鉄筋に作用する引張力を，支圧板→コンクリート→エンドプレート→主桁に伝達する方法である．

　鋼殻の継手部は，単体トンネル時にボルト接合を行っているが，外殻構造時の断面力に抵抗する必要があるため，継手部ボルトは仮設部材と考え，コンクリート打込み前に継手部に鉄筋を配置し，主桁と同程度の強度を有するようにしている．定着構造は，接続部と同様に結合方式と支圧方式を採用している．

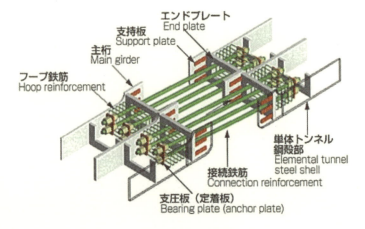

図-10.3　支圧方式接続部イメージ

(2) 特徴
a) 適用性

　非開削工法であるため，周辺の環境保全に有利であり，供用中の道路下での施工が可能である．トンネル断面の自由度が高く，また断面変化が可能なため，道路線形への対応に有利である．また，小断面シールドであるため，地盤変状に対して有利であり，土被りを小さくすることが可能である．内部の掘削を通常の掘削機械で行えることから，産業廃棄物となる残土量が少ない．

b) 施工性

　小断面シールド機を使用するため，立坑の縮小化やシールド機の現地搬入が容易である．

(3) 開発の背景

　初めて採用された事例では，限られた用地幅の中で，道路線形が上り線・下り線で平行から上下2段に遷移しつつ，道路の分岐や合流のように幅員が拡がるような，線形および幅員の変化がある区間において，環境面から地下トンネルを余儀なくされ，地上に影響の少ない非開削工法が求められていた．

　MMST工法は，縦型・横型のシールドマシンの組合せで，用地に制限がある場合に単円のトンネル断面に比べて合理的な断面が確保でき，単体シールド間の接続部間隔を変化させることによってトンネル断面をある程度変化させることができるため，上記のような条件に対応可能な工法として採用された（図-10.4）．ただし，施工実績がなかったために，その実用性を検証する目的で，首都高速道路の川崎縦貫線大師ジャンクション内の換気用の洞道を試験的に施工した．試験工事は平成11年11月に工事を終了し，実用化の目途が立ったことから，高速川崎縦貫線の本線トンネル構造区間で同工法が採用された．

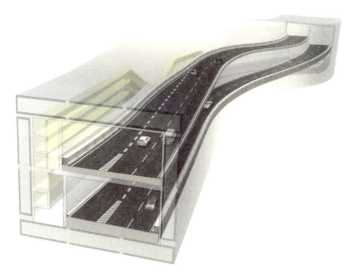

図-10.4　MMST工法を適用した変化する道路線形および幅員のイメージ

10.2 設計・施工

(1) 設計

a) 全体設計フロー

　MMST工法の設計フローを図-10.5に示す．大きくは，単体トンネルの設計，単体トンネル同士が接続された後の外殻部の設計，耐震検討による安全性の照査の順で設計を進める流れとなる．

b) 単体トンネルの設計

① 単体トンネルの構造

　単体トンネルは，鋼製セグメント（以降，鋼殻という）により構成される．トンネル全体として大断面を構築することや，単体のシールドマシンの物理的な大きさより，単体トンネルの諸元が決定される．表-10.1，図-10.6に横型および縦型の鋼殻の諸元の適用例を示す．

　鋼殻1リングは3本の主桁で構成される．縦リブは，コンクリートの充填性を向上させるため，シールドジャッキの能力を上げて本数を減らし，配置間隔を大きめに設定するのがよい．なお，外殻構造の設計において単体トンネル掘削時（仮設）に設置される鋼殻を極力本設として使用

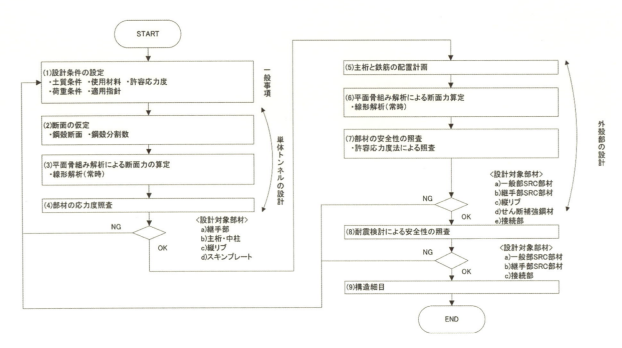

図-10.5 MMST工法の全体設計フロー

表-10.1 鋼殻の形状寸法（適用例）

種別	横型	縦型
高さ	3.0 m	7.2 m
幅	8.2 m	2.5 m
主桁高	350 mm	320 mm
主桁厚	28〜54 mm	26〜34 mm

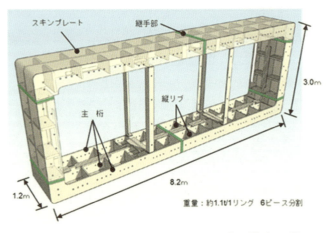

図-10.6 単体トンネルの1リングの構造（横型）

し，外殻構造構築時（本設）に主桁を主鋼材として設計することでコストダウンしている．

②単体トンネルの設計モデル

単体トンネル設計に用いる解析モデルは1つの単体トンネルに着目し，隣接トンネル間に支点を設けた単体フレームモデルを用いる（図-10.7）．単体フレームモデルでは，トンネル相互の力の伝達について，支点反力を荷重として隣接するトンネルに載荷する．隣接するトンネル間の力の伝達は荷重により評価するため，連結部材のモデル化の必要がない．また，一つの単体トンネルに着目してモデル化しているため，施工ステップの変更

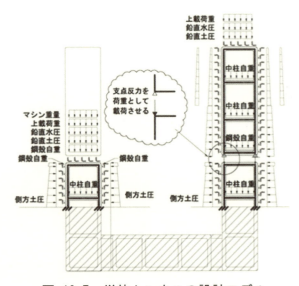

図-10.7 単体トンネルの設計モデル

に対する対応の自由度が高い．

③単体フレームモデルによる断面力の算定

　平面骨組構造解析により断面力を算定する．鉛直土圧の考え方には，全土被りを考える場合と，ゆるみ土圧を考える場合とがあるが，MMST単体トンネルの設計においては，シールド同士がきわめて近接して施工されることから，グラウンドアーチの形成が阻害されるため，ゆるみ土圧を採用すると鉛直土圧を過小評価する場合がある．よって，単体トンネルの設計に用いる鉛直土圧は全土圧を採用する．

　鋼殻は施工ステップに応じて荷重が変化することから，近接施工時の影響，接続部掘削時の影響などの各種状況に応じた荷重に対して設計を行う必要がある．

c) 外殻構造の設計（常時：土水圧時）

①外殻構造設計モデル

　MMST工法の施工法においては，地中内に躯体が構築された後に内部掘削を行うため，本設躯体である外殻部躯体には内部掘削による掘削解放力が作用する．外殻部の設計モデルには，非開削工法の特徴である掘削解放力を考慮したモデル（非開削モデル）を設定する[1]（図-10.8）．

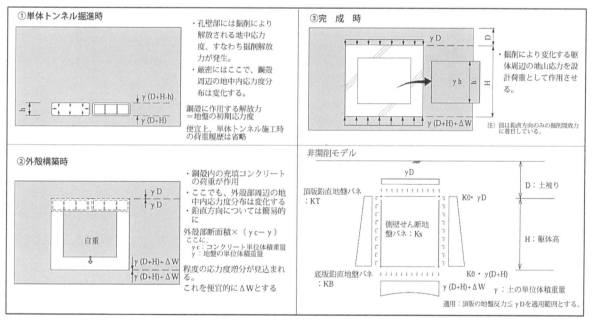

図-10.8　外殻部の設計における非開削モデルの考え方

②設計フロー

　常時の検討は，全断面有効剛性の梁ばねモデルに対し，荷重を作用させて断面力を算出し，許容応力度法にて曲げおよびせん断の照査を行う．側壁に作用する土圧としては，最大土圧として静止土圧，最小土圧として静止土圧の70％とし，それぞれの場合について断面力を算出する．部材断面はその2ケースで照査し，それぞれの結果を包含する形でコンクリート，鋼材および鉄筋の仕様を決定する．

③配筋概要および照査

　図-10.9に配筋概要の事例を示す．鉄筋の照査は接続部（内側・外側），継手部（内側・外側）において行う．

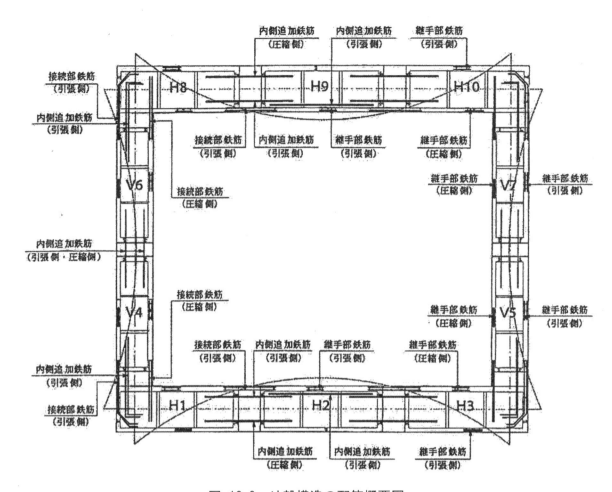

図-10.9　外殻構造の配筋概要図

d) 外殻構造の設計（地震時）

　MMST工法により構築されるトンネルは非常に大断面であることに加え，通常のトンネルと異なり，RC部分とSRC部分とが混在している複合構造であるため，耐震性の照査にあたってはその特性を適切に評価することが必要となる．

　レベル1地震時の検討は，部材剛性として全断面有効剛性および降伏剛性（全断面有効の50%）の2ケースを考える．それぞれの梁ばねモデルに常時荷重を作用させ断面力を算出し（STEP1），その結果を2次元FEMモデルに引き渡して応答震度法により地震時断面力を算出した後（STEP2），許容応力度法にて曲げおよびせん断の照査を行う．MMST外殻部構造において地震時に塑性ヒンジが生じると考えられるのは，側壁上接続部および側壁下接続部であるため，この部位の挙動の把握が最も重要である．よって，レベル1地震時の初期応力解析（STEP1）に用いる側壁に作用させる土圧は最大土圧（静止土圧）を採用する．なお，入力地震動は耐震設計上の基盤面の境界波（入射波E＋反射波F）で定義する．地盤の応答解析は逐次非線形法の結果を用いる．

　レベル2地震時の設計フローを図-10.10に示す．レベル2地震動は，道路橋示方書に示されたタイプⅠ地震動およびタイプⅡ地震動の2種類を考慮する．また，耐震設計上の基盤面の設定や，地盤の非線形性モデルの選定については一般的なトンネル耐震と同様であるため割愛する．

①横断方向の耐震設計

　横断方向耐震設計は外殻構造部を一般部，接続部および構造変化点に分けてモデル化し，それぞれの構造部材の非線形特性は実験結果を基に設定し，応答震度法にて解析を行う．

図-10.10 レベル2地震時の耐震設計フロー

i. 部材非線形特性の設定

MMSTトンネルは，一般部，接続部，構造変化点ごとに区分され，それらが数珠繋ぎ（**図-10.11**）となっている．そのため，各々の部位を下記のとおり設定する．

- 一般部は，主桁とコンクリートの付着が鉄筋よりも弱く，RC構造に比べ曲げ剛性が小さくなることが実験で確認されているため，一般部における曲げ剛性は実験結果を基に主桁を鉄筋と見なしたRC断面における曲げ剛性の70%とする．
- 接続部は，RC構造と変わらないものと考え，RC構造として評価する．
- 構造変化点は，一般部と接続部との間で剛性が変化する部分であり，変形が集中し回転的な挙動を示すため，接続部交番載荷試験などを基に，回転挙動を評価する仮想ヒンジ長は，部材厚をHとした場合の$0.3H$とする．

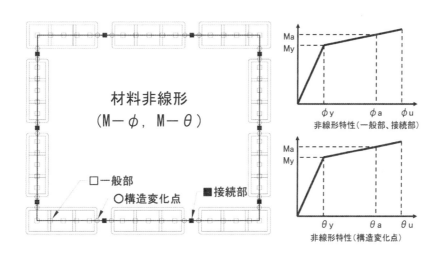

図-10.11 梁ばねモデルと材料非線形特性

ii. 解析手法

MMSTのような大規模構造物では，硬軟の地層にまたがり互層中に構築されることがあるため，トンネルと地盤との相互作用を合理的にモデル化できる解析手法が適当である．そこで，地中ダクトや地下空洞などの横断方向の耐震設計へ適用実績のある応答震度法を解析手法とする．

横断方向の地震時挙動は，鉛直下方より上方に伝播する地震波により生じる地盤のせん断変形に支配される．したがって解析の入力荷重は，地盤応答解析において上下床版位置の地盤の相対変位が最大時の加速度分布とする．

iii. 解析モデル

モデル化は地盤を平面ひずみ要素，構造物を梁要素として行う．地盤剛性は，地盤応答解析にて最大せん断ひずみ発生時の地盤剛性を収束剛性として評価し，外殻構造部材は一般部，接続部および構造変化点に分けてモデル化し，それぞれ非線形特性を設定する．それぞれの部位における非線形特性は前述の確認実験等を基に設定する．

iv. 耐震性の照査

横断方向の耐震性は，許容曲率（曲げ耐力），せん断耐力（曲げ破壊先行型）および層間変形角（1/100）を満足することを照査する．許容値を満足しない場合は主鉄筋やスターラップの径や本数を増やし，再度の照査の上決定する．

②縦断方向の耐震設計

縦断方向の耐震検討では，水平面内の変位分布の影響によって軸直角方向に曲がったり，軸方向に伸び縮みしたりするような線状地中構造物の地震時挙動を踏まえ，軸直角方向と軸方向の解析モデルを用いた耐震計算をそれぞれ行い，縦断方向断面や継手構造の検討を行う．

トンネルの地震解析は，逐次非線形地盤応答解析により得られる地盤応答にもとづき，梁ばねモデルを用いた応答変位法により評価する．縦断方向の耐震検討の検討手順を**図-10.12**に示す．

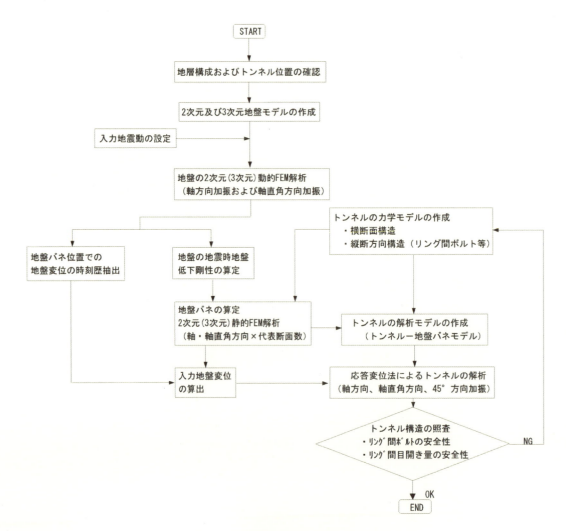

図-10.12　縦断方向の耐震検討フロー

i. 解析モデル

トンネルの解析モデルは縦断方向の地震時挙動を評価するため，**図-10.13** のように約 20 m 間隔で節点を設ける．周辺地盤とトンネルとは後述する相互作用を評価する地盤ばねで支持する．

MMST トンネル断面モデルは，構造が単体トンネル部および接続部から構成され複雑なため，平面保持を仮定する 3 次元ファイバーモデルを用いて評価する．単体トンネル部は，コンクリートと鋼材の材料特性を考慮したファイバー要素に，接続部は配力筋を考慮して鉄筋の材料特性を考慮したファイバーモデルでモデル化する．単体トンネル部の鋼材ファイバー要素の軸剛性は，リング間ボルトにより接続されているためシールドトンネルの縦断検討で提案されているようにリング間ボルトと縦リブの直列ばね（等価剛性）として評価している．一方，開削トンネル部についてもコンクリートと鉄筋の材料特性を考慮したファイバーモデルによりモデル化する．また，配力筋もモデル化において考慮する．**図-10.14** に MMST および開削トンネルのファイバーモデルの分割図を示す．

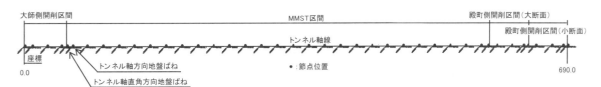

図-10.13　縦断方向トンネル解析モデル

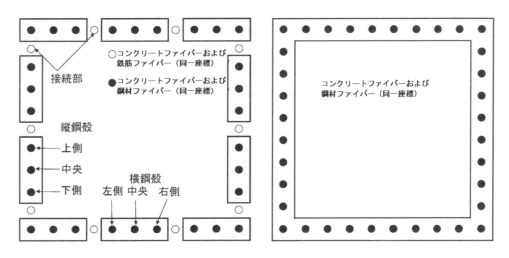

図-10.14　ファイバーモデルの分割図（左：MMST，右：開削）

ii. 地盤ばねの算定

地盤ばねの算定は，地盤の応答解析の結果より最大せん断ひずみ発生時刻の剛性を収束剛性とし，静的 FEM モデルにより軸方向および軸直角方向について算定する．応答変位法における地盤ばねは，各接点における地盤ばねの合計とする．

iii. 入力地盤変位の設定

入力地盤変位は大断面である構造的特徴を考慮して，各検討断面における地盤の応答値を**図-10.15** に示すような構造物の高さ内での平均化を行い評価する．

iv. 縦断方向の耐震照査

梁ばねモデルのばね節点に前項で求めた入力地盤変位を入力し，構造物の応答変位を求める（**図-10.16**）．リング間の目開き量やリング間ボルトについて，材料仕様から照査を行う．

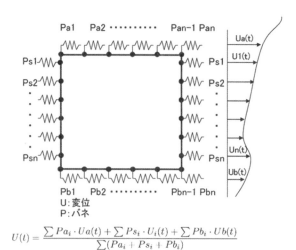

$$U(t) = \frac{\sum Pa_i \cdot Ua(t) + \sum Ps_i \cdot U_i(t) + \sum Pb_i \cdot Ub(t)}{\sum (Pa_i + Ps_i + Pb_i)}$$

図-10.15 応答変位法に用いる地盤変位の平均化

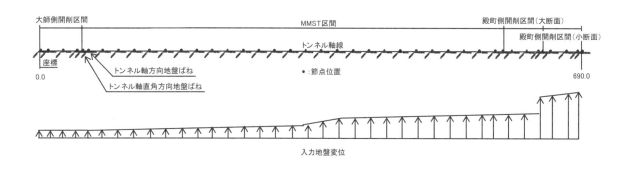

図-10.16 応答変位法概略図（軸直角方向）

(2) 施工

a) 施工順序

単体シールドトンネルの施工の順番については，横型および縦型でいくつの単体トンネルを構築する必要があるか，シールドマシンを何台製作し転用するかを綿密に計画する必要がある．

b) 立坑計画

立坑，架台，反力壁，据付けゲージ等からなる発進設備は，構築する構造物の規模と現地の地形等を考慮して効率的な作業ができるよう計画する．また，到達設備は，推進作業や構造物に支障がないように計画する．なお，MMST工法では，単体シールドマシンの効率的な転用が必要となるため，マシンの引抜き・回転を立坑内で行うが，完成形の大断面トンネルに対して単体シールド自体が小さいことから，必要な設備は比較的コンパクトに収まる．

c) 単体シールドの施工

①シールドマシン

MMST工法で使用されるシールドマシンは，横型と縦型に分かれ，コストと工程のバランスをとると，複数台で複数ずつの単体トンネルを施工するのがよいと考えられる．実際の工事で適用されたマシンを図-10.17に示す．

②掘削機構

泥土圧シールド方式を採用することにより，土被りの小さい掘削に対応しやすくなる．矩形断面の掘削は，メインカッターでの掘り残し部をコーナーカッターおよびサブカッターとコピーカッターの自動制御により切削する機構とし，コピーカッターのストロークは，縦型310 mm，横型425 mmと一般的な円形シールドマシンと比べて長い設定となる．

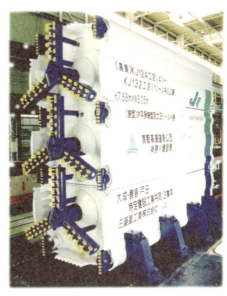

図-10.17 単体シールドマシン（横型，縦型）

③裏込め注入

　掘削時に発生する地山と鋼殻（一般的にはセグメント）の間のテールボイドは，矩形シールドであるために円形シールドに比べて大きく，**図-10.17**の事例では最大で450 mmである．このように比較的大きなボイドに対しては，注入作業において圧力に加え注入量の管理が重要であるため，この事例では圧力制御のもと注入量をテールボイド量に対して130%で管理している．

④姿勢制御装置

　矩形シールドは，特にローリングの姿勢制御が困難であるため，シールドマシンの前胴ブロックを縦型は上下2分割，横型は左右3分割として姿勢制御機能の充実を図るなどの工夫が必要である．シールドマシンに装備すべき各種の姿勢制御装置を**表-10.2**に示す．

表-10.2　シールドマシンの姿勢制御装置

制御装置	制御項目	ピッチング（側面図）	ヨーイング（平面図）	ローリング（正面図）
オーバーカッター コピーカッター	移動方向側の地山を余掘りする	☐	☐	☐
カーブ用 中折れ装置	前胴・後胴間を折り曲げることにより断面曲線・平面曲線への姿勢制御を行う	☐	☐	—
ローリング 修正用 中折れ装置	前胴の両端が上下に折れる	—	—	☐
カッター 回転方向	土の抵抗によりカッターの回転方向と逆方向にマシンが回転する	—	—	☐

⑤鋼殻の組立て

鋼殻は，1リングの分割数を6ピースとして，強度上の弱点となる継手箇所を減らすなどの工夫が必要であり，狭隘な切羽での長尺ピースの供給搬送・組立が行えるようにシールドマシンを設計する必要がある．

⑥単体シールドの掘進

シールド掘進は，土被りが大きく地山が安定している底版のシールドから施工を行い，側壁〜頂版の順序で施工を行うのがよい．前述したように，矩形シールドは地山と鋼殻間のテールボイドが円形に比べて大きいため，裏込め注入量が大きくなる．あらかじめ，近接する単体シールドの位置関係とボイド量について把握し，管理手法を構築しておく必要がある．シールドの掘進順序の実例を図-10.18に示す．本例では，縦型・横型の各2機のシールドマシンは，地上ヤードおよび工場でのオーバーホールを行い，複数回（縦型：各2回，横型：各3回）の掘進を行った．

小型矩形シールドとはいえ，土被りの小さい地山を掘進する場合，民地への影響が懸念されるため十分な地表面変状の管理が必要となる．また，隣接する小型矩形シールド同士を接続するため，蛇行量，ローリング量に構造上の限界値から管理値を設定することが必要である．その他，シールドの速度，カッタートルク，推進力のデータに大きな変動がないか随時確認し，掘削の状況を把握して工事を進める必要がある．

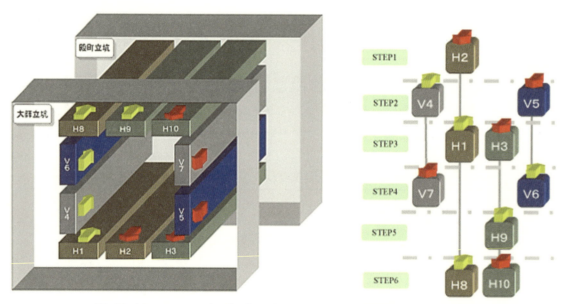

図-10.18 シールドの掘進順序の例（矢印は掘進方向を示す）

d) 接続工

単体シールド同士を接続する方法の施工ステップを図-10.19に示す．Step1として，単体シールド間にスキンプレートに沿って鋼板を圧入する．スライド鋼板の圧入は，先行シールド側の鋼殻にあらかじめボルト止めにてセットしてある鋼板を，後行シールドの掘進および鋼殻組立完了後に，先行シールド側からスライド鋼板圧入機にて行う．スライド鋼板圧入後，鋼殻と裏込め材との間にできる空隙に可塑性グラウト材を用いて充填する．Step2として，スライド鋼板自体は止水性を持たないため，坑内より止水を目的とした薬液注入を行う．Step3として，接続部側の鋼殻の縦リブおよびスキンプレートを溶断して撤去し，鋼殻間を掘削する．溶断時に，主桁や継手板に損傷を与えないように注意が必要である．また，スキンプレートは，主桁の座屈防止のために，鋼殻幅端部より10 cmずつ残して切断する．Step4として，接続部の配筋を行い，コンクリートを

打ち込んで完了となる．

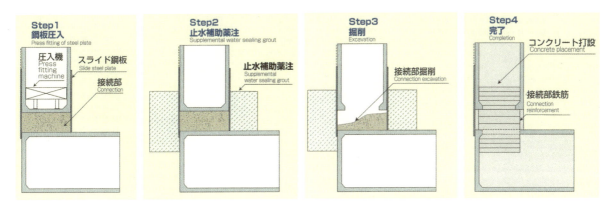

図-10.19 単体トンネル間接続部の施工ステップ

e) 外殻構造構築工

外殻構築工では，鋼殻の主桁を RC 構造の鉄筋とし，縦リブをせん断伝達部材として利用するため，鋼殻内にコンクリートを分離させずに密実に充填することが要求される．側壁部については，普通コンクリート（高性能 AE 減水剤入り）を採用できるが，頂版部・底版部は構造上，締め固め作業を行うことが困難であるため，流動性と材料分離抵抗性を有する締固め不要の高流動コンクリート（併用系：1 層目スランプフロー65±5 cm，2 層目スランプフロー70±5 cm）を採用するのが望ましい．

f) 内部掘削工

MMST 工法の特徴として，外殻部躯体を先行して構築した後に内部の土砂搬出を行うため，非開削シールドトンネルであるものの内部の掘削を通常の掘削機械を用い，普通土として取り扱えることが挙げられる．しかし，掘削土の揚土搬出箇所はトンネル両端の 2 つの立坑のみであり，この土砂を効率良く掘削し搬出することが重要である．なお，外殻体の周囲にはシールド掘進時の裏込め材が厚さ 50 cm 程度張り付いているため，普通土と裏込め材の仕分けにも留意が必要である．

g) 内部構築工

MMST 工法は，複雑な線形や幅員の変化に対応する変断面のトンネルとして適用される．よって，内部構築工としては，複雑な内部構造を構築する可能性が高い．内部構造は，スラブを受けるコーベルを外殻構造側壁に構築したり，スラブや仕切り壁のプレキャスト化など，工程や現地状況に合わせて選択する必要がある．コーベルの施工例を図-10.20に示す．

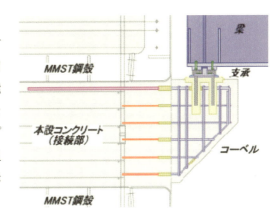

図-10.20 コーベル構造

10.3 施工事例

MMST 工法は，これまで 1 件の施工実績がある．また，試験施工としての施工例もある．

(1) 首都高速道路 高速神奈川 6 号川崎線トンネル工事

首都高速道路の高速神奈川 6 号川崎線のトンネル構造のうち，国道 409 号と産業道路の大師河原交差点を挟む約 540 m 区間に適用した．位置図を図-10.21 に，断面図（可変のため最大で代表）を図-10.22 に示す．また，内部掘削後の状況を図-10.23 に示す．

- 延長：540 m
- 内空：幅 21.397 m～22.824 m，高さ 16.501 m～18.050 m
- 縦断勾配：2.5％（最大）
- 土被り：4.780 m～12.578 m

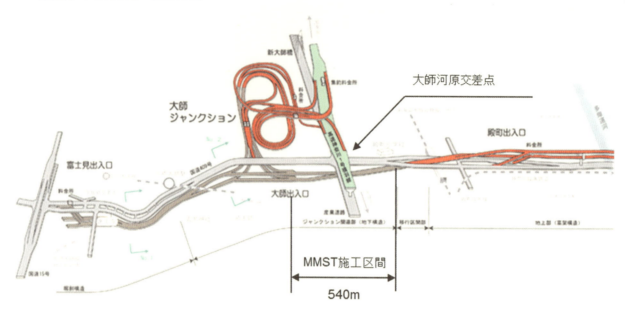

図-10.21　MMST 工法の適用箇所（高速神奈川 6 号川崎線）

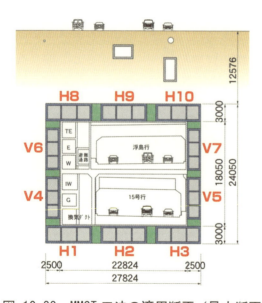

図-10.22　MMST 工法の適用断面（最大断面）

図-10.23　内部掘削後の状況

(2) MMST 工法の施工事例（試験施工）

MMST 工法の実用化にあたり，各施工段階における作用荷重やトンネル躯体の安定性と挙動，さらに周辺地盤へ及ぼす影響，施工性等を確認する必要があった．そこで，大師換気所と本線トンネルを結ぶ換気洞道工事（A 線，B 線，C 線）を，MMST 工法の試験工事として施工した（図-10.24，図-10.25）．3 線ともに，シールドマシン仕様，単体トンネルの配置と接続部の間隔，縦断勾配，平面曲線，土被り等に違いをもたせ，施工性の検証を行った．本試験工事は平成 11 年 11 月に完成し，得られた知見をその後の本線工事に反映している．

- 延長：A 線 75.4 m，B 線 77.7 m，C 線 60.0 m

- 内空：（幅）A線 9.8 m，B線 8.6 m，C線 10.6 m，（高さ）A線 9.2 m，B線 10.5 m，C線 9.2 m
- 縦断勾配：A線 3.0%，B線 1.0%，C線 3.0%
- 土被り：A線 4.7 m〜6.9 m，B線 7.3 m〜7.4 m，C線 5.1 m〜6.0 m

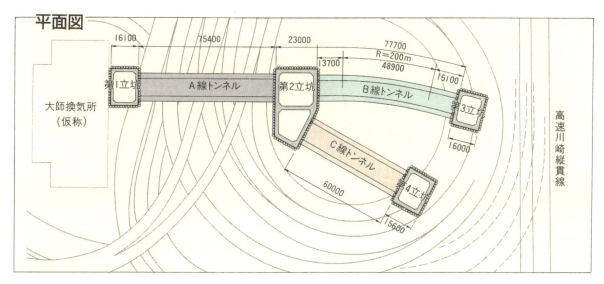

図-10.24　MMST工法の試験施工適用箇所（換気洞道工事）

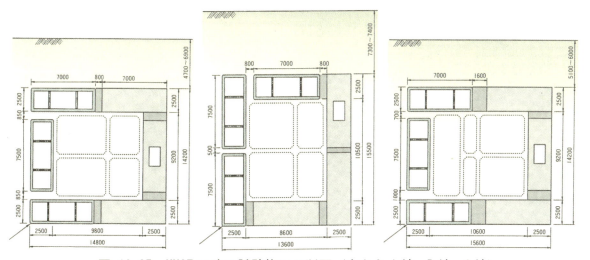

図-10.25　MMST工法の試験施工の断面（左からA線，B線，C線）

参考文献
1) 森健太郎，服部佳文：MMST工法における外殻構造設計モデルについて，土木学会第56回年次学術講演会，III-B097，pp.194-195，2001．

第Ⅲ編　函体推進けん引工法

1. フロンテジャッキング工法（Fronte Jacking method）

1.1 概　要 [1)2)]

(1) 概　要

　フロンテジャッキング工法（以下，FJ工法という）は，1960年代半ばに，ボックスカルバート（以下，函体という）を地中に埋設するけん引工法として開発され，現在も多く実施されている．非開削施工による函体（地下構造物）の構築方法として，現在まで国内外約880件（2018.3現在）の実績数を数え，主に鉄道下横断または交通規制が困難な道路下横断等の特殊条件のもとで，小規模な水路や歩道通路から，大規模な都市計画道路や踏切除去事業等の立体交差工事，河川の改良工事等に幅広く用いられている．

　本工法は，PC鋼より線を用いて，センターホールジャッキで函体を引き込む施工法である．その施工方式には，到達側の反力体と発進側の函体との間をPC鋼より線で連結し，専用のセンターホールジャッキ（フロンテジャッキ）を使用して，函体を所定位置まで引き込む「片引きけん引方式」（図-1.1）と，到達側にも函体を設置して行う「相互けん引方式」（図-1.2）とがある．

　また，それぞれの方式に対して用地制約や工事規模に応じて，総けん引力の低減を図る「分割けん引方式」等（図-1.3）があり，立地条件等を考慮して決定する．

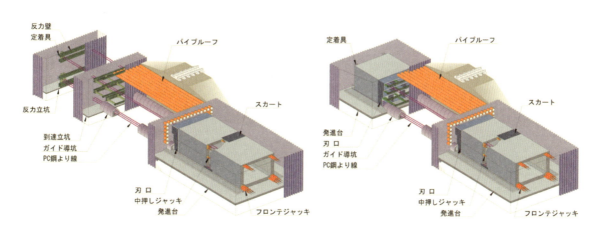

図-1.1　片引きけん引方式概要図　　　図-1.2　相互けん引方式概要図

図-1.3　けん引方式

　本工法は，横断箇所の外側で製作した構造物（函体）を，地盤の中へ掘削しながら引き込む特性から，函体周辺地盤や近接構造物への影響を考慮し，補助工法を併用することがある．とくに既設交通路（鉄道や道路等）との交差計画では，上部交通路に対して仮受け支持等による防護工を必要とするが，近年ではパイプルーフ工法（図-1.4）による防護工が本工法の主流となっている．

(2) 特徴

a) 品質

① 函体は，現場製作の場合，立坑内の明かり部にて一定の管理のもとで行い，工場製作の場合は，より良好な品質管理が可能である．

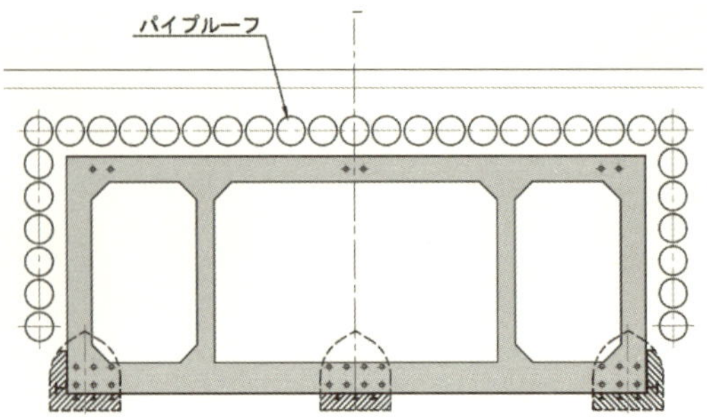

図-1.4 パイプルーフによる防護工の一例

b) 施工性

① 盛土部の横断計画では，両側に構築した函体が，相互に反力抵抗体となって施工するため，特別大きな反力設備を必要としない．

② 最終強度を有する函体の押込み工法であり，外周土圧等を受けながら施工を行う．

③ 函体外周側に配置したパイプルーフは，函体けん引時の水平移動を防止する固定部材を取付け，周辺地盤に摩擦抵抗が及ばないようにしている．

④ パイプルーフと函体間の離隔は，一般に 200 mm～300 mm 程度とし，その間は，土などで充填された状態で函体のけん引作業を行うことを標準としている．

⑤ けん引に用いる PC 鋼より線は水平ボーリング孔または導坑内へ挿入する．

c) 安全性

① 剛性の高いパイプルーフ内側での施工であり，安全を確保した施工が可能である．

② 完成した函体により，常に周辺荷重を支持した施工が可能である．

d) 経済性

① 特殊な設備機械が少ないため，経済的である．

② 掘削範囲は函体形状と同等であるため，掘削土量は最少であり，余掘りが少ない．

(3) 開発の背景・経緯

開発当時は，小口径を対象とした元押し推進工法（図-1.5）があり，立坑背面に支圧壁を設けた施工法が行われていた．このため，盛土（築堤）部の横断計画では二次的に反力体を構築する必要があった．

これに対し，本工法は「ジャッキを前へ」の発想から，横断箇所の両側へ函体を設置し，センターホールジャッキと PC 鋼より線を使用して相互に函体を引っ張りあう「相互けん引方式」（図-1.6）を考案し，前側のジャッキから「フロンテジャッキング（FJ）工法，(Fronte Jacking Method)」と命名された．

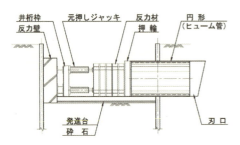

図-1.5 元押し推進工法概念図

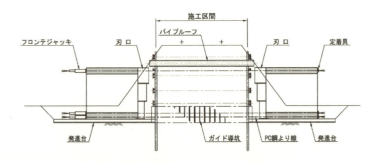

図-1.6 相互けん引方式概念図

当初，鉄道横断工事では軌道の防護工として軌条（レール）桁や簡易工事桁を併設し，1972 年頃からパイプルーフによる防護工を併設した施工法とし，1980 年頃より箱形ルーフを用いた R&C 工法（P.Ⅲ-21 参照）へと改良され，現在に至っている．箱形ルーフを用いた R&C 工法等を含めた防護工の変遷を図-1.7 に示す．

注1) 無しは，薬注による地盤改良のみを防護工として施工した事例
注2) フリクションカッター(FC)とは，平鋼，溝形鋼を防護部材とした事例
注3) 工事桁にはレール桁を含む．また，工事桁とFCを組み合わせた事例も含む
注4) 主に鉄道（75%以上）と道路（25%以下）下施工の実績である

図-1.7 防護工の変遷

(4) 近年のトピックス

既設のシールドトンネルや山岳トンネル等と交差して上部に掘割構造物（函体）を近接して構築する場合，一般的な開削工法では地山掘削時のリバウンドによる既設トンネルへの影響が懸念される．近年ではこの影響を低減させるため，あらかじめ立坑内で構築した函体を掘削とともに逐次的にけん引させることで既設トンネルに作用する荷重を函体重量で補いながらフロンテジャッキング工法で施工を行った事例[3),4)]がある．

1.2 設計・施工

(1) 設計

a) 施工計画

ボックスカルバート（函体）のけん引工法であるため，横断箇所の両側または片側には，函体を設置するための作業基地を必要とする．現場製作または工場製作の函体を作業基地内に設置して行うため，施工用地の有無や地形条件，工事規模等により，施工法や反力体等の基本的な施工要素（図-1.8に示す）を検討し最適な計画を行う．

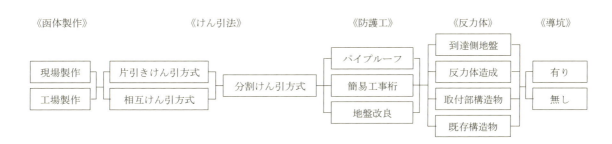

図-1.8 主な施工要素

b) 防護工

アンダーパス計画では，一般的に低土被り位置での計画が多いため，軌道または道路面等の防護工を必要とすることがある．FJ工法で用いる防護工の多くは，パイプルーフや工事桁であり，土質や地下水の有無によって，地盤改良工法等を併用する場合がある．

①パイプルーフ工法

施工する函体の外周側に，一定の離隔を確保して配置する．使用する鋼管（直径φ300 mm～φ1000 mm）は継手を有し，ルーフ状に配置して防護工とする．使用する鋼管の径は，施工延長，土質，作用する荷重等を考慮して決定する．函体けん引工事完了後は，鋼管内を充填し土中にそのまま埋設することを標準としている．FJ工法の施工では，最も多く採用される防護工である．**図-1.9**および**表-1.1**にパイプルーフ形状を示す．

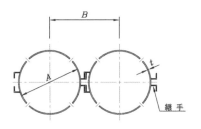

図-1.9　パイプルーフ断面図

表-1.1　パイプルーフ規格寸法（参考）

呼称寸法 (mm)	300	400	500	600	700	800	900	1000
外　径 (mm)：A	318.5	406.4	508.0	609.4	711.2	812.8	914.4	1016.0
板　厚 (mm)：t	9以上				12以上			14以上
中心間隔 (mm)：B	370	460	580	690	790	900	1 010	1130
継手部材 (mm)	L-50×50		L-65×65			L-75×75		L-90×90

②工事桁工法[5]

函体を設置する当該箇所の両側へ，一定の離隔を確保した位置に仮橋台を設け，工事桁を架設し，工事桁直下をけん引する施工法である（**図-1.10**）．工事桁直下の砕石や土砂は事前に取り除く．本防護工は，工事規模，列車運行数，列車間合い，軌道状態（分岐器の有無，曲線か直線）等の条件により採用を決定するが，鉄道管理者との協議が必要である．

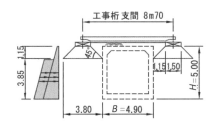

図-1.10　工事桁

③地盤改良工法

函体けん引作業では，先端部の切羽を開放して掘削を行うため，地山の安定と地下水のないドライな環境が必須である．このため，地下水の有無や土質に応じた地盤改良の計画を行う．

一般的な薬液注入による場合の計画事例を**図-1.11**に示す．函体周囲の止水注入をハードゾーン，切羽部の地盤安定注入をソフトゾーンとしている．

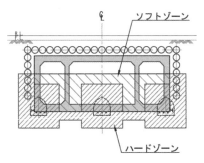

図-1.11　薬液注入範囲例

c) 函体製作工

FJ工法で用いられる函体は，ラーメン形式のRC構造物が一般的である．また，その製作は現場製作か工場製作によるが，工事規模および用地制約や搬入路，あるいは工期等を総合的に検討し決定する．また，函体設計は関係機関の基準等にしたがって行う．

①現場製作の場合

一般的に，立坑内のベースコンクリート（発進台）上で製作するが，製作する際の発進台，およびその基礎部の耐力検討が重要である．また，発進台コンクリート表面の仕上がり状態は，函体底面の形状に関与し，けん引力や方向性にも影響するため，けん引方向と同一の勾配で，平面性を確保して仕上げることが重要である．また，発進台下面の地盤強度は，函体製作過程に自重が載荷されるための必要強度や，函体けん引開始後に発進台前方部底盤への荷重増加が予想されることから，十分な地盤強度を必要とするため，必要に応じ地盤改良等を行う．

②工場製作の場合
　小規模工事では，工場製作とする場合がある．この場合次のことに留意する．
- 運搬経路の確保と吊下し重機等の設置ができること
- 短尺ブロックの組み合わせのため，推進力に対応した剛性と各ブロック間の接続面の均一な仕上がりが確保できること
- けん引中の横ずれ防止策が施されていること
- 不安定な基礎地盤の場合，必要な対策を講じた構造であること

③函体の形状
　函体けん引の特性から，けん引する函体は等断面で直線形状が原則である．事例を**図-1.12**に示す．

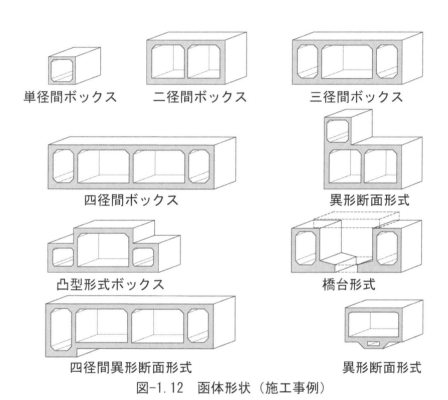

図-1.12　函体形状（施工事例）

d) ガイド導坑工
　函体をけん引して，所定位置に設置する本工法特有の設備であるが，必要の有無を十分検討し採用する．

①ガイド導坑の主な目的
- 函体けん引の精度確保
- 函体けん引時の直進性確保による周辺への影響抑制
- けん引設備（PC鋼より線）の集中配置と，集中配置による水平ボーリング削孔数の削減
- 導坑設置による，地下水処理
- 小断面の事前掘削による，地盤状態の把握
- 函体下段コーナー部の事前掘削による，施工性向上

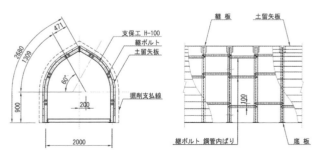

図-1.13　標準断面図

②ガイド導坑の形式

一般に，山岳トンネル形式（馬蹄型）を標準（図-1.13）としているが，工事規模や支障物の状況，地質や地下水の有無等によって，施工法の選定と導坑内への諸設備設置を考慮した形状と大きさを決定する．図-1.14に形式等を示す．

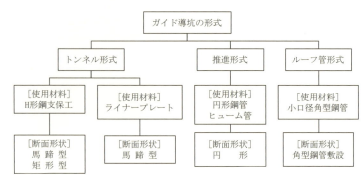

図-1.14　ガイド導坑の形式（例）

③ガイド導坑採用時の注意点
- 導坑周囲の地盤の緩み対策を十分に行う
- 支保工を使用するトンネル形式の場合，函体日進量と支保工間隔を考慮した計画とする
- けん引用PC鋼より線の挿入数や導坑内掘削の方法を考慮した形状と大きさとする
- 切羽開放型施工の場合，地山の安定と地下水処理を検討する

e)けん引設備工

FJ工法における切羽土留用のフェースジャッキを装備した刃口を図-1.15に示す．また，主な函体けん引の諸設備を図-1.16と図-1.17に示す．

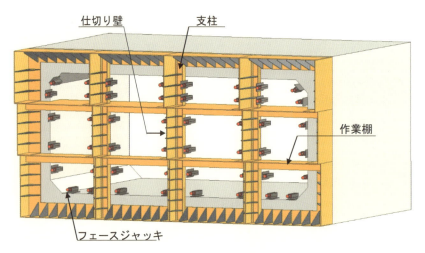

図-1.15　刃口設備（概要図）

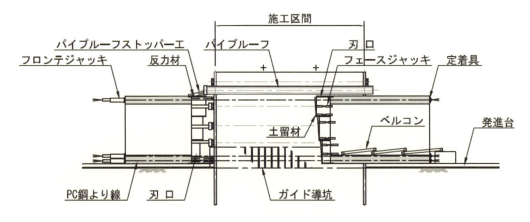

図-1.16　相互けん引方式の場合

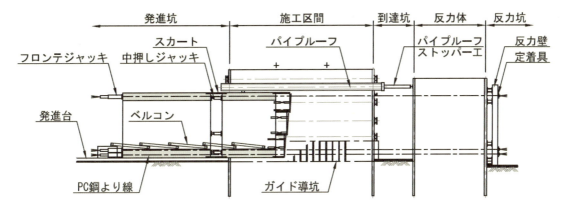

図-1.17 片引き，分割けん引方式の場合

函体けん引設備の内，表-1.2，図-1.18 および図 1.19 にけん引ケーブル関係を，表-1.3 に専用機械を示す．

表-1.2 PC鋼より線（1ケーブルあたり）

品名	線径(mm)	断面積 (mm²)	質量 (kg/m)	引張強度	0.2%永久伸びに対する荷重	土木学会引張力の制限値
PC鋼より線 SWPR7BL	15.2×8本	1109.6	8.808	2088 kN	1776 kN（※）	1598 kN

注1） ※ はプレストレッシング中を示す
注2） 規格は，FKK フレシネー工法 HTS-26 および，日本工業規格 JIS G-3536-2008 の何れも満たすこと．

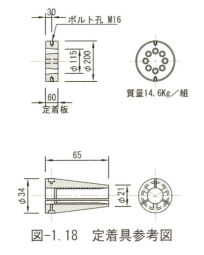

図-1.18 定着具参考図

図-1.19 定着具

表-1.3 けん引専用機械

名称	推力 (kN)	ストローク (mm)	機長 (mm)	外径 (mm)	質量 (kg)	備考
フロンテジャッキ	1500	850	1460	400	1200	センターホール機構
フェースジャッキ	300	400	660	120	50	瞬退式
中押しジャッキ	1500	500	855	260	300	

f) 函体けん引計画

函体けん引方法の選定は，工事規模，地形，作業ヤードの有無等の諸条件を考慮して，相互けん引方式，片引きけん引方式，あるいは，それらの分割けん引方式を適宜選定する．また，それぞれの主な施工のフローを図-1.20 に示す．

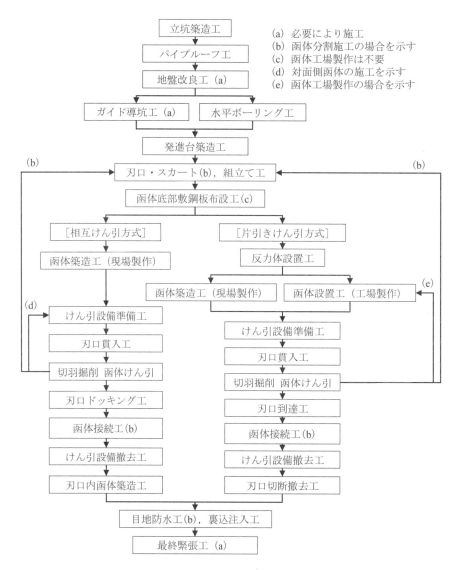

図-1.20　施工フロー図

①相互けん引方式

　盛土部の横断計画等で用いられる方式で，FJ工法特有の施工方式である．横断部の両側に函体を設置し，PC鋼より線によって両函体をつなぎ，一方の函体にはセンターホールジャッキを，もう一方の函体には定着装置を設置し連結する．それぞれの函体を相互に反力抵抗体として片方ずつ引き合い，土中でドッキングする施工法である．両側に設置する函体は，最終時に引き寄せることを考慮し，初期けん引函体を長く（大きく），最終引寄せ函体を短く（小さく）計画することが標準である．この方法では，ドッキングしたあと，横断区間の直下で，刃口部分の函体コンクリートの打込みを必要とする．図-1.21に施工順序の例を示す．

②片引きけん引方式

　到達側の構造物（既設構造物や取付け部構造物等）または地山を反力抵抗体として，発進側から函体を一方向にけん引する施工法である．けん引設備の盛替えがなく，比較的大きな規模の計画では優位である．図-1.22に施工順序の例を示す．

③分割けん引方式

　施工延長が長く，けん引力が大きくなる場合や，発進基地の用地制約がある場合等で，けん引する函体を分割する施工法（図-1.22）である．この方法の場合，各函体の分割部分に中押し設備を要し，施工完了後には，分割した函体の接続部に目地防水工（図-1.23）を必要とする．

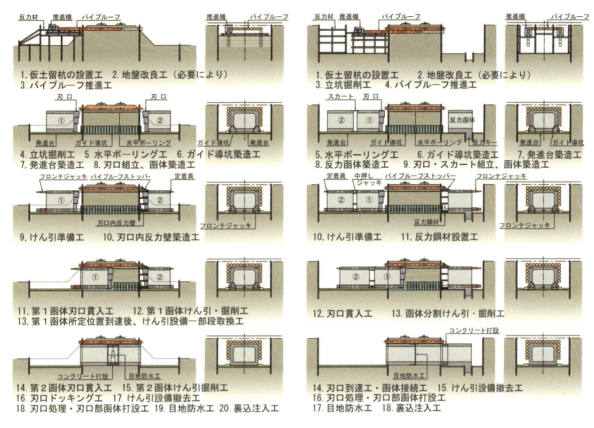

図-1.21 相互けん引方式　　図-1.22 片引きけん引（分割けん引）方式

g) 函体間の目地工

分割けん引方式による施工法では，函体同士の接続箇所（目地部）の処理が必要であり，一般に図-1.23 に示す目地防水工（可撓性ゴムジョイント）を施す．また，地下水以下の場合，水圧を考慮した仕様のゴムジョイントを用いる．

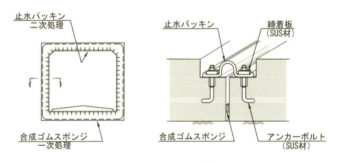

図-1.23 目地防水工

(2) 施工

本工法特有の主な工種について留意点を次に示す．

a) パイプルーフ工施工時の留意点

　①鋼管の推進は，ホリゾンタルオーガー機械式が一般的である．ただし，施工延長や土質条件等によって，人力掘削による推進方式も適用される場合がある．

　②地形に応じた，堅固な反力設備と架台設備を必要とする．

　③鋼管推進中は，適宜計測を行い精度向上を図るほか，推進速度，オーガー回転トルク，異音等に注意し施工する．

　④鋼管推進後は，早い時期に裏込め注入を実施し，周辺地盤の緩み等を抑制する．

　⑤鋼管内の充填は，一般に函体推進完了後に行うことを標準とする．

b) ガイド導坑工施工時の留意点

　①導坑施工における周辺地盤の緩みに注意する．必要により間詰め対策等を行う．

　②支保工形式の場合，函体日進量と支保工間隔を考慮した計画とする．

　③PC 鋼より線の挿入数や，導坑内掘削方法（機械または人力）を考慮した形状寸法とする．

④切羽掘削は，一般に開放型での施工のため，地山の安定と地下水処理に留意する．

c) 函体掘進工施工時の留意点

①完成した函体の押込み施工であるため，構築する函体を含め，製作する諸設備の品質管理と精度向上に留意する．

②現場および現場周辺の環境条件と，函体の日進量に沿った排土設備計画を行う．

1.3 施工事例

(1) 線路下横断

a) JR阪和線 鳳～富木間 鳳・富木鳳西町 Bv 新設工事
 (図-1.24)
 場　所：大阪府堺市西区地内
 規　模：2車線＋両歩道
 　　　　外幅 16.6 m×外高さ 6.9 m×長さ 19.257 m
 　　　　3径間ボックスカルバート　交差角 76°
 施工法：FJ工法相互けん引方式
 諸設備：パイプルーフ 36列×17.5 m＝延べ 630 m
 　　　　けん引ジャッキ 1 500 kN×20台＝30 000 kN

図-1.24　鳳・富木鳳西町 Bv

b) JR東海道線 尼崎駅構内 池田街道 Bv 新設工事[5]
 (図-1.25)
 場　所：兵庫県尼崎市地内
 規　模：2車線＋両歩道
 　　　　外幅 20.0 m×外高さ 7.6 m×長さ 46.5 m
 　　　　3径間ボックスカルバート
 施工法：FJ工法 片引き4分割けん引方式
 諸設備：パイプルーフ 42列×46.0 m＝延べ 1932 m
 　　　　けん引ジャッキ 1 500 kN×20台＝30 000 kN

図-1.25　池田街道 Bv

(2) 道路下横断

a) 東北自動車道横断 大沢成田線トンネル工事[6)7)]
 (図-1.26)
 場　所：宮城県仙台市泉区大沢地区
 規　模：2車線＋両歩道
 　　　　外幅 19.8 m×外高さ 7.33 m×長さ 47.0 m
 　　　　2径間ボックスカルバート
 施工法：FJ工法 相互けん引方式
 諸設備：パイプルーフ 37列×43.13m　延べ 1618 m
 　　　　けん引ジャッキ 1500 kN×36台＝54 000 kN

図-1.26　大沢成田線トンネル

(3) そのほかの事例
 a) 東京外かく環状道路新宿線交差部建設工事[3)4)]
   (図-1.27)
   場　所：千葉県市川市大和田
   規　模：車道
        外幅41.94 m×外高さ10.48 m×長さ30.0 m
        2径間ボックスカルバート
   施工法：FJ工法 片引き2分割けん引
   諸設備：けん引ジャッキ 1500kN×60台=90 000 kN

図-1.27　都営新宿線上越し工事

(4) 海外事例
 a) 京釜線 大田駅構内 東西連絡道路工事（図-1.28）
   工事場所：韓国 大田市
   工　　期：2003.5～2005.7
   工事規模：6車線＋片側歩道
        外幅30.0 m×外高さ7.5 m×長さ87.0 m
        3径間ボックスカルバート
   施　工　法：ESA工法併用FJ工法，6分割施工
   諸　設　備：パイプルーフ 50列×81.0 m　延べ4050 m
        ガイド導坑5箇所

図-1.28　大田駅ホーム下施工

参考文献
1) 線路下横断工法連載講座小委員会：線路下横断工法（3）フロンテジャッキング工法，トンネルと地下，Vol.3, No.12, pp.75-83, 2000.
2) アンダーパス技術協会：FJ・ESA工法技術積算資料，2018
3) 加藤学，高野周二，上田勲：地下鉄直上3.8mをフロンテジャッキング工法で函体築造 －東京外かく環状道路 都営地下鉄新宿線交差部－，トンネルと地下，土木工学社，Vol.45, No.2, pp.29-38, 2014.
4) 加藤学，上田勲：既設シールド上越しにおける函体推進計画 －フロンテジャッキング工法・都営新宿線－，基礎工，Vol.43, No.2, pp.71-74, 2015.
5) 山本強，平沢市郎，榎本良三：フロンテジャッキング工法による東海道本線下の地下道新設工事，土木施工，Vol.11, No.5, pp.89-100, 1970.
6) 柴田一之，金子益雄，加藤健治：フロンテジャッキング工法による高速自動車道直下の大断面トンネル施工，土木学会第55回年次学術講演会，III-B74, 2000.
7) 金子益雄，柴田一之，加藤健治：フロンテジャッキング工法による高速自動車道直下の大断面トンネルの施工 －大沢成田線トンネル工事－，土木施工，Vol.45, No.2, pp.2-10, 2000.

2. ESA 工法（Endless Self Advancing method）

2.1 概　要 [1)2)]
(1) 概　要

　ESA 工法は，ボックスカルバート（以下，函体という）の長距離施工を目指した非開削の施工法である．ESA 工法とは，Endless Self Advancing Method（無限自走前進工法）の略称である．

　推進工法とけん引工法を組み合わせた施工法で，函体を複数（3 函体以上）に分割して計画することを基本とする．推進する 1 函体の抵抗力に対し，複数函体の抵抗力を反力として施工する．

　函体の動きは，尺取虫の動きに似ており，尾部を固定し頭部を進め，次に頭部を固定し尾部を引き寄せるように動き，これを交互に繰り返し前進するものである．ESA を構成する設備は，複数の函体間に中押し設備を設け，先頭函体と最後尾函体を PC 鋼より線で結び，先頭函体側に定着装置を，最後尾函体側に ESA ジャッキを装備する（**図-2.1**）．函体は一方向に進め，先頭部函体が所定位置到着後，中押し設備を順次撤去して函体を接続し，函体間の目地部の防水工を施してトンネルを完成する．

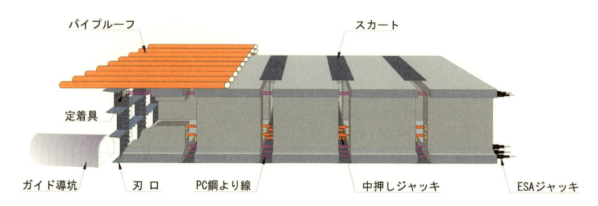

図-2.1　ESA 工法概要図

(2) 特徴

a) 品質

　函体は，現場製作の場合，立坑内の明かり部で一定の管理のもとで行い，工場製作の場合は，より良好な品質管理が可能である．

b) 施工性

　① 非開削による長距離施工 [3)]が可能である

　② 最終強度を有する函体の押込み工法であり，外周土圧等を受けながら施工を行う

　③ 発進側の作業ヤードが大きく確保できる場合，到達立坑が不要な施工計画が可能である

　④ 函体先端部の切羽掘削と複数函体の押込み作業は並行して行えるため，作業効率がよい

　⑤ 特殊設備は不要である

　⑥ 曲線施工 [4)]が可能である

c) 安全性

　一般に，函体外周側へ併設したパイプルーフ内側での施工であり，周辺への影響は少ない．

d) 経済性

　① 特殊な設備機械が少ないため，経済的である

　② 掘削範囲は，函体外形断面とほぼ同等であり，掘削土量は最少である

③複数箇所の中押し設備を統合した, 移動式ジャッキステーション[3)4)5)7)] を使用する計画では, 機械設備の省力化が図れる

(3) 開発の背景・経緯

函体のけん引(FJ)工法が1967（昭和42）年頃より行われていた. 当時は, 小規模な施工で, 函体断面も小さく, 施工延長も鉄道横断では複線または複々線での横断計画が多かった. けん引方式による施工上, 横断部にけん引用ケーブルの設置が必須であり, 施工延長の長い計画では制約があった. 多くの線路を有する駅構内や, 開削施工が困難な場合等, 長距離施工の計画に対して, 複数に分割した函体を反力抵抗体として活用し, 推進と反力を兼用する施工法が開発された. 鉄道工事で1980（昭和55）年信越線長野駅構内の自由通路工事[6)] において, 駅東側の当時開発予定地区から駅西側の駅前広場へ向けて延長133.5 mの地下道をはじめて施工した.

(4) 近年のトピックス

長距離＋軟弱地盤＋飛行場滑走路直下施工. 台北市内復興北路松山機場地下道工事[7)]
長距離＋平面曲線＋工期短縮双方向施工. 東京外環道 小塚山トンネル工事[8)]
長距離＋複数断面＋既設トンネル浮上がり防止対策施工. 東京外環道 北総鉄道交差部工事[9)]

2.2 設計・施工

(1) 設計

a) 施工計画

横断箇所の片側基地より一方向に複数の函体を押し進める編成を標準としている.

函体形状や施工延長, 作用する荷重, 作業基地の大きさ等により, 個々の函体長さや函体分割数, および推進力や反力抵抗力等の具体的な値をもとに, 主な施工要素（**図-2.2**）の検討と基本計画を行う（**図-2.3**）. また, 代表的な施工手順フローを**図-2.4**に示す.

図-2.2 主な施工要素

b) ESA設備計画

本工法における主な工種と設備について,「**第Ⅲ編　1. フロンテジャッキング工法**」と類似するため, 重複するものは, フロンテジャッキング工法を参照されたい.

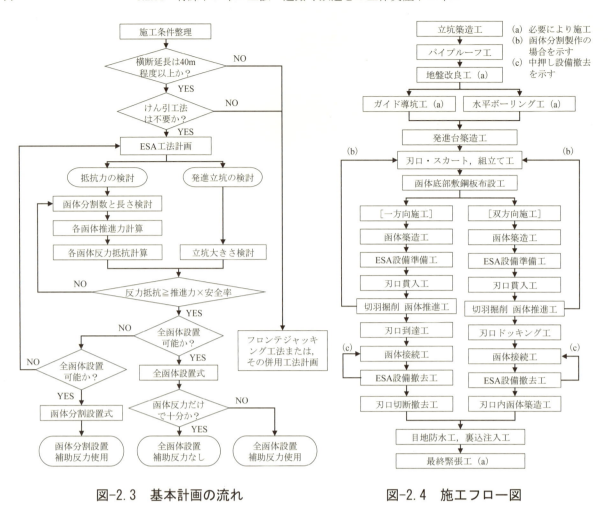

図-2.3 基本計画の流れ

図-2.4 施工フロー図

本工法特有の設備を，施工概要図（**図-2.1，図-2.5，図-2.6**）で示す．

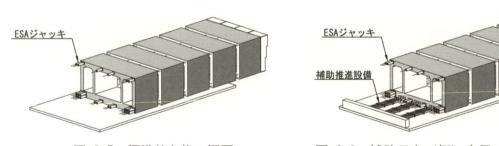

図-2.5 標準的な施工概要

図-2.6 補助反力（例）を用いた施工概要図

- ESAジャッキ：最後方函体に取り付ける油圧部材である．ESA工法特有の各函体への反力抵抗を伝達するPC鋼より線を引っ張るもので，専用の定着設備と組み合わせて使用する．
- フェースジャッキ：先頭函体の刃口に装備する切羽土留を行う油圧部材である．刃口を小分割した小断面ごとに，標準4台を使用する．函体けん引時は，切羽土留を行った状態でフェースジャッキを作動し，一定の土留力を保持した状態で行うこととしている．また，フェースジャッキは瞬退機構を有し，函体けん引時の動きに対応した機能としている．
- 中押しジャッキ：函体間に取り付ける油圧部材である．各函体の推進と反力抵抗を伝達させるものである．また，最後方の中押しジャッキは，最後方の函体をPC鋼より線でけん引する際のアンチショック（AS）機能を配した設備を併設している．

- 移動式ジャッキステーション設備：一般に，中押し設備が多数となる場合に設ける設備で，函体内にレールを敷設し，移動台車とフレーム構造に中押しジャッキを装備し，推進函体の後方へ移動し，函体推進を行うための自走式設備である（図-2.7）．
- 定着具：本工法専用のPC鋼より線の定着部材である．定着板1個とクサビ8個を1組としている．
- PC鋼より線：反力抵抗伝達と最終函体けん引のための部材（8S15.2）である．
- 補助反力設備：分割けん引方式でアンチショックジャッキを外したあとの最終函体けん引時のほか，到達側の函体けん引用の反力抵抗を補う場合に用いる設備である（図-2.8）．
- そのほか，切羽掘削設備，土砂搬出設備を工事規模等に合わせて設備する．

図-2.7 移動式ジャッキステーション

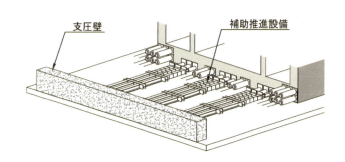

図-2.8 函体後方補助反力

c) 函体施工法

① 一方向施工

図-2.1概要図に示すように，片側の発進基地に設置した函体群を，到達側へ向けて一方向に進む基本的な施工法である．

② 双方向施工[8]

一方向施工の設備を，横断箇所の両側に設け，中央へ向けて進む施工法で，両側へ設備した函体群をPC鋼より線で連結し，交互に反力抵抗体としてけん引できる設備として双方向から同時期に施工する施工法である．図-2.9にその概要を示し，「2.3(3) そのほかの事例」にその実例を示す．

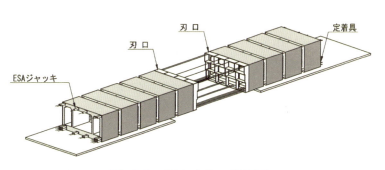

図-2.9 双方向施工概要図

d) 推進力と反力抵抗の関係

ESA工法における推進力は，各函体ごとの推進抵抗に安全率を乗じて算出する．この推進力を支える反力抵抗は，推進しない函体の函体抵抗をもとに②-1に記載する事項を検討し，「推進力×安全率≦反力抵抗」を確保する．また，発進ヤードの規模により，設置できる函体の大きさおよびその数に制約を受け，「推進力×安全率≦反力抵抗」が確保できない場合，補助反力設備を別途検討する．

① 函体推進抵抗力の算出

$$T_{1-1} = P_1 + P_2 + P_3$$
$$T_{1-2} = P_2$$
$$T_2 = T_{1-1} \text{ および } T_{1-2}$$

ここに，T_{1-1}：先頭函体推進抵抗力
　　　　T_{1-2}：後続の各函体推進抵抗力（$=P_2$）
　　　　T_2　：推進抵抗力
　　　　P_1　：刃口先端抵抗力
　　　　P_2　：推進函体の外周摩擦抵抗力
　　　　P_3　：山留ジャッキ作動抵抗力

②必要反力抵抗の算出

　　$\Sigma R \geqq (T_{1-1} - P_1 - P_3) \cdot \alpha_2$　　　・・・（条件-1）
　　$\Sigma R \geqq \Sigma T_{1-2} \cdot \alpha_2$　　　　　　・・・（条件-2）

　　ここに，ΣR：総反力
　　　　　　$R_{(1～n)}$：推進しない各函体の反力抵抗力（下記②-1 を考慮した値）
　　　　　　α_2：反力体の余裕（一般に 1.5）

②-1　ESA 工法において，推進しない函体を反力とする場合，次の条件（値は経験値）をもとに検討し，各函体の推進ごとに検討する．

　・発進台上の函体を反力とする場合，その函体自重の 50％程度を反力抵抗（$R_1～R_n$）とする．
　・土中の函体を反力とする場合，その推進函体の外周摩擦抵抗力（P_2）の 60％～70％程度を反力抵抗（$R_1～R_n$）とする．

②-2　総反力計算例（ESA 工法特有の反力伝達は，任意の複数函体を PC 鋼より線で連結して行うが，ここでは，**図-2.10** に示す第 2 函体から第 4 函体を連結した場合）を以下に示す．

　・第 1 函体推進の場合　$\Sigma R = R_2+R_3+R_4$
　・第 2 函体推進の場合　$\Sigma R = R_3+R_4$
　・第 3 函体推進の場合　$\Sigma R = R_2+R_4$
　・第 4 函体推進の場合　$\Sigma R = R_2+R_3$

②-3　総反力に対し（**図-2.10** で示す計画例の場合），$\Sigma R \geqq \Sigma T_{1-2} \cdot \alpha_2$（条件-2）を満たすものとし，反力不足の場合，函体長さおよび設置数の調整または補助反力設備（**図-2.11** に示す）等の採用有無を含めて検討する．

図-2.10　概要図-1（計画例）

②-4　補助反力設備を設ける場合の計算例（**図-2.11** の場合）を以下に示す．

　・第 1 函体推進の場合で　$T_{1-1} \geqq (R_2+R_3+R_4) \cdot \alpha_2$ のとき，不足する反力を外部へ取る
　・第 2 函体推進の場合で　$T_{1-2} \geqq (R_3+R_4) \cdot \alpha_2$ のとき，不足する反力を外部へ取る
　・第 3 函体推進の場合で　$T_{1-2} \geqq (R_2+R_4) \cdot \alpha_2$ のとき，不足する反力を外部へ取る
　・第 4 函体推進の場合で　$T_{1-2} \geqq (R_2+R_3) \cdot \alpha_2$ のとき，不足する反力を外部へ取る

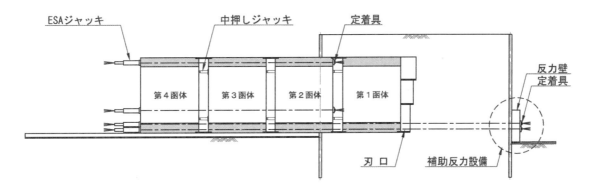

図-2.11　概要図-2（計画例）

③推進設備（油圧ジャッキ）使用数(N)の算出

　油圧ジャッキは，すべて 1500 kN/台を基本とする．これは，センターホール（ESA）ジャッキを，PC 鋼より線と専用定着具とで規格・仕様を合わせているためである．中押しジャッキの設備数（N）は各函体ごとに下記式による．ESA ジャッキの設備数（N）は，PC 鋼より線で連結された各函体の最大推進力から下記式による．

　　　$N = (T_2 / 1500) \cdot \alpha_1$　‥‥‥　少数第一位を切り上げ，整数とする

　　　　ここに，α_1：安全率（一般に 1.3 以上）

e) 函体間，目地防水工

　複数に分割した函体の推進またはけん引による施工法では，函体同士の接続箇所（目地部）の止水等処理が必要であり，一般に図-2.12 に示す目地防水工（可撓性ゴムジョイント）を施す．また，地下水を有する場合では，水圧を考慮した仕様のゴムジョイントを用いる．

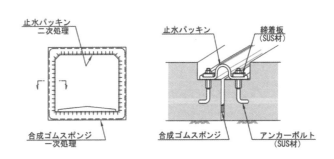

図-2.12　目地防水工

(2) 施工

本工法特有の工種について主な留意点を次に示す．

a) 発進台の上に，本工法施工に必要な設備を，精度よく構築または組み立てる．発進台にはその荷重を載荷するため，発進台強度と表面の製作精度が重要だが，発進台底部以深の地盤耐力にも注意を要す．

b) パイプルーフは長距離施工となるため，施工精度の確保を考慮して，施工法の選定のほか常時計測の設備を設け，方向性，推進速度，トルク，推進力，異音等に注意して施工する．

c) 函体は，既定の基準等に従い製作するが，表面の仕上がり状況（精度）は推進施工に際し，推進精度や周辺地盤への影響が懸念される要素となるため，製作精度向上を考慮して行う．

　また，複数に分割した各函体の褄面（各函体接続部）は，隣接する函体同士（垂直面）に平行面を確保して製作する．

d) ガイド導坑は一般に，小断面の山岳トンネル方式を多く採用しているが，支保工の架設では地盤のゆるみ対策（裏込注入等）を考慮して行う．

e) ガイド導坑は，函体の推進に伴い徐々に撤去することが標準であり，支保工形式では，支保工の建込み間隔は，函体の日進量を考慮する．

f) 函体推進時の切羽掘削は開放型を標準としているため，地盤の安定と地下水の処理を必要とする．このため，当該箇所の諸条件を考慮し，必要に応じ地盤改良等を計画する．

g) 本工法は，原則として，推進しない函体の抵抗力を反力として行う施工法であるため，推進時は各函体の推進記録をもとに，計画に沿った施工の確認を行う．

2.3 施工事例

(1) 線路下横断

a) 近鉄名古屋線 米野駅構内 椿町こ道橋工事(図-2.13)

地　　域：愛知県名古屋市
横断箇所：近鉄線軌道7線横断
函体寸法：外幅20.32 m×外高さ7.52 m×長さ55.0 m
施工延長：53.05 m
土 被 り：FL-1.35 m
施　　工：R&C工法併用ESA工法

図-2.13　施工事例（函体けん引）

(2) 道路下横断

a) 東名高速道路杉久保地区函渠工事（図-2.14）

地　　域：神奈川県海老名市
横断箇所：東名高速道路（築堤区間）横断施工
函体寸法：外幅15.7 m×外高さ6.6 m×長さ41.8 m
施工延長：39.164 m
土 被 り：1.07 m
施　　工：R&C工法併用ESA工法

図-2.14　施工事例（完成）

(3) そのほかの事例

a) 東京外かく環状道路小塚山トンネル工事[8]
　（図-2.15および図-2.16）

地　　域：千葉県市川市
横断箇所：小塚山公園地下横断施工
函体寸法：(高速部) 外幅26.25 m×外高さ8.45 m
　　　　　×長さ127.0 m (国道部) 外幅11.68 m
　　　　　×外高さ8.094 m×長さ133.0 m
土 被 り：(高速部) 5.34〜8.83 m
　　　　　(国道部) 3.04〜7.84 m
施　　工：ESA工法による双方向けん引方式．
　　　　　高速部は，片側6函体ずつ計12函体
　　　　　で，4％勾配と$R=2000$ mの曲線施工
　　　　　国道部は，5函体と8函体の計13函体で，ともに1.6%の下り勾配と$R=2000$ mの曲線施工

図-2.15　施工事例（掘進中）[8]

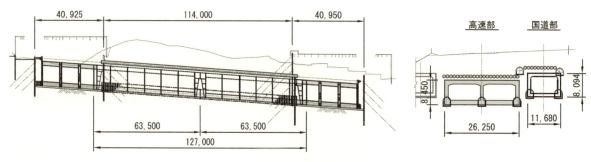

図-2.16　施工事例

b) 東京外かく環状道路 北総鉄道交差部工事[9]
　（図-2.17および図-2.18）
　　地　　域：千葉県市川市
　　横断箇所：北総鉄道 NATMトンネル上越し施工
　　函体寸法：外幅26〜29 m×外高さ9.5 m×長さ75.0 m
　　施工延長：58.7 m
　　土 被 り：新設函体の天端は，地上に突出
　　　　　　　既設北総トンネルとの離隔2.0m
　　施　　工：FJ工法併用のESA工法
　　　　　　　函体断面幅の異なる5函体による，既設トンネルの浮き上がり防止対策として施工した．

図-2.17 施工事例（函体けん引）

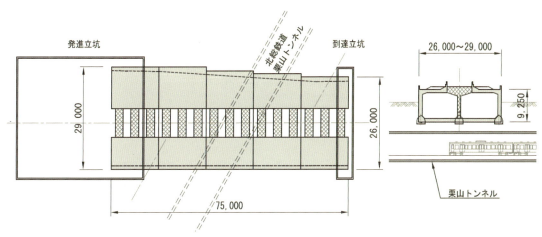

図-2.18 施工事例図

(4) 海外事例

a) 台湾 台北市内復興北路 松山空港下道工事[7]（図-2.19および図-2.20）
　　地　　域：台湾 台北市内
　　横断箇所：空港滑走路直下横断施工
　　函体寸法：外幅22.2 m×外高さ7.8 m
　　施工延長：100.0 m
　　土 被 り：4.78〜5.82 m
　　施工方式：FJ工法併用ESA工法
　　地　　盤：泥岩の風化粒子が堆積した微細なシルトと粘土による沖積層でN値1〜3と軟弱で，地下水位は地表から2〜3 mの位置

図-2.19 施工事例（開通直後）

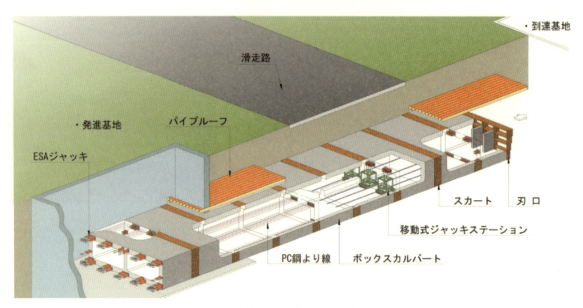

図-2.20 施工概要図

参考文献
1) 線路下横断工法連載講座小委員会：線路下横断工法(5)ESA 工法，トンネルと地下，土木工学社，Vol.32, No.2, pp.89-98, 2001.
2) アンダーパス技術協会：FJ・ESA 工法技術積算資料，2017.
3) 中田隆昌，牛嶋甫，行徳寛，原重行，新居邦定：ESA 工法による宝来トンネル，土木施工，Vol.36, No.3, pp.9-15, 1995.
4) 山添喬，余村仁，高原好孝，池田亨，藤田義教，安藤進：近畿自動車道松原海南線桧尾工事 ESA 工法による大断面ボックスカルバートの推進施工，土木施工，Vol.32, No.12, pp.17-28, 1991.
5) 江野尻信明，西尾清，高原好孝：ESA 工法による施工例 －近畿自動車道・信太山トンネル－，基礎工，Vol.22, No.249, pp.40-45, 1994.
6) 平林勇，土屋隆是，赤堀修次：ESA 工法による線路下横断通路の施工，土木施工，Vol.24, No.3, 1983.
7) 張郁慧，林向榮，周漢薄，塚元立二，佐藤眞二郎，菅原操，丸田新市：台北市松山空港滑走路直下・大断面地下構造物の施工 －フロンテジャッキング工法を併用した ESA 工法－，土木施工，Vol.45, No.5, pp.118-124, 2004.
8) 平和男：2 函体同時推進のフロンテジャッキング＋ESA 工法 －東京外かく環状道路 小塚山トンネル工事－，土木施工，Vol.50, No.12, pp.8-12, 2009.
9) 森崎義彦：鉄道営業線トンネル直上での函体推進施工 －東京外かく環状道路 北総鉄道交差部工事－，土木施工，Vol.51, No.8, pp.102-105, 2010.

3. R&C 工法（Roof & Culvert method）

3.1 概　要 [1)2)]

(1) 概　要

R&C 工法は，既存の鉄道や道路等との立体交差計画において，箱形ルーフ部材と本体構造物となるボックスカルバート（函体）を，推進方式（**図-3.1**）またはけん引方式（**図-3.2**）により置換設置する，非開削による地下構造物の施工法である．

小断面（□-800×800）の鋼製箱形ルーフを函体断面の外縁に合わせて，横断区間の全長に配置することを標準としている（**図-3.3，図-3.4**）．配置した箱形ルーフの一端に函体を据えつけて，箱形ルーフの押出しと函体先端部の切羽掘削と函体の押込みを繰り返し行い，到達側立坑まで押し進める施工法である．小規模な断面（断面積 2.0 m^2）から大断面（断面積 800 m^2 超）までの事例があり，横断箇所の地形や用地条件，施工規模等により推進方式またはけん引方式の選択と，横断長さにより分割施工の要否等を検討する．

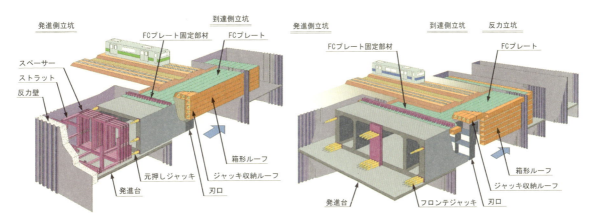

図-3.1　推進方式概要図　　　　　図-3.2　けん引方式概要図

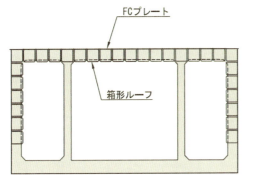

図-3.3　箱形ルーフ配置例

図-3.4　箱形ルーフ配置例

(2) 特徴

a) 品質

函体は，現場製作の場合，立坑内の明かり部で一定の管理のもとで行い，工場製作の場合は，より良好な品質管理が可能である．

b) 施工性

①地形条件や環境条件等により，推進方式とけん引方式を組み合わせた併用方式で計画するこ

とができる．

②一般に，発進立坑と到達立坑を必要とするが，けん引方式では，発進立坑と到達立坑のほかに反力立坑を必要とし，到達立坑と反力立坑の間に，反力抵抗体（地盤または構造体）を設ける．

③箱形ルーフは押し出したのち回収し，再利用できる．

④FC（フリクションカット）プレートの効果で，軌道や路面への影響（水平変位）が少ない．

⑤施工事例の多い施工法である．

⑥他工法（ESA工法等）との併用で，適用範囲の広い計画が可能である．

c) 安全性

剛性の高い箱形ルーフ（標準サイズ□-800×800，板厚19～22 mm）と完成形の函体を用いて，周辺地盤を常に支持した状態で施工するので，安全な施工が可能である．

d) 経済性

①低土被り施工（図-3.5）が可能なため，アンダーパス工事では，アプローチ部の延長を縮小でき，利便性と経済性に優れている．

②箱形ルーフ材は，押し抜き，回収して，再利用するため経済的である．

③箱形ルーフの推進作業（到達立坑）と函体製作（発進立坑）は，同時作業とすることが可能なため，工期短縮が図れ，経済的である．

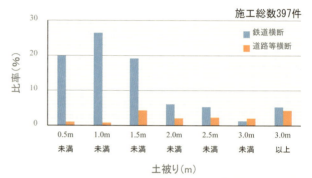

図-3.5 施工総数に対する土被り別の比率

(3) 開発の背景・経緯

非開削施工による函体のけん引工事は1967（昭和42）年頃より行われていた．当時鉄道下横断工事では，工事桁等の防護工を併用していたが，1970年初頭よりパイプルーフ（円形鋼管）を防護として使用する施工法が主流となり，長い期間行われている．

このパイプルーフは，函体の外周側へ配置して施工することから，一定の土被りを必要とすることや，土中に残置するなどしていたため，非開削施工の需要が増えるにつれて，そのパイプルーフの本設利用や再利用等の改良が求められた．R&C工法は1984年頃より箱形ルーフと函体推進を組み合わせた施工法として考案，開発され，箱形ルーフの再利用と低土被り化施工を実現させた（図-3.6）．R&C工法は，現在まで多くの施工実績を数えているが，さらに改良を加え，**第Ⅲ編4章**で述べるSFT工法へと発展している．

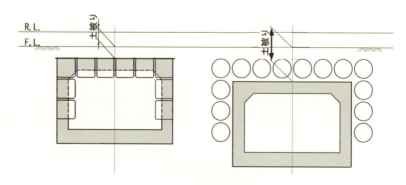

図-3.6 パイプルーフと箱形ルーフの土被り比較

(4) 近年のトピックス

一般に，立体交差事業では，踏切改良に伴う立体交差化のほか，既存施設の改良，水路や河川の改良，歩道の新設や増設，共同溝の敷設等比較的小規模な矩形断面の施工事例が多く，R&C工法の事例では，断面積40 m²未満の工事が，国内全体の62%を占めている（図-3.7）．しかし近年では，都市計画道路の新設や，幹線道路の整備，環状道路等の計画で各種「特殊トンネル」工法が採用され，さらに大規模な立体交差事業にも採用されている．図-3.8〜図-3.11に一例を示す．

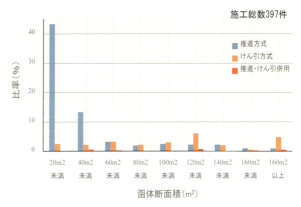

図-3.7 施工事例（函体断面積別の比率）

a) 工事の大型化

函体の規模については，1984年以降多くの事例で函体断面積は40 m²未満であった（図-3.7）．その後，2000年頃まで200 m²程度以内の規模であったが，2009年300 m²超，2014年400 m²超，2016年800 m²超と推移している．

①福岡外環状道路（図-3.8）
　　工事場所：鹿児島本線 笹原〜南福岡間
　　函体規模：幅35.0 m×高さ9.2 m
　　　　　　　×長さ19.0 m
　　断 面 積：322.4 m²
　　土 被 り：FL-1.009 m
　　本体構造：鉄筋コンクリート

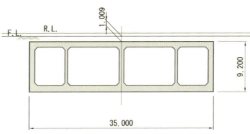

図-3.8 322.4 m²断面図（福岡外環道）

②大阪府道高速大和川線 3),4)（図-3.9）
　　工事場所：南海本線 住ノ江〜七道間
　　函体規模：幅37.111 m×高さ12.7 m
　　　　　　　×長さ41.5 m
　　断 面 積：471.3 m²
　　土 被 り：FL-3.88 m
　　本体構造：鉄筋コンクリート

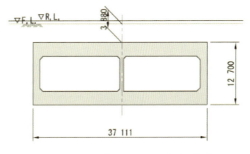

図-3.9 471.3 m²断面図（南海大和川）

③東京外かく環状道路 5)6)（図-3.10）
　　工事場所：京成電鉄 菅野駅構内
　　函体規模：幅43.8 m×高さ18.3 m
　　　　　　　×長さ37.4 m
　　断 面 積：805.9 m²
　　土 被 り：FL-4.605 m
　　本体構造：鋼製セグメント

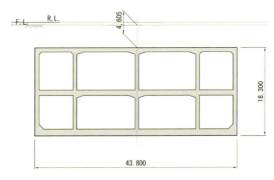

図-3.10 805.9 m²断面図（東京外環道）

b) 他工法との併用

ESA 工法等との併用により，低土被りで長距離施工を実現している．

①道央自動車道森工事（**図-3.11**）

　　工事場所：北海道芽部郡森町
　　横断箇所：遺跡（ストーンサークル）
　　函体寸法：外幅 14.182 m×外高さ 7.367 m
　　　　　　　×長さ 46.98 m
　　施工延長：45.8 m
　　土 被 り：GL-2.53 m
　　施 工 法：ESA 工法併用 R&C 工法

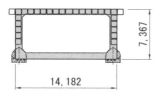

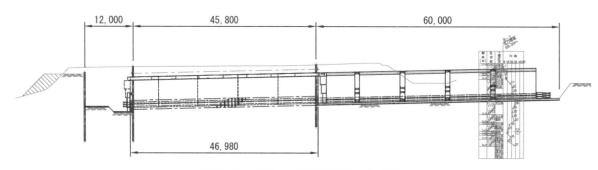

図 3-11　ESA 工法併用例・参考図

3.2 設計・施工

(1) 設計

a) 施工計画

R&C 工法では，施工計画にあたり函体の大きさ，施工延長，地形，用地制限の有無，土質，地下水の有無等の諸条件により，**図-3.12** に示す主な施工要素について基本計画を行う．

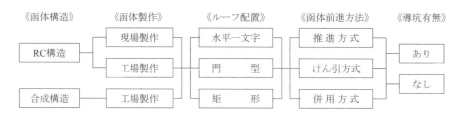

図-3.12　主な施工要素

b) 函体構造と製作方法の検討

構築する地下構造物は，一般的に現場製作による鉄筋コンクリート構造（**図-3.13**）を標準としているが，工場製作等のプレキャストコンクリート構造（**図-3.14**）やセグメント構造（**図-3.15**）等の形式（鋼製あるいは鋼とコンクリートの合成）も可能である．工場製作の場合では，重量物の搬入路確保と重機設備や資材置場等の用地確保もコスト，工期等と併せて検討を行う．

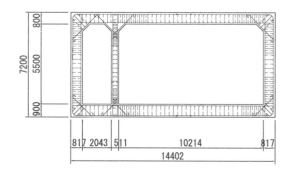

図-3.13　RC 函体配筋図（例）

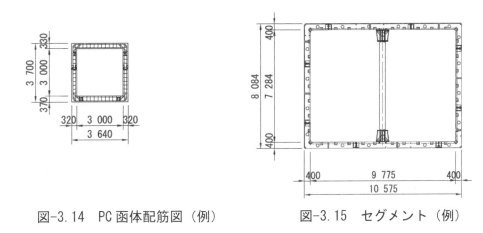

図-3.14 PC 函体配筋図（例）　　図-3.15 セグメント（例）

c) 箱形ルーフ計画
①配置形式
　箱形ルーフの配置形式（表-3.1）は，用地制限や地質等の適応条件を考慮して計画する．

表-3.1 箱形ルーフ配置計画

概要図	特　徴
	1. 側部に箱形ルーフを配置した最も標準的な配置形式である． 2. 立坑必要幅を小さく計画できる． 3. 比較的安定した普通地盤で用いられる．
	1. 水平方向一文字に箱形ルーフとパイプルーフを配置する形式である． 2. 用地幅を多く必要とする． 3. 比較的安定した，地下水のない，普通地盤で用いられる．
	1. 矩形に箱形ルーフを配置する形式である． 2. 立坑必要幅を小さく計画できる． 3. 函体底部以深が軟弱な地盤の場合に用いられる．

②施工方法
　事前に設置した箱形ルーフと函体を置き換える施工の特性から，高い施工精度が求められる．このため，施工条件に合致したルーフ推進方法を選定する必要がある（図-3.16，表-3.2 参照）．また，水平部のルーフ施工では横断部の交通事情が許せば，開削設置による方式も可能である．

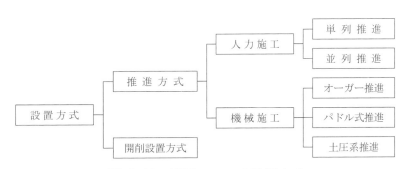

図-3.16 箱形ルーフの設置方式

表-3.2 箱型ルーフ推進方法の選定表

条件		施工法	人力推進		機械推進		
			単列	並列	パドル式	オーガー式	泥水式
横断長	15m未満		○	○	○	△3)	○
	15〜30m		○	○	○	△3)	○
	30〜45m※		○	○	○	△3)	○
	45〜60m※		○	○	○	△3)	○
	60m以上※		△1)	△1)	△2)	△3)	○
土被り	1.0m未満		○	○	○	○	×
	1.0〜2.0m		○	○	○	○	○
	2.0m以上		○	○	○	○	○
地質	粘土(強)		○	○	×	△4)	○
	粘性土		○	○	○	○	○
	砂		○	○	○	○	○
	砂礫		○	○	△5)	△6)	△5)
	玉石混り土		△7)	△7)	×	×	×

※：箱形ルーフ推進抵抗力の増大が予想される場合は，中押し設備等の検討を要す．

凡例

○	可
×	不可
△	条件により不可

△印について
1)：安全・品質管理上の対策があれば可
2)：実績が少ないため適用に当たっては充分な検討を要する
3)：計測と方向制御が可能でローリング対策ができれば可
4)：掘削土のオーガー付着による効率低下が問題なければ可
5)：礫率・礫径が大きい場合は不可
6)：礫率・礫径が大きい場合は周囲への影響が大きくなる
7)：管内に取り込みできれば可

d) 函体掘進計画

① 施工方式

函体を設置する方法（図-3.17）には，「推進方式（図-3.18）」と「けん引方式（図-3.19）」および「推進とけん引の併用方式（図-3.20）」があり，施工ヤードの制約や経済性等の施工条件を考慮して選定する．なお，施工延長等の条件により函体が分割される場合は，各函体の間に中押し設備を設け，推力分散を図り反力体への負担を軽減する．また，長距離の横断計画では，ESA 工法を併用（図-3.21）した計画も可能である．

①-1 推進方式

発進立坑背面地盤の受働土圧を反力抵抗として施工する方式．盛土部の横断計画等では，発進立坑背面側に反力構造体を構築する場合がある．

①-2 けん引方式

反力体前面地盤の受働土圧を反力として施工する方式．盛土部の横断では，到達側に反力構造体を構築する場合がある．

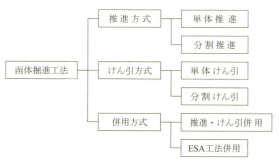

図-3.17 函体前進方法

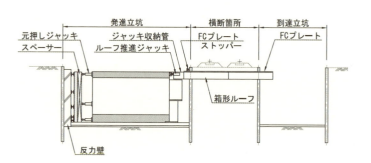

図-3.18 推進方式

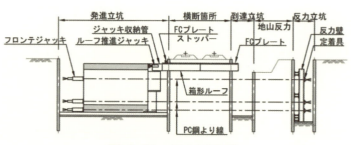

図-3.19 けん引方式

①-3 推進,けん引併用方式

推進方式とけん引方式の組み合わせによる施工方式.盛土部の横断等では,発進立坑背面側に反力構造体を構築する場合がある.

①-4 ESA 工法併用方式

推進する函体以外の複数函体を反力抵抗体として施工する方式.必要によりけん引方式を初期段階に使用する場合がある.

② 函体推進力またはけん引力の算出

函体の推進またはけん引力 (ΣP) の算出は次の要素の総和とし,ジャッキ設備の設置には 30% 程度の余裕を考慮して計画する.

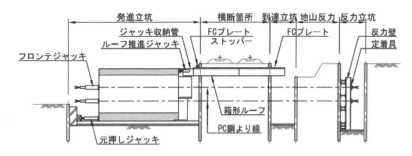

図-3.20 推進,けん引併用方式

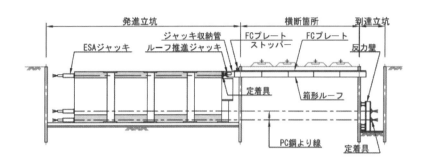

図-3.21 ESA 工法併用方式

$\Sigma P = P_1 + P_2 + P_3 + P_4$

ここに,ΣP:総推進・けん引抵抗力(図-3.22,図-3.23)

※ ルーフジャッキ収納管の使用有無により P_4 の抵抗値を考慮する.

P_1:刃口先端抵抗力

P_2:切羽山留ジャッキの作動荷重.一般に 60 kN/台として算出する.

P_3:函体周面摩擦抵抗

P_4:箱形ルーフ押出し抵抗力.函体と一体化して施工する場合に算出する.

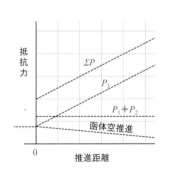 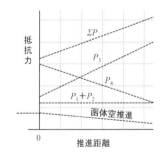

図-3.22 ルーフジャッキ使用　　図-3.23 ルーフジャッキ不使用

$N = \Sigma P \cdot \alpha$

ここに,N:ジャッキ設備の推力

α:安全率(一般に 1.3 以上)

③ 反力体,反力壁の検討

反力体は地形条件等に適した形式を選定し,十分な抵抗力を有する大きさと構造とする.また,施工条件のほか,経済的にも有利な形式を選択する(図-3.24).

④ FC プレート固定方法の検討

　FC プレートは，函体が地盤内を前進する際，函体外表面で発生する摩擦抵抗が周辺構造物へ伝達するのを防ぐための部材であり，地盤と函体との間に介在させて使用する．FC プレート部材は発進側で固定する．その固定方式は**図-3.25～図-3.27** に示すように，桁材の剛性で固定する「桁式」，立坑背面側に固定する「タイロッド式」，および水平方向の変位量を計測し，制御する「けん引式」に分類される．けん引式では，計測と制御をパソコンで処理する自動制御[7)8)]がある．

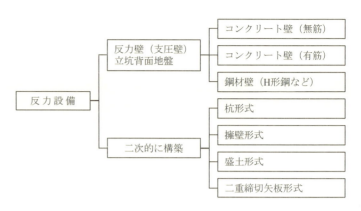

図-3.24　反力体，反力壁の種類（例）

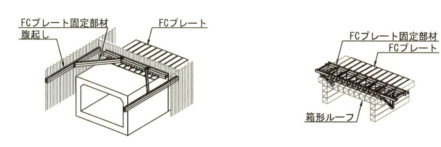

図-3.25　桁式

図-3.26　タイロッド式

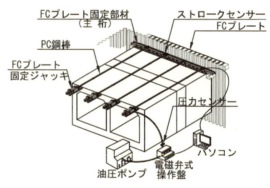

図-3.27　けん引式

e) 使用材料

① 箱形ルーフ管

　箱形ルーフ管を**図-3.28** に示す．断面□-800×800 mm を標準とし，調整管と**表-3.3** との組み合わせにより函体外幅に合致するように配列する．

　また，長手方向には，箱形ルーフ管の四隅をボルトにより締結する．

図-3.28　箱形ルーフ管

表-3.3 標準的な箱形ルーフ材諸元

種類	断面形状寸法 幅×高さ(mm)	断面積 (cm²)	標準管 長さ(mm)	標準管 質量(kg)	調整管 長さ(mm)	調整管 質量(kg)	材質
標準管	□-800×800	573.5	6000	3060	3000	1560	SS-400
調整管	□-1 000×800	842.8	6000	4360	3000	2210	SS-400
	□-950×800	726.8	6000	3800	3000	1930	SS-400
	□-900×800	611.5	6000	3240	3000	1650	SS-400
	□-850×800	592.5	6000	3150	3000	1610	SS-400
六角ボルト	M-33×100	1.85(kg/本)					SCM435

※ 質量は継手（L-75×75×9）を含む
※ ボルト締結は外ボルト式

②刃口

　刃口は，函体先頭部に取り付け，切羽掘削作業を防護し箱形ルーフの支持部材を有する鋼殻部材である．本工法では，配置した箱形ルーフ（**図-3.3**，**図-3.4 参照**）を支持し，函体を反力として箱形ルーフを押し込む構造も有している．刃口形状の一例を**図-3.29**に示す．

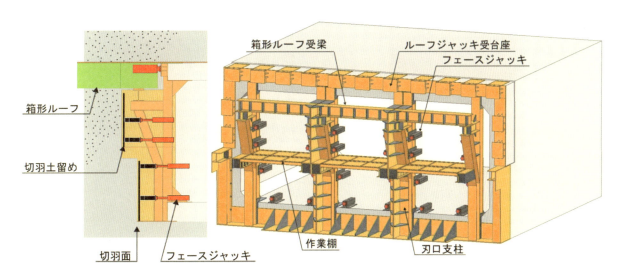

図-3.29　刃口イメージ図

③けん引材（PC鋼より線）

　けん引方式の場合は，p.Ⅲ-7，**表-1.2**に示すPC鋼より線(8S15.2mm)とp.Ⅲ-7，**図-1.18**定着具を使用する．

④専用油圧機械

　函体の推進またはけん引に使用する専用油圧機械を**表-3.4**，**図-3.30～図-3.33**に示す．また，**図-3.34**に油圧ポンプを**図-3.35**に操作盤を示す．

表-3.4　専用油圧ジャッキ仕様

品　名	推力(kN)	ストローク(mm)	質量(kg)	機長(mm)	外径(mm)	用　途
フロンテジャッキ	1500	850	1200	1460	400	けん引用
フェースジャッキ	300	400	50	657	120	切羽土留め用
推進ジャッキ	1500	500	300	855	260	中押し用
〃	1500	1200	670	1820	268	元押し用

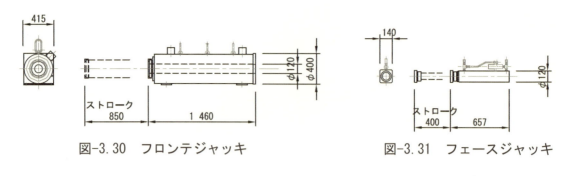

図-3.30 フロンテジャッキ　　　　　図-3.31 フェースジャッキ

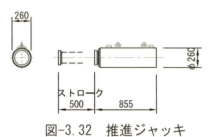

図-3.32 推進ジャッキ

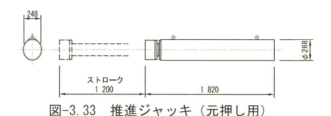

図-3.33 推進ジャッキ（元押し用）

図-3.34 油圧ポンプ

図-3.35 操作盤

(2) 施工

a) 施工ヤード

R&C工法では，発進，到達立坑（けん引方式の場合は，反力立坑が追加），各種資材置場，クレーン配置，工事用仮道路（歩行者安全通路）等の作業ヤードが必要となる．現地の状況を考慮するとともに関係各所と十分な協議を行い，必要な作業ヤードを確保する．

b) 施工順序

箱形ルーフと函体を置き換えることを特長とした施工法であり，基本的な施工順序は，①FCプレートを重ねた箱形ルーフを推進し設置する．②箱形ルーフの端部に函体を据え付ける．③函体推進またはけん引設備を据え付ける．④FCプレートを固定する．⑤箱形ルーフと函体を交互に推進またはけん引し，箱形ルーフを所定長さごとに回収する．推進またはけん引作業では，切羽の掘削，切羽土留め，箱形ルーフ押出し，函体押込みの一連の作業を繰り返し行う施工法である．推進方式（**図-3.36**）とけん引方式（**図-3.37**）の施工順序を以下に示す．

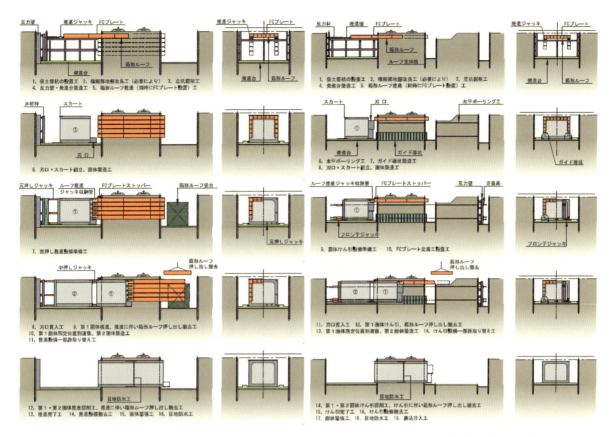

図-3.36 推進方式順序図（例）　　　　図-3.37 けん引方式順序図（例）

c) 立坑計画

函体の押込み施工法のため，函体の製作または組立て設置作業を考慮した立坑が必要である．このほかに，箱形ルーフの推進と取出し撤去作業等を考慮した大きさが必要となり，推進方式またはけん引方式ごとに計画を行う．

立坑の例を図-3.38～図-3.40に，大きさを表-3.5に示す．

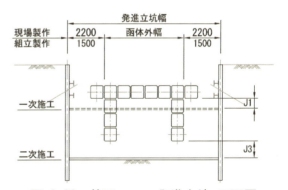

図-3.38 箱形ルーフ発進立坑 正面図

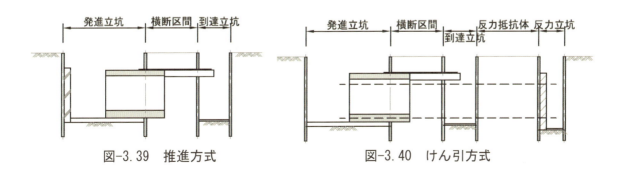

図-3.39 推進方式　　　　図-3.40 けん引方式

表-3.5 立坑の大きさ

	作業	幅	長さ
発進立坑	函体	現場製作：函体外幅＋2.2 m×2 組立据付：函体外幅＋1.5 m×2	推進方式：函体長＋前方余裕（1.5 m～3.5 m） 　　　　　＋推進設備（4.0 m） けん引方式：函体長＋前方余裕 　　　　　（1.5 m～3.5 m）＋けん引設備（5.5 m）
	ルーフ	両端部ルーフ中心間隔＋2.2 m×2	設置ルーフ全長＋支圧壁＋4.1 m
到達立坑	函体	現場製作：函体外幅＋2.2 m×2 組立据付：函体外幅＋1.5 m×2	函体吐出長さ＋刃口長さ＋1.5 m
	ルーフ	ルーフ両端部中心間隔＋1.4 m×2	ルーフ長（3 mまたは6 m）＋2.0 m
反力立坑		一般に到達立坑と同等	けん引方式：反力部材＋2.5 m
反力抵抗体		推進方式：設計による けん引方式：設計による	推進方式：設計による けん引方式：設計による

注1）発進立坑，到達立坑ごとに，函体作業時またはルーフ作業時の，いずれか大きい値とする．
注2）上記値は標準値であり，交差角を有する場合や，標準と異なる場合は別途考慮する．

3.3 施工事例

非開削施工による特殊トンネル（R&C工法）は，図-3.41に示すように，鉄道下での施工が多く，その割合は，鉄道が80%，道路等が20%である．

図-3.41 横断箇所による実績

(1) 線路下横断

a) 福岡外環状道路 諸岡Bv工事

　地　　域：福岡県 鹿児島本線 笹原〜南福岡
　横断箇所：鉄道複線区間（図-3.42）
　函体寸法：外幅35.0 m×外高さ9.2 m
　　　　　　×長さ19.0 m
　施工延長：14.427 m（土留中心間距離）
　土 被 り：FL-1.01 m
　施工方式：2分割けん引方式

b) 外環自動車道京成アンダーパス工事[5)6)]
　鉄道営業線直下の函体けん引工事
　地　　域：千葉県
　横断個所：鉄道複線区間，駅ホーム下
　　　　　（図-3.43）
　函体寸法：外幅43.8 m×外高さ18.3 m
　　　　　　×長さ37.4 m
　施工延長：35.4 m（土留中心間距離）
　土 被 り：FL-4.605 m
　施工方式：4分割けん引方式
　特　　徴：・鋼製セグメント二層4径間
　　　　　　・中段パイプルーフにより大断面
　　　　　　　トンネル切羽の上下二分割施工
　　　　　　・斜角けん引施工

図-3.42 施工事例

図-3.43 施工事例

(2) 道路下横断

a) 小田急線地下化工事と複々線化工事に伴う環状七号線下横断工事[9)10)]

　地　　域：東京都 小田急線世田谷代田～梅ヶ丘

　横断箇所：都道環状七号線道路下（**図-3.44**）

　函体寸法：外幅 10.575 m×外高さ 8.084 m

　　　　　　×長さ 45.0 m（×2 スパン）

　施工延長：40.17 m（土留中心間距離）

　土 被 り：GL-4.0 m

　施工方式：2 分割推進方式

　特　　徴：合成セグメント，ケーソン立坑

図-3.44　施工事例

参考文献

1) 線路下横断工法連載講座小委員会：線路下横断工法(4)アール・アンド・シー工法，トンネルと地下，土木工学社，vol.32，No.1，pp.1-11，2001.
2) アンダーパス技術協会：R&C 工法技術資料，2015.
3) 奥野和弘：大阪府道高速大和川線と南海本線との立体交差工事 −R&C 工法によるアンダーパス工事−，土木施工，Vol.55，No.1，pp.94-97，2014.
4) 田島祐介：阪神高速大和川線と鉄道交差部における大断面トンネル施工技術（R&C 工法），基礎工，Vol.43，No.2，pp.24-27，2015.
5) 岸田正博，藤原英司，森本大介，藤田淳：世界最大級断面の R&C 工法で鉄道営業線直下に道路トンネルを構築 −東京外かく環状道路 京成菅野駅アンダーパス−，トンネルと地下，土木工学社，Vol.48，No.8，pp.33-44，2017.
6) 岸田正博，森本大介，藤原英司，藤田淳：鉄道駅直下の R&C 工法による世界最大断面の函体けん引工事，第 72 回土木学会年次講演会 VI-254，2017.
7) 吉野伸一，山根進吉，田中秀和，古川誠：R&C 工法 FC プレート自動制御技術の実用化，平成 13 年度 土木学会北海道支部 論文報告書，Vol.58，VI-8，pp.954-957，2001.
8) 舩越宏治：函体推進・けん引工法による周辺施設の変位抑制方法，月刊推進技術，Vol.29，No.12，pp.42-44，2015.
9) 伊藤健治，木元清敏：R&C 工法（箱形ルーフとボックスカルバートを置き換えるアンダーパス施工法）−小田急小田原線代々木上原駅～梅ヶ丘駅間線増連続立体交差工事［土木・第 5 工区］−，土木施工，Vol.52，No.3，pp.28-37，2011.
10) 小川司，伊藤健治，有馬真司，工藤耕一：環状七号線直下 4m を函体推進で 4 径間鉄道トンネルを掘る−小田急小田原線 連続立体・複々線化事業−，トンネルと地下，土木工学社，Vol.43，No.6，pp.37-45，2012.

4. SFT 工法 (Simple & Face-less Tunneling method)

4.1 概　要[1]

(1) 概　要

　SFT 工法は箱形ルーフ（鋼製の矩形断面）とボックスカルバート（函体）を置き換える方法によって，地下構造物を造る施工法である．FC（フリクションカット）プレートと称する縁切り材の薄鋼板を重ねた箱形ルーフを，地下構造物の外縁位置に合わせて横断箇所の全長および全周に配置することでFCプレートを函体断面の外周面（上面，側面，底面）へ配置し，その一端側に函体を据え付け，箱形ルーフと函体を接続し，函体を押し込むことにより，箱形ルーフを到達側へ押し出すことになり，FCプレートの内側で箱形ルーフと函体を置き換える施工法である．函体の押込みは，FCプレートを固定した状態で行うため，函体は外周面に配置したFCプレートの内面側を進み，地盤と接することなく押し込まれる．また，箱形ルーフは閉合配置が基本であり，横断箇所の土砂は箱形ルーフで包み込まれた状態のまま箱形ルーフと一緒に押し出されるため，函体押込み時には横断箇所直下での掘削作業のない施工法となる．押込み方式は地形条件等により決定するが，推進方式（図-4.1）とけん引方式（図-4.2）がある．

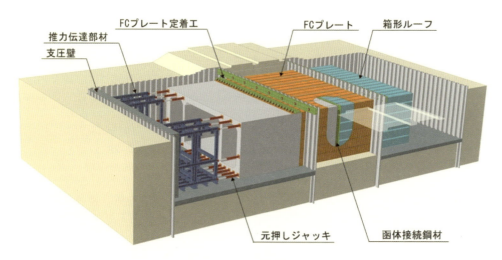

図-4.1　推進方式

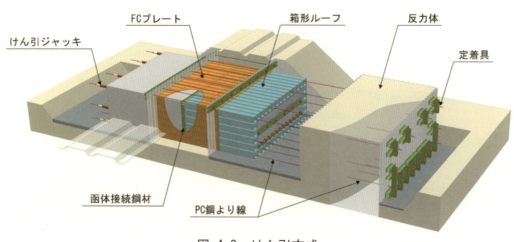

図-4.2　けん引方式

(2) 特徴
a) 品質
① 函体は，現場製作の場合，立坑内の明かり部で一定の管理のもとで行い，工場製作の場合は，より良好な品質管理が可能である．
② ラーメン形式のRC構造であり，一般にメンテナンス（維持管理）は少ない．

b) 施工性
① 函体押込み時には，トンネル内での掘削作業がない．
② 施工実績の多いR&C工法の改良型施工法である．
③ R&C工法と同様に，箱形ルーフと函体の置換施工であり，低土被り施工が可能である．
④ 箱形ルーフは押抜きののち回収し，再利用できる．
⑤ FCプレートの効果で，軌道や路面への影響が少ない．

c) 安全性
函体押込み時は，トンネル先端に切羽が無いため，土砂崩壊の危険がなく，安全性が高い．

d) 経済性
① 箱形ルーフ材は，押し抜き，回収して再利用するため経済的である．
② 一般に推進系の施工法で多くの作業時間を要す切羽掘削がなく，施工工種も少ないため，工期が早く，掘削作業員も不要なため，経済的である．
③ 低土被り施工が可能なため，アンダーパス工事では，アプローチ部の延長を縮小でき，経済的である．

(3) 開発の背景・経緯[2]

SFT工法は，R&C工法の改善，改良を図る中で発想されたものである．箱形ルーフと函体の置換施工の考えをもとに，箱形ルーフを函体外形と合わせて閉合配置することで，地山掘削の作業を行わず，函体を押し込む施工法として成立した．

また，箱形ルーフと箱形ルーフに包み込まれた土塊および函体構造物を，まとめて押し込む本施工法の限界規模について，過去の類似工事の推進抵抗力等をもとに，押込み抵抗力の想定と，必要な反力抵抗体を確保することで，この工法による施工の可否決定を行った．

(4) 近年のトピック

海外工事（韓国）において，鉄道および道路下施工法として，SFT工法が採用された．

4.2 設計・施工

(1) 設計

a) 施工計画

SFT工法は，箱形ルーフと函体を一体化して押し込むことを前提とした施工法であり，次の主要な施工要素（**図-4.3**）について計画を行う．

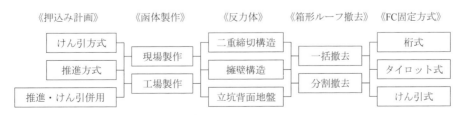

図-4.3 施工計画の主な要素

函体の押込み施工法は，地形条件や工事規模，作業用地の範囲等を踏まえ決定する．

① 推進方式

発進立坑背面側の反力体を抵抗として，応力伝達部材（井桁材，ストラット，スペーサー等）を介して油圧ジャッキで推進を行う方式である．発進側背面に反力体を確保できる場合あるいは，地盤が平地で立坑形式の計画の場合に適する．図-4.4に推進設備，図-4.5に推進方式の模式図を示す．

図-4.4 推進設備

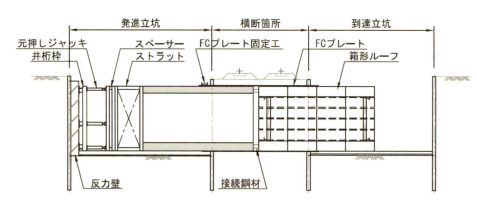

図-4.5 推進方式模式図

② けん引方式

一般に盛土部の横断計画に適する．盛土部の横断計画では，箱形ルーフおよび函体けん引のため，反力体を通常到達側後方に構築する．この方式では，箱形ルーフ推進作業と函体製作を同時期に行うことが可能であり，箱形ルーフ推進完了後，函体けん引の反力体を兼用することが可能である．図-4.6にけん引設備，図-4.7にけん引方式の模式図を示す．

図-4.6 けん引設備

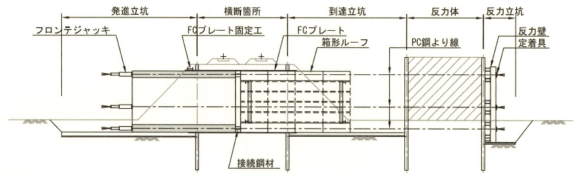

図-4.7 けん引方式模式図

③ 推進，けん引併用方式

この方法は，緩い地盤条件や長距離施工に対応するために，推進力とけん引力に押込み設備を分散することで，函体押込み時における反力体への負担を軽減している．図-4.8に推進，けん引併用方式の模式図を示す．

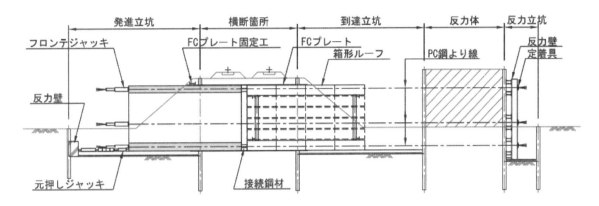

図-4.8　推進・けん引併用方式模式図

b) 函体製作と構造

SFT工法で用いられる函体は，ラーメン形式のRC構造物が一般的である．その製作は現場製作または工場製作によるが，工事規模および用地制約や搬入路の有無，あるいは工期等を総合的に検討し決定する．函体設計は関係機関の基準等にしたがって行う．

一般的に，函体製作または組立ては，立坑内のベースコンクリート（発進台）上で行うため，発進台以深の地盤強度は，函体製作時の荷重に対する耐力を確保する．

発進台コンクリート表面の仕上がり状態は，函体底面の形状に関与し，押込み力や方向性にも影響するため，函体の押込み方向と同一の勾配で，平面性を確保して仕上げることが重要である．

現場製作の場合，品質管理に留意する．工場製作の場合は，次のことに留意する．

① 運搬経路の確保と吊下し重機等の設置スペースを確保する
② 短尺ブロックの組み合わせのため，推進力に対応した剛性と各ブロック間の接続面の均一な仕上がりを確保する
③ 押込み中の，横ずれ防止策を施す
④ 不安定な基礎地盤の場合，必要な対策を講じる

c) 函体押込み計画

① 函体押込み抵抗力

SFT工法による函体の総押込み抵抗力は，箱形ルーフ群の押込み力と函体の押込み力の総和とする．ジャッキ設備は総押込み抵抗力に余裕（$\Sigma P \times 1.3$程度）を考慮して計画する．また，過去の実績をもとにした経験式を併せて示す．

［計算式］

$\Sigma P = P_1 + P_2$

ここに，ΣP：総押込み抵抗力（計算値）
　　　　P_1：函体外周面の摩擦抵抗力
　　　　P_2：箱形ルーフ群の外周面摩擦抵抗力

・ΣPは，押込み進行に伴い（図-4.9）荷重の変化（図-4.10）を考慮したP_1値およびP_2値の最大総和を算出する．

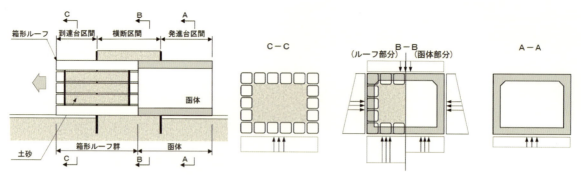

図-4.9 函体押込み模式図　　　図-4.10 荷重解説図

［経験式］

$\Sigma P' = \Sigma W \cdot K$

$K = P / (W_1 + W_2 + W_3 + W_4 + W_5 + W_6)$

（$W_1 \sim W_5$の項目を図-4.11に示す）

ここに，$\Sigma P'$：総押込み抵抗力（経験値）

ΣW：総重量

K：函体押込み係数（0.8～1.2程度）

P：実押込み抵抗力（実績値）

W_1：函体重量

W_2：仮設鋼材等重量

W_3：上載荷重

W_4：箱形ルーフ内面側土砂重量

W_5：箱形ルーフ重量

W_6：そのほか（搭載する資機材等）

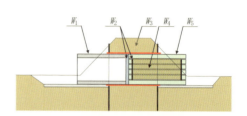

図-4.11 函体押込み荷重説明図

② 反力体計画

反力体は，箱形ルーフ管の推進，函体の推進またはけん引のため，地形や土質および施工法を考慮し，函体押込み力に対し十分な余裕を持った構造と強度を確保する．その基本形状は，図-4.5，図-4.7，図-4.8に示す反力体形式を参考にする．

$R = \Sigma P \cdot \alpha$

ここに，R：必要反力抵抗

ΣP：総押込み抵抗力

α：安全率（一般に = 1.5 程度）

③ 箱形ルーフ撤去回収計画

箱形ルーフの回収と箱形ルーフ内面側の土砂排出は，到達側で行うことが標準であり，到達側の規模は，箱形ルーフの一括撤去方式と分割撤去方式により，異なる大きさとなる．それぞれ図-4.12と図-4.13に示す大きさとする．

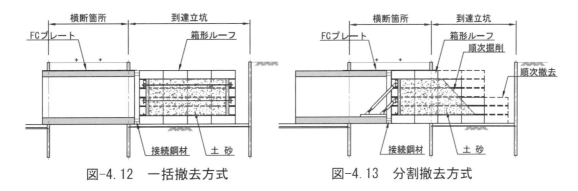

図-4.12　一括撤去方式　　　　図-4.13　分割撤去方式

④ FCプレート固定計画

　箱形ルーフと函体を押し出す際，周辺地盤への影響を抑制することを目的として，FCプレートを固定して縁切り部材とする．そのFCプレートの固定は，工事規模や地形条件等によって計画する（図-4.14，図-4.15）．

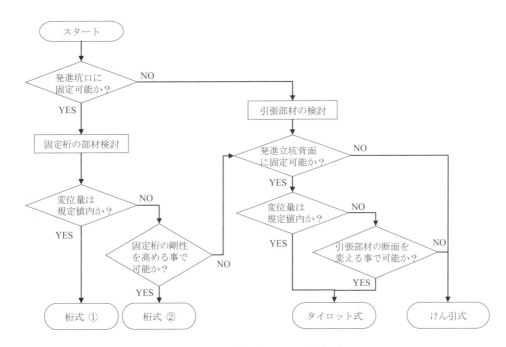

図-4.14　FCプレート固定法

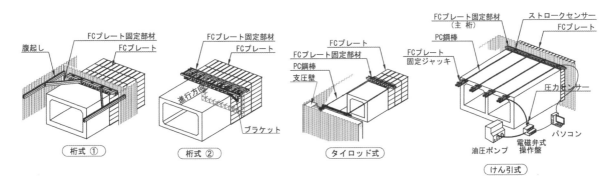

図-4.15　FCプレート固定事例

　けん引方式の自動制御[3]は，函体押込み時において，FCプレートの変位量を計測し，必要に応じてその変位量を油圧ジャッキシステム（図-4.16〜図-4.18）により制御する．

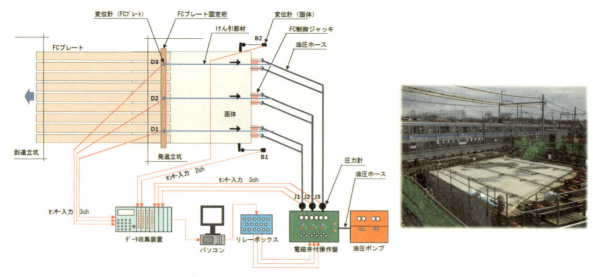

図-4.16 函体上面FCプレート制御システム模式図　　図-4.17 FCプレート固定事例
（けん引式・自動制御）

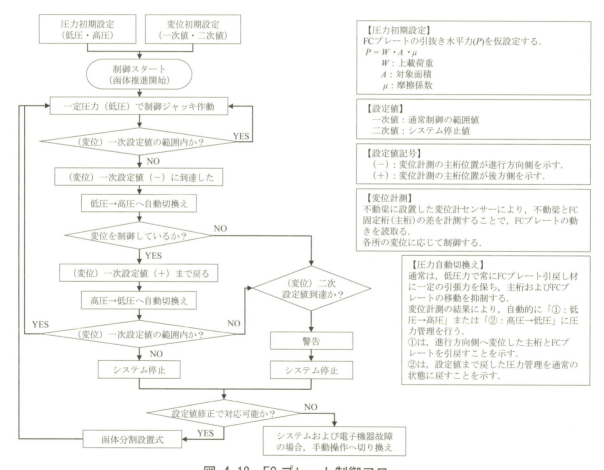

図-4.18 FCプレート制御フロー

d) 立坑計画

　非開削で施工を行うため，函体の製作または組立て設置作業，箱形ルーフの推進作業，函体の押込み，箱形ルーフの取出しと撤去作業等を考慮して，必要な大きさを設定する．立坑の例を図-4.19〜図-4.21に，必要な大きさを表-4.1に示す．

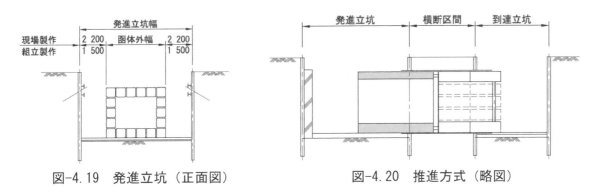

図-4.19 発進立坑（正面図）　　　図-4.20 推進方式（略図）

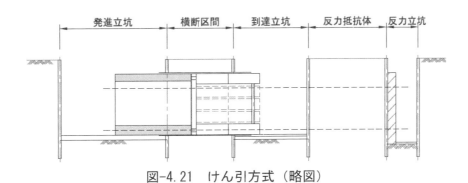

図-4.21 けん引方式（略図）

表-4.1 立坑の必要大きさ

		幅(m)	長さ(m)
発進立坑	函体	現場製作：函体外幅+2.2×2 組立据付：函体外幅+1.5×2	推進方式：函体長＋前方余裕（1.5～3.5）＋推進設備（4.0） けん引方式：函体長＋前方余裕（1.5～3.5）＋けん引設備(5.5)
	ルーフ	ルーフ両端部中心間隔+2.2×2	設置ルーフ全長＋支圧壁＋4.1
到達立坑	函体	現場製作：函体外幅+2.2×2 組立据付：函体外幅+1.5×2	一括撤去：全ルーフ長＋2.0 分割撤去：図-4.22参照
	ルーフ	ルーフ両端部中心間隔+1.0×2	

注1) 発進・到達立坑ごとに，函体作業時またはルーフ作業時の，何れか大きい値とする．
注2) 上記値は最小値であり，交差角を有する場合や，標準と異なる場合は別途考慮する．

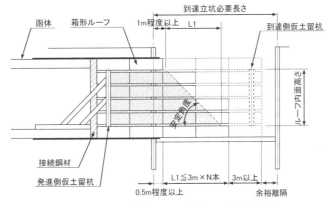

図-4.22 分割撤去の場合の立坑長さ

(2)施工

a)作業ヤード

　発進立坑と到達立坑を必要とし，その周辺に重機配置と資機材置場を必要とする．また，施工法により反力構造体を必要とする場合がある．図-4.23に作業ヤードの例を示す．

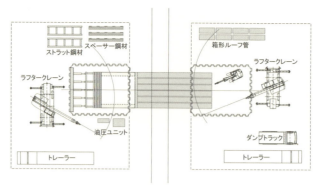

図-4.23 作業ヤードの例

b) 箱形ルーフ施工

事前に設置した箱形ルーフと函体を置き換える施工法であり,箱形ルーフの施工精度が重要である.このため,常時計測と方向制御が可能な施工計画が必要である.

① 箱形ルーフの配置順序

函体外縁位置に,閉合配置する箱形ルーフの配置順序は,表-4.2に代表的順を示す.

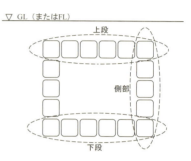

図-4.24 箱形ルーフ配置

表-4.2 箱形ルーフ施工順

	施工順序		箱形ルーフ位置
Type-1	上段→下段→側部	水平:一般に中央から端部へ施工	図-4.24参照
Type-2	下段→側部→上段	側部:一般に下方から上方へ施工	

注1) 施工順序は,地盤状態,土被り,横断箇所の環境等を考慮して選択するが,一般に鉄道横断ではType-1を標準とし,それ以外では,現地の実状による.
注2) 上段,下段,側部の施工状況は図-4.25〜図-4.28を参照.

図-4.25 上段施工

図-4.26 下段施工

図-4.27 側部施工

図-4.28 箱形ルーフ配置完了

② 箱形ルーフ推進作業

箱形ルーフは，施工精度の向上のため単列施工する場合や，工程短縮のため複列施工（図-4.29）する場合がある．箱形ルーフの施工は，箱形ルーフと FC プレートを重ね先端部を固定（溶接など）し，後続の箱形ルーフはボルト接続[4)5)6)]，FC プレートはプレートどうしを固定（突合せ溶接など）してそれぞれ連結し，所要長さを施工する．

箱形ルーフ設置は，一般に元押し推進工法で行う．小口径の箱形ルーフ先端刃口内で掘削を行い，元押しジャッキにて推進する．

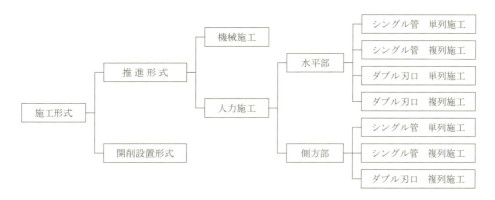

図-4.29 箱形ルーフ施工形式

c) 函体押込み

全ての箱形ルーフを貫通させたのち，箱形ルーフの一端に函体を築造（現場製作の場合）または，組み立て据え付けた（工場製作の場合）のち，箱形ルーフと函体を接続する（図-4.30）．この際，函体外縁寸法に対し箱形ルーフ群の外縁寸法が狭くならないことが重要である．箱形ルーフと函体を接続し，函体を推進またはけん引することで，箱形ルーフを到達側へ押し出す．閉合配置した箱形ルーフ内面側の土砂も箱形ルーフとともに到達側へ押し出す．

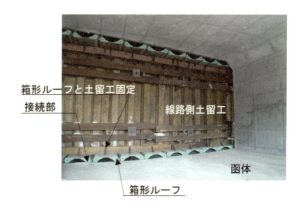

図-4.30 箱形ルーフと函体接続工

① 推進方式の作業

発進側背面に反力抵抗体を確保し，反力体と函体の間に，推力伝達部材を介在し函体を推進する，いわゆる元押し推進工法である．反力体は推進方向に対し直角形状を原則とする．交差角を有するなど，函体後端に斜角を有する形状の場合，推力伝達部材との間に斜角調整部材を設置する．

② けん引方式の作業

到達側に確保した反力抵抗体と函体とを PC 鋼より線（8S15.2 mm）でつなぎ，函体を引き込む施工法である．

d) 使用材料

箱形ルーフの仕様を表-4.3 に，標準管を図-4.31，図-4.32 に示す．

表-4.3 箱形ルーフ材諸元

	形状寸法			仕様		材質	備考
	幅×高さ (mm)	板厚 (mm)	長さ (mm)	質量（kg/本）			
				継手あり	継手なし		
標準管	1000×1000	25	3000	2480	2360	SS400	
調整管	800×1000	22	3000	2220	2110	SS400	水平部で使用
	1000×800	22	3000	2220	2100	SS400	垂直部で使用
六角ボルト	M-33×100			1.85		SCM435	内ボルト式

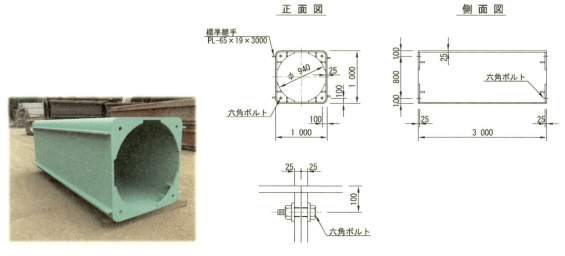

図-4.31 箱形ルーフ標準管　　　　図-4.32 標準管

4.3 施工事例

(1) 線路下横断

線路下横断の施工実績を**表-4.4**に示す.

a) JR日豊線 財光寺・南日向 南日向Bv新設工事[7)8)]（**図-4.33**）

工事場所：宮崎県日向市大字平岩地内

工　　期：2006.3.16〜2007.8.14

工事規模：2車線＋両歩道
外幅18.5 m×外高さ6.9 m
×長さ14.0 m
3径間ボックスカルバート
交差角81°，道路勾配2.277 %（下り）

横断箇所：盛土部，単線区間
緩和曲線(R=400 m)区間，勾配12.5 ‰

諸 設 備：箱形ルーフ44列×4本=176本
設備ジャッキ1500 kN×22台（最大押込み力24 309 kN）

図-4.33　施工事例[7)]

表-4.4　鉄道下横断実績　　2018.3 現在

発注者	工事場所	用途	函体	土被り	施工法
JR九州	日豊本線 財光寺〜南日向[7),8)]	歩車道	18.5×6.90×14.0	FL-1.77	けん引
JR西日本	北陸本線 呉羽〜富山	水路	2.00×2.15×16.5	FL-0.61	推進
JR四国	予讃線 松山〜市坪[9)]	車道	9.80×6.7×21.02	FL-0.41	けん引
JR九州	鹿児島本線 川内駅構内[10),11)]	歩車道	17.0×8.75×14.5	FL-0.50	推進
JR四国	予讃線 市坪〜北伊予[12),13)]	歩車道	34.04×8.0×9.02	FL-0.62	けん引
JR九州	日豊本線 苅田駅構内	車道	8.20×5.30×25.0	FL-0.27	推進
JR北海道	函館本線 野幌〜高砂	歩道	5.30×3.80×12.6	FL-0.00	推進
JR九州	鹿児島本線 福間駅構内	歩車道	16.4×7.60×13.0	FL-0.60	推進
JR九州	日豊本線 財光寺〜南日向[14),15)]	歩車道	25.0×7.70×8.50	FL-1.25	推進
JR四国	予讃線 北伊予〜伊予横田	車道	12.02×7.9×8.01	FL-0.36	けん引
島原鉄道	島原鉄道 幸〜小野本町	河川	3.10×2.50×10.0	FL-1.72	推進
長野電鉄	長野線 桐原〜信濃吉田	歩車道	24.4×7.70×11.6	FL-0.66	推進
土佐くろしお鉄道	阿佐 球場前〜安芸	車道	3.70×4.20×6.40	FL-0.69	推進
JR九州	鹿児島本線 羽犬塚〜船小屋	歩車道	15.9×8.50×15.0	FL-1.20	推進
JR九州	鹿児島本線 戸畑〜枝光筑後	歩車道	14.5×8.80×14.5	FL-0.89	推進

(2) 道路下横断

道路下横断の施工実績を**表-4.5**に示す．

a) 市道桶狭間勅使線第 2 号道路改良工事[16]
（**図-4.34**，**図-4.35**）

工事場所：愛知県名古屋市緑区大根山地区
工　　期：2014.12.10〜2018.2.28
工事規模：2 車線＋両歩道
　　　　　外幅 15.0 m×外高さ 7.2 m×長さ 30.0 m
　　　　　3 径間ボックスカルバート
　　　　　交差角 63°，道路勾配，0.5 %（下り）
横断箇所：盛土部，愛知用水路(離隔 1.0 m)および
　　　　　管理用通路
諸 設 備：箱形ルーフ 36 列×9 本＝324 本
　　　　　元押しジャッキ 1500 kN×58 台

図-4.34　施工事例

図-4.35　施工事例

b) 東北自動車道 豊地地区函渠工事[17]（**図-4.36**）

工事場所：福島県白河市豊地地区
工　　期：2016.12〜2018.2
工事規模：1 車線（外幅 6.0 m×外高さ 6.45 m×長さ
　　　　　53.0 m）の矩形ラーメン構造による
　　　　　単ボックスカルバート，交差角 56°，
　　　　　道路勾配 0.3 %（上り）
横断箇所：盛土部，土被り GL-0.62 m〜1.22 m
諸 設 備：箱形ルーフ 20 列×18 本＝360 本
　　　　　元押しジャッキ 1500 kN×33 台

図-4.36　施工事例

表-4.5　道路下横断実績　　　　2018.3 現在

発注者	工事場所	用途	函体寸法	土被り	施工法
東京電力	富津火力発電所内	水路	5.20×5.20×13.5	GL-9.20	推進
東京電力	富津火力発電所内	水路	5.60×5.60×18.7	GL-4.43	推進
NEXCO 中日本	東名高速道路 横浜市瀬谷[18]	歩道	3.63×3.35×48.0	GL-2.25	推進
東京都交通局	都営大江戸線 牛込柳町構内	歩道	3.02×3.26×19.0	GL-4.79	推進
愛知県名古屋市	桶狭間地区 愛知用水下横断[16]	歩車道	15.0×7.20×30.0	GL-5.19	推進
NEXCO 東日本	東北自動車道 新白河 SIC 内[17]	車道	6.0×6.45×53.16	GL-0.91	推進
愛知県みよし市	茶屋川河川改良 市道横断	河川	5.10×3.4×24.07	GL-0.97	推進
NEXCO 東日本	東京外環道 大和田工事	車道	6.04×6.94×12.7	GL-1.40	推進
NEXCO 中日本	東名高速道路 静岡東 SIC 新設	車道	9.30×7.25×43.0	GL-3.60	推進

参考文献

1) アンダーパス技術協会：SFT 工法技術積算資料，2015.
2) 丸田新市：SFT 工法 −トンネル内部での掘削を行わない、非開削の単独立体交差施工法−，建設機械，pp.6-9，2005.
3) 舩越宏治：函体推進・けん引工法による周辺施設の変位抑制方法，月刊推進技術，Vol.29，No.12，pp.42-44，2015.
4) 中村智哉，富樫陽太，岡野法之，小島芳之：ボルト接合された箱形ルーフに関する曲げ試験 その 1

実験的検討，第 70 回土木学会年次講演会，Ⅲ-110，pp.219-220，2015.
5) 富樫陽太，中村智哉，岡野法之，津野究，小島芳之：ボルト接合された箱形ルーフ管に関する曲げ試験 その 2 数値解析，第 70 回土木学会年次学術講演会，Ⅲ-111，pp.221-222，2015.
6) 中村智哉，富樫陽太，津野究，岡野法之，小山幸則：線路下横断構造物の施工に関するボルト締結鋼管の実物大曲げ試験と数値解析，土木学会論文集 F1，Vol.72，No.1，pp.39-52，2016.
7) 赤司孝，上野邦彦，三好勝彰，丸田新市：最新工法による大断面地下構造物の短期施工法，SFT 工法によるアンダーパス工法，土木施工，vol.48，No.8，pp.5-14，2007.
8) 深江良輔：SFT 工法を用いたボックスカルバートの施工，日本鉄道施設協会誌，pp.306-308，2008.
9) 角野拓真，武田純一：線路直下 40cm を函体けん引（SFT）工法で施工 −予讃線石手架道橋新設−，トンネルと地下，土木工学社，Vol.44，No.6，pp.7-14，2013.
10) 西村猛：SFT 工法における函体推進時の支圧壁変状について，土木学会第 69 回年次講演会 VI-586，pp.1171-1172.
11) 西村猛：SFT 工法による鉄道下函体推進，月刊推進技術，vol.29，No.12，pp.19-22，2015.
12) 川井拓也，鈴木俊輔：JR 軌道直下における幅 34m の函体推進（SFT 工法）施工実績，土木学会第 70 回年次講演会，VI-557，pp.1 113-1 114，2015.
13) 鈴木俊輔，川井拓也：内部掘削を行わない鉄道横断トンネル技術 −SFT 工法・市坪架道橋−，基礎工，pp.36-38，2015.
14) 阿部弘典：地下水位以下の細砂地盤における SFT 工法について，土木学会第 68 回年次講演会，VI-220，pp.439-440.
15) 新田洋久，阿部弘典：地下水位以下の細砂地盤での鉄道横断施工 −SFT 工法 JR 日豊本線−，基礎工，Vol.43，No.2，pp.75-78，2015.
16) 西川圭：愛知用水直下を非開削工法（SFT 工法）によるアンダーパス築造工事 −桶狭間勅使線 桶狭間地区から国道 302 号へ−，土木施工，Vol.58，No.11，pp.106-109，2017.
17) 佐藤大起，亀井寛功，川嶋英介，有川健：箱形ルーフ推進用エアバック式土留めの開発，土木学会第 72 回年次学術講演会，VI-243，pp.485-486，2017.
18) 榎本登，大竹俊一，安部正則：小断面連続施工にて東名高速道路直下に地下空間を構築 −切羽を掘削しない工法（SFT 工法）の施工事例−，月刊推進技術，Vol.25，No.12，pp.30-35，2011.

5. COMPASS 工法（COMPAct Support Structure method）

5.1 概　要
(1) 概　要[1)2)]

　　COMPASS 工法は，計画構造物の外周の地盤を地盤切削ワイヤにより切削し，その後方から防護工を行ったのち，内部に非開削で小断面（内空 3.5 m×3.0 m 程度）のボックスカルバートを構築する工法である．施工形式には，防護鋼板で囲まれた内部を掘削しながら鋼製支保工を建て込み，これを巻き込んでコンクリートを打ち込む施工形式（TYPE I）と，内部を掘削しながらプレキャストボックスを引き込み敷設する施工形式（TYPE II）などがある．図-5.1 に TYPE II の概要を示す．

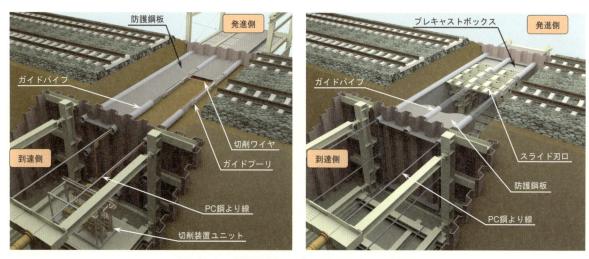

図-5.1　COMPASS 工法（TYPE II）の概要

(2) 特徴
a) 品　質
　①函体（TYPE II）または鋼製支保工は工場で十分な管理のもとで製作されるため，高品質で信頼性の高い製品が得られる．
b) 施工性
　①防護鋼板内の掘削は，スライド刃口を使用することにより，切羽の安定を確保しながら掘削できる．
　②先行して切削ワイヤで地山に切削溝を形成し，防護鋼板を挿入するため，対象土質に制限がない．
c) 安全性
　①防護鋼板は，先行して切削ワイヤで地山に切削溝を形成した後に挿入するため，地表面の変位を少なくすることができる．
　②事前に地山に防護鋼板を挿入しておくことで，鋼板に囲まれた内部での掘削となることから，陥没などの危険がなく安全な掘削が可能である．
　③防護鋼板挿入時のプーリ圧，テンション圧およびけん引速度の自動計測により，切削状況をリアルタイムに集中監視・制御するので，最適な管理で安全な施工を行うことができる．
　④スライド刃口の上部に取り付けられた高さ調整ローラで，上載荷重に合わせて防護鉄板を保持することで，地表面の変位を抑えることができる．

d) 経済性
①土被りを小さくできるので，アプローチ部等を含めた全体工事費の節減・工程短縮が図れる．
②構造物規模に見合った防護工とすることで工事費の節減を図れる．
③函体および鋼製支保工は工場製作であるため，立坑構築作業と並行して行えるので工程を短縮できる．

(3) 開発の背景

従来の非開削工法は，大断面の車道ボックスを対象としていたことにより，そのまま人道，水路ボックス等の小断面構造物に適用した場合，構造物規模に対し防護工が過大となり，工事費のうち防護工（補助工法を含む）の占める割合が大きかった．また，JES 工法のように防護工を別途必要としない工法においても，エレメント形状の制限により小断面構造物では過大な構造となっている．そこで，経済的な小断面立体交差構造物の構築工法として COMPASS 工法が開発された[3]．

本工法は，2005 年の月夜沢 Bv を初めとし，2018 年 6 月までに 7 件の施工実績がある．

(4) 近年のトピック

施工形式 TYPE I と TYPE II は，到達側に設置した地盤切削装置により地盤切削ワイヤを駆動させるため，駆動装置の能力により横断延長に制限があった．そこで，改良を行い施工延長に制限を受けない方法が工法バリエーションの一つとして開発され，実大実証試験が実施されている[4]．図-5.2 に TYPE II および開発工法の概要図を示す．

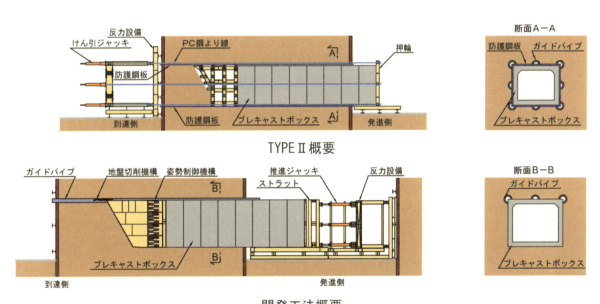

図-5.2 開発工法の概要

開発された工法は，以下の特長がある．
・刃口に地盤切削機構を内装することにより，施工延長に制限がない．
・刃口上面前方に設置した地盤切削ワイヤで地盤および支障物を切断しながら掘進するため，刃口が支障物を押し上げることによる隆起や支障物撤去後の空隙による沈下を抑制できる．
・刃口とプレキャストボックス間に姿勢制御機構を設け，刃口の前傾など姿勢のずれを速やかに修正することにより地表面変位を抑制できる．

図-5.3に開発工法のイメージを示す．

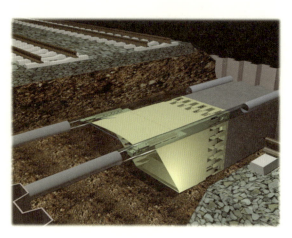

図-5.3 開発工法のイメージ

5.2 設計・施工
(1)設計
a)構造形式

TYPE I は充填形鉄骨構造としての鉄骨鉄筋コンクリート構造，TYPE II はプレキャストボックスのため，鉄筋コンクリート構造とする．図-5.4 に TYPE I の構造形式を示す．

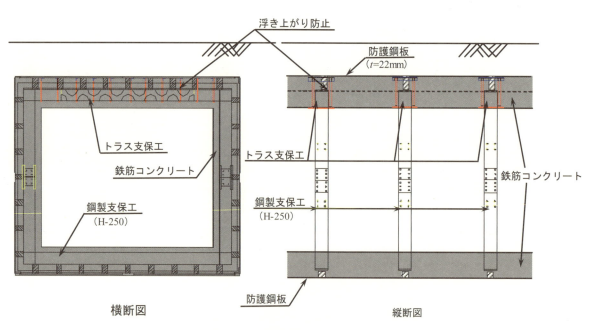

図-5.4 構造形式（TYPE I）

b)構造解析

COMPASS 工法で構築するボックスカルバートについては，TYPE I，TYPE II ともに，各限界状態における部材断面の検討において，各構造部材を梁部材として，地盤をばねとした構造解析モデルを用いる．図-5.5 に鉄道関連基準・指針による構造解析モデルを示す．

c)設計計算

設計は，一般に鉄道構造物では鉄道構造物等設計標準に準拠し性能照査型を用いて，道路，河川等では各事業者により定められた基準にもとづき実施する．

鉄道構造物では以下について検討を行う．
- 安全性（破壊）の検討
- 使用性の検討
- 安全性（疲労破壊）に対する検討
- 耐震に関する検討
- 施工時の検討
- 構造細目

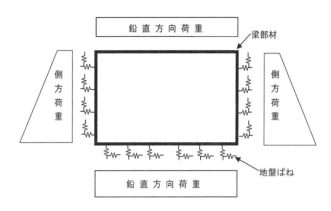

図-5.5　構造解析モデル

d）施工時の検討

防護鋼板とTYPE Iのコンクリートと一体化される前の鋼製支保工は，施工時に想定される作用とその組合せに対し，以下の検討を行う．
- 防護鋼板および鋼製支保工断面破壊に対する安全性の検討
- 上床版に使用する鋼製支保工（トラス支保工）および鋼板の列車荷重によるたわみの検討
- 躯体の安定に対する検討

防護鋼板は，鋼製支保工を支点とする3径間連続梁としてモデル化する．なお，上床防護鋼板は，列車荷重の影響が大きく，たわみ量が大きくなると施工性に影響するため，厚さ $t=22$ mm（SS400）とする．一方で側壁防護鋼板と下床防護鋼板は，列車荷重の影響が上床防護鋼板に比べて小さいため，溶接個所をヒンジとした連続梁としてモデル化する．側壁防護鋼板と下床防護鋼板は，防護鋼板の設置位置により厚さ16 mm～19 mmの鋼板を使用する．

(2) 施工

a) 施工方法

①TYPE I（内部掘削＋支保工建込方法）

スライド刃口の後方より鋼製支保工を建て込み，鋼製支保工を巻き込みながらコンクリートを打設する方法．

②TYPE II（内部掘削＋函体掘進方法）

スライド刃口の後方に，プレキャストボックスをセットし，スライド刃口による掘削にあわせ，函体をけん引あるいは推進する方法．

b) 施工ヤード

施工には，発進立坑，到達立坑，工事用道路などのほか，中央管理室，資材置場，クレーンなどの工事用重機およびダンプトラック，トレーラーの搬出入走行路，発生残土置場が必要なので，作業に支障のないようなヤード計画を立てる．

c) 施工順序

TYPE I，TYPE IIの施工順序を以降に示す．図-5.6はTYPE I，TYPE IIの共通の施工順序を示し，図-5.7は以後のTYPE I，図-5.8は以後のTYPE IIの函体けん引の場合の施工順序を示す．

【STEP1　ガイドパイプ設置工】

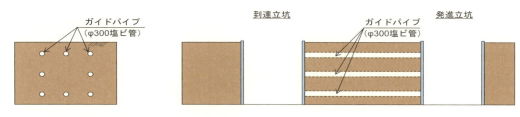

【STEP2　地盤切削・鋼板挿入工】

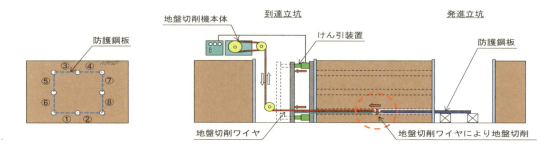

図-5.6　TYPE I，TYPE II 共通の施工順序

【STEP3　内部掘削・鋼製支保工建込み】

【STEP4　コンクリート充填工】

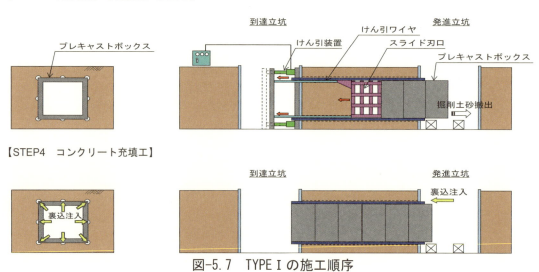

図-5.7　TYPE I の施工順序

【STEP3　内部掘削・函体けん引工】

【STEP4　裏込め注入工】

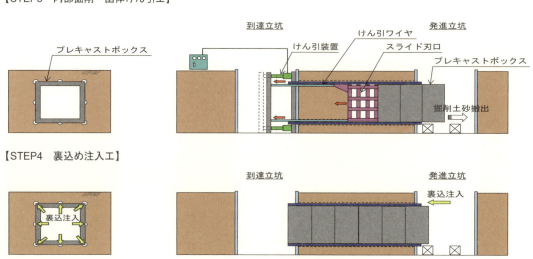

図-5.8　TYPE II の施工順序

d) 立坑計画

立坑の平面形状・寸法は，施工条件および環境条件等を考慮の上，発進・到達立坑における設備配置，作業空間（施工余裕の確保）から決定する．

本工法に必要な発進立坑の形状・寸法の例を図-5.9に，また，到達立坑の形状寸法の例を図-5.10に示す．

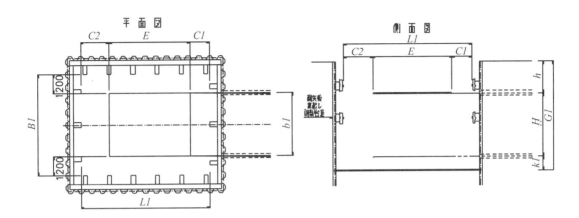

発進立坑長さ($L1$)※＝最大1防護鋼板長(E:通常は6m)＋切削装置セット余裕($C1$:0.5m)＋鋼板セット余裕($C2$:0.5m)

発進立坑幅($B1$)※＝両端ガイドパイプ中心間隔($b1$)＋2.4m

発進立坑深さ($G1$)＝被り(h)＋構造物高さ(H)＋架台高さ($K1$:0.8m)

※立坑昇降設備(1.2m×3.6m程度)を考慮する．

図-5.9　発進立坑の形状・寸法の例

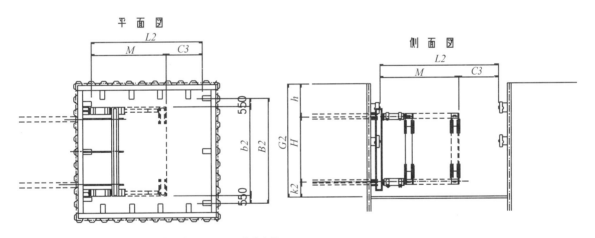

到達立坑長さ($L2$)※＝スライド刃口撤去空間(M:5.0m)＋作業余裕($C3$:2.0m)

到達立坑幅($B2$)※＝けん引装置幅($b2$:5.3m)＋1.1m

到達立坑深さ($G2$)＝被り(h)＋構造物高さ(H)＋架台高さ($K2$:0.8m)

※立坑昇降設備(1.2m×3.6m程度)を考慮する．

図-5.10　到達立坑の形状・寸法の例

e) ガイドパイプ設置

ガイドパイプは管径 $\phi300$ mm の硬質塩化ビニル管（VP管）を使用する．

ガイドパイプの施工精度は防護鋼板の施工精度に関係し，構造物の仕上がり精度に大きく影響を与える．このため，施工延長，土質条件等を勘案し，所定の精度（$L/500$ かつ 25 mm）が確保できる工法を選定する．なお，一般には，小口径推進工法が採用される．

f) 鋼板挿入

図-5.11 に鋼板挿入の概念図を示す.

①地盤切削機

地盤切削機は，切削機本体および油圧ユニット，切削ワイヤのほかに，ガイドプーリ，補助プーリ，ガイドプーリと補助プーリを連結する連結パイプ，鋼板クランプなどにより構成される．切削機本体には，切削ワイヤを回転させる油圧モータに主プーリが連結設置されており，油圧ユニットにより駆動する．そのため，切削機本体および油圧ユニットは，ワイヤの延長や土質条件等を考慮し，地盤を切削するのに十分な能力を有するものを選定する．

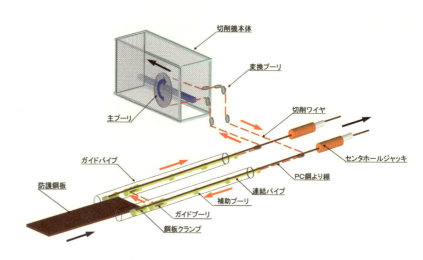

図-5.11 鋼板挿入の概念図

②防護鋼板

防護鋼板は，幅2mを標準とし，最大でも2.4mとする．また，防護鋼板の挿入直角方向の継手位置は，隣接する防護鋼板間で千鳥にする．相互にずらす距離は鋼製支保工（または間隔保持材）のピッチ以上とする．

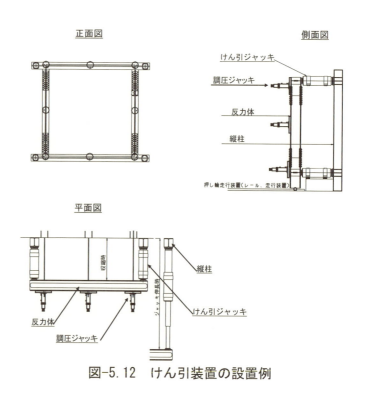

図-5.12 けん引装置の設置例

③発進架台

鋼板挿入が構造物の精度に直接影響するため，防護鋼板の水平または垂直（平面性）を確実に保持する昇降架台を用いる．また，防護鋼板の自重が大きいことから，たわみのないように配慮にする．

④けん引装置

けん引装置は，防護鋼板，スライド刃口のけん引に使用され，反力架台，けん引ジャッキ，調圧ジャッキ，油圧ユニットおよび反力体より構成される．けん引装置の設置例を**図-5.12**に示す．

⑤けん引力

設計けん引力は，地質条件，施工延長などによって異なるため，これらの条件を考慮して適切に算定する．防護鋼板はPC鋼より線2本により敷設することから，設計けん引力がPC鋼よ

り線の1本あたりの許容引張力を超える場合には，別途，発進立坑内に補助推進設備を検討する．

⑥滑材注入

上・下床の防護鋼板挿入時，地盤との摩擦抵抗が大きい場合には路面および軌道への水平変位が懸念される．このため，上・下床防護鋼板は，鋼板先端に注入孔を設置し，グラウトポンプにて滑材を注入することにより挿入時のフリクション低減を図る．

⑦施工管理

防護鋼板挿入工を活線下で行う場合には，路面や軌道への影響を適切に評価できる方法により，車両や列車等の走行への影響を計測する．

g) 内部掘削・函体構築

函体構築方法は，TYPE I と TYPE II で異なるため，それぞれについて記載する．

①TYPE I

・スライド刃口

本工法では，内部掘削時にスライド刃口の前面の先受け部を，前方地山に貫入させ，上床防護鋼板の先行支持および切羽の安定を確保している．そのため，スライド刃口は，内部地山を主働崩壊角以下の角度で保持できる形状とする．また，スライド刃口は，防護鋼板より伝達される荷重を支持できる構造とするとともに，内空は，機械掘削の場合，必要な空頭，幅を確保する．

なお，防護鋼板の出来形には施工誤差が生じるため，スライド刃口には，防護鋼板の出来形に追随し，これを保持する機構（高さ調整ローラ）を設けている．高さ調整ローラはジャッキにより支持されており，地表面変状を発生させないジャッキ圧の管理が必要となる．**図-5.13** にスライド刃口の例を示す．

高さ調整ローラは**図-5.14, 15** に示すように油圧ジャッキとローラにより構成される．掘削時は，油圧ポンプにより作用土圧程度の圧力を一定に保持することにより，防護鋼板とスライド刃口の間隔を保ち，地表面変状を抑制する．掘削時以外は圧力調整バルブを閉め，列車荷重など上載荷重の変動による油圧ジャッキの伸縮を防止し，地表面変状を抑制する．

図-5.13　スライド刃口

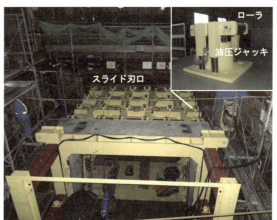

図-5.14　高さ調整ローラ

・鋼製支保工

鋼製支保工は，H形鋼 H-250×250×9×14 を標準とする．上床部支保工は，コンクリート充填性を考慮し開口部を設けたトラス型支保工を使用する．また，上床版コンクリートの充填時に打設圧に起因した上床防護鋼板の変状を防止するため，鋼製支保工を反力体とした浮き上がり

防止策を講じる．

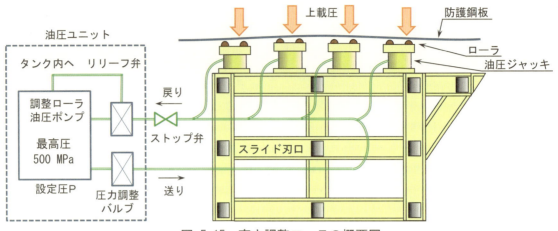

図-5.15　高さ調整ローラの概要図

・掘進

掘進はスライド刃口を併用した機械掘削または人力掘削とする．掘削は，地表面変状を防止するため，スライド刃口より先行しないようにする．当日の掘進作業の終了時には，切羽面から土砂が流出しないような処理（矢板による防護等）を行う．なお，切羽が安定しない場合は補助工法などにより対策を行う必要がある．

・支保工建込み

スライド刃口の後方では，設計上必要なスパン以上にピッチを開けることなく，鋼製支保工が防護鋼板を支持する．鋼製支保工は発進立坑内で組み立て，スライド刃口の後方に束ねて設置しておく．防護鋼板内のけん引掘進にしたがい，最後尾の鋼製支保工から順次，正規の位置に建て込み，固定する．概要を図-5.16に示す．

① 鋼製支保工を一群として組立てスライド刃口後方に携える．

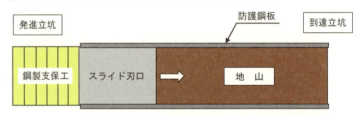

② スライド刃口と一緒にけん引し，内部で所定の位置で鋼製支保工を切り離す．

③ 建て込みした鋼製支保工はコンクリート製スペーサ，タイロッドで固定する．

図-5.16　鋼製支保工設置方法の例

・コンクリート打込み

上床版にコンクリートを充填する場合，1ブロックごとの施工では，エアだまり等の発生により未充填個所を残す危険性がある．そのため，上床版の鋼製支保工をトラス構造とし，立坑部からの片押しにより施工する．延長15mを超える充填を行う場合は，別途十分な検討を要する．

②TYPE II

TYPE IIの函体掘進（けん引の場合）の全体概念図を図-5.17に示す．ここではTYPE Iと重複しない項目について記載する．

・函体掘進

函体掘進は，スライド刃口に追従して函体をけん引または推進する．また，掘進は防護鋼板のたわみおよび切羽の安定を確認しながら行う．

・プレキャストボックス

プレキャストボックスは一体型を原則とするが，外形寸法あるいは質量により搬入が困難な場合には，上下二分割などの構造を検討し，搬

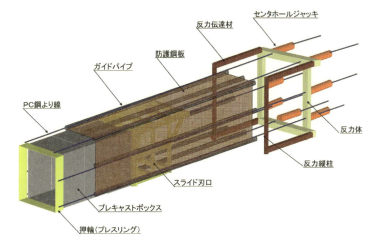

図-5.17　函体掘進の概念図

入経路についても配慮する．上下二分割とした場合には上下接合部の止水性についても配慮する．また，プレキャストボックスの端面はスライド刃口あるいは押輪（プレスリング）と接触し，ボックスの端面同士も接触することから，けん引力（推力）を伝達でき，かつ，ひびわれ，欠損などが発生しないような構造と十分な圧縮強度を有するものを用いる．

・裏込め注入

函体掘進完了後，プレキャストボックスと防護鋼板間に裏込め注入を行う．裏込め注入時は，施工による路面あるいは軌道の変状が発生しないように，注入圧や注入量等を管理する．

h）端部処理工

隣接構造物との接合方法を考慮して，「道路土工　カルバート工指針」（日本道路協会）などを参考に止水性や耐久性など必要な機能を有する構造とする．

i）計測工

ガイドパイプ設置，鋼板挿入，内部掘削時は路面や軌道などの影響を適切に評価できる計測方法により，車両や列車等の走行への影響を計測する．

その他，以下の計測項目がある．

①ガイドパイプ設置時

ガイドパイプを小口径推進により設置する場合は，小口径推進の推進力，推進速度，推進誤差等を測定する．

②鋼板挿入時

防護鋼板挿入時は，防護鋼板けん引力，防護鋼板けん引速度，切削能力（主プーリ圧，テン

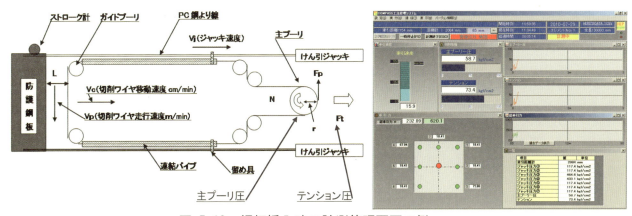

図-5.18　鋼板挿入時の計測管理画面の例

ション圧）等を測定する．図-5.18 に鋼板挿入時の計測管理画面の例を示す．

③内部掘削時

スライド刃口のけん引（推進）力，けん引（推進）速度および高さ調整ローラのジャッキ圧等を測定する．

5.3 施工事例

COMPASS 工法は，これまで7件の施工実績がある．このうち，2件の施工事例を紹介する．

(1) 大糸線南神城・神城間 54k490m 付近こ道橋[5]

a) 場　　所：長野県白馬村

b) 延　　長：9.4 m

c) 内　　空：幅 3.5 m，高さ 2.7 m

d) 特　　徴：COMPASS 工法適用第 1 号
　　　　　　（TYPE Ⅰ）

(2) 東北本線南福島・福島間太平寺こ道橋[6]

a) 場　　所：福島県福島市

b) 延　　長：12.0 m

c) 内　　空：幅 3.0 m，高さ 3.2 m

d) 特　　徴：HEP&JES 工法との併用により構造
　　　　　　物を構築（TYPE Ⅱ）

図-5.19　施工事例(1)

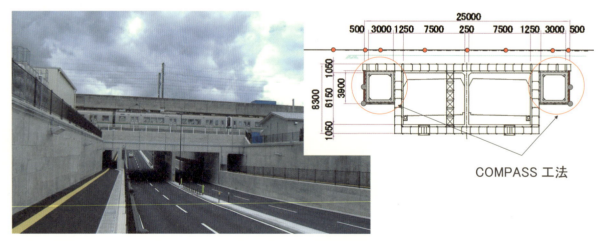

図-5.20　施工事例(2)

参考文献

1) 鉄道 ACT 研究会：COMPASS 工法 技術資料，2013.1.
2) 東日本旅客鉄道株式会社：非開削工法設計施工マニュアル，2009.7.
3) 清水満，藤沢一，栗栖基彰，鈴木尊，長尾達児：新しい小断面地下構造物の構築工法の開発，トンネル工学研究論文・報告集，Vol.14，pp.413-419，2004.
4) 郡司圭吾，本田諭，齋藤貴，中村征氏，長尾達児，桑原清：地盤切削機構を有する小断面ボックス推進工法の開発，トンネル工学報告集，Vol.26，Ⅳ-1，2016.11.
5) 福島啓之，森山智明，森本円，桜井雄一，若林正三，佐藤吉寛：COMPASS 工法の施工　大糸線月夜沢こ道橋・烏山線国道 294 号こ道橋，SED，No.31，2008.11，pp.32-39
6) 澤村里志，福島啓之，玄順貴史，德本毅：JES と鋼板挿入工法の組み合わせによるアンダーパスの急速施工　－東北本線 太平寺こ道橋－，トンネルと地下，土木工学社，Vol.40，No.12，pp.7-15，2009.

6. パドル・シールド工法

6.1 概　要
(1) 概　要

　パドル・シールド工法とは，上段カッターにスライド機構を装備することにより軟弱地盤，小土被り部での地表面変状を抑制できる矩形形状の密閉型泥土圧シールド工法である．図-6.1に本工法のイメージ図を示す．

　近年，都市内では輻輳する埋設物や小土被りといった厳しい施工条件，また，トンネル断面をより有効に活用するために，矩形断面のシールド工法へのニーズが高まっている．

　従来のシールド機は一般的に円筒形が多く，掘進時に地盤を切削するカッターは掘削断面と同じ径の円盤状に回転する方式がほとんどであった．しかし，従来のカッター方式で矩形断面を切削した場合，コーナー部分などに未切削部分が発生するため，円形カッターの多数配置や矩形端部まで切削するための回転機構の採用など機構が複雑であった．

　小土被りにおける矩形の掘削は，円形に比べ掘削部上部のアーチ効果による変状抑制が期待できないため，一般的に地表面変位が大きくなる．

　本工法は，掘削機構に従来の矩形シールド機にはないシンプルな軸付きの横配置カッターを採用し，矩形断面の端部まで掘り残しのない合理的な掘削機構となっている（図-6.2）．また，チャンバー内にパドルスクリューを装備することで，チャンバー内を強制攪拌して流動性を確保し排土を安定させている．さらに，上段スライド機構を装備することで地山の先受け効果を発揮し，小土被り部での地表面変状を抑制することを可能にした．

　なお，パドルとは外輪船の水かきの意味があり，横配置カッターの形状が外輪船の水かきに似ていることからパドル・シールドと命名された．また，本工法は推進工法にも対応可能である．

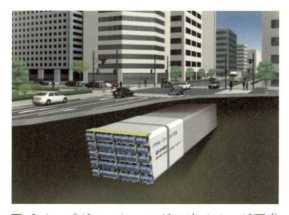

図-6.1　パドル・シールド工法イメージ図[1)]

図-6.2　横配置カッター[2)]

(2) 特徴

a) 品質

　①セグメントは従来の矩形セグメントの設計と同様であり，かつ工場での製作であるため良好な品質管理が可能である．

　②従来の円形シールド工法と同様，掘進誤差として±50 mm以内の管理が可能である．

b) 施工性

　①シンプルな掘削機構を採用しており，矩形断面の端部まで掘り残しのない合理的な掘削機構

となっている．
②仮設備は通常のシールド工法と同様の設備であり，推進工法にも対応可能である．

c) 安全性

①上段スライド機構を使用することにより，低土被り部の地表面付近の地盤に与える影響を抑制できる．

②独立した機構であるパドルスクリューをチャンバー内に装備し，強制的にチャンバー内全体を攪拌することにより，掘削土砂の塑性流動性が均一になり緻密な土圧管理が可能となる．このため安定した地山の保持が可能となる．

d) 経済性

①シンプルで合理的な掘削機構を採用したことにより，カッター支持用大型ベアリングが不要となり，経済性に優れる．

②掘削機の製作期間を通常の矩形シールドに対し短縮することが可能である．

③掘削形状が矩形形状のため，不必要な掘削をする必要がなく経済性に優れる．

6.2　設計・施工

(1) 設計

a) セグメント

一般的な矩形セグメントと同様である．

b) 掘削機

①軸付き横配置カッターと多段式チャンバー

本工法のカッターは円筒形の横軸にビットを装備したものであり，この横軸の回転により地山を切削する．このような横向きのカッターを，上下方向に複数段配置（図-6.3）することによって，特殊な機構（複雑な回転制御等）

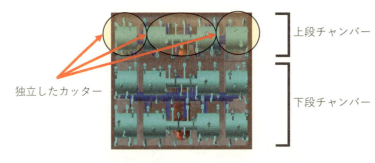

図-6.3　機構正面図（例）（チャンバー2段時）[1]

を用いなくても矩形断面を掘削することが可能である．各段カッターは複数の各々独立したカッターから構成されており，個別に回転方向や速度を制御できる．さらにチャンバーも多段式の構成とすることが可能である．多段式チャンバーの場合，最上段チャンバーには1段のカッター（最上段は極力地表面への影響を少なくするため、最小数のカッターで構成する），2段目以下のチャンバーは複数段のカッターで1つのチャンバーを構成する．そして，それぞれのチャンバーに装備するスクリューコンベアが，各段における排土を行う．このような機構により，矩形断面を掘り残しなく，安定的かつ合理的に掘削する．

②パドルスクリューによる強制攪拌機構

本工法の機構側面図（例）を図-6.4に示す．チャンバー内に装備したパドルスクリューにより強制的にチャンバー内全体を攪拌することができる．この攪拌性能の向上により，掘削土と加泥材は効率よく攪拌され，均一な塑性流動性を持つ良好な排土となる．またパドルスクリューは，独立して制御できるため，

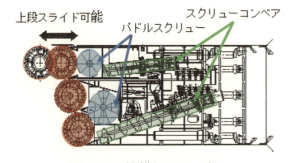

図-6.4　機構側面図（例）

チャンバー内土圧を高い精度で管理することが可能である．

③上段カッタースライド機構

本技術では，軸付き横配置カッターを採用することで，カッター，チャンバー，パドルスクリューとスクリューコンベアが一体でスライドする機構を装備している（**図-6.5**）．

小土被り部等，地表面沈下が懸念される場合には，上段を先行してスライドさせ，上段部分のみによる掘進を行う．この場合上段のみの掘進であるため掘削断面が小さく地表面変状への影響を抑えて掘進することが可能である．また，上段部分掘進完了後には上段部分はフードの役割を果たし，そののちの本体部掘進時に地山の先受け効果を発揮する．したがって，本工法は地表面変状の抑制効果がある．なお，上段部のスライド長はセグメント1リング分を標準としている．

このスライド機構は複数段設置することも可能であり，とくに大きな断面を掘削する際には，小断面に分割された各段を順次スライドさせることにより，より地表面の変状抑制および，地山の安定に寄与できる．

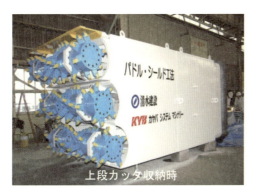 

図-6.5 上段カッターのスライド機構[2]

④適用形状，サイズ

本工法はカッター横幅の延長や，段数の増減で断面形状の自由度が高い．適用最大断面は，2車線アンダーパス（幅約11 m×高約9 m）であるが，理論的にはさらに大きいサイズも可能である．検討例を**図-6.6**，**図-6.7**に示す．

⑤縦断線形，延長

縦断線形は，概ね$R=200$ mまでは中折れ機構なしで対応できる（実証実験時は$R=150$ mの縦断勾配を施工）．ただし，施工条件，掘削機仕様を加味して検討が必要である．施工延長は概ね数百m程度を想定している．

⑥ローリング防止機構

矩形形状の場合，ローリングに対する注意が必要である．本工法におけるローリング防止機構としては，ローリング修正ジャッキを装備することを基本として，施工条件により，そり機構をさらに追加することを検討する．

⑦補助工法

通常の矩形シールド工法と同様に施工条件に合わせて，必要に応じて計画を行う．パドル・シールド工法に起因する特殊な補助工法は必要としない．

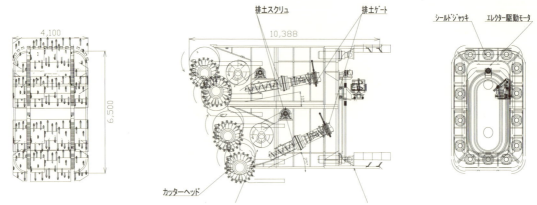

図-6.6　検討例1：□6500×4000（スライド機構なし）

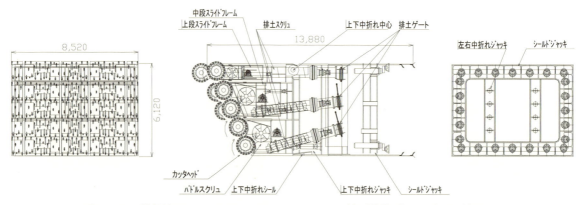

図-6.7　検討例2：□6000×8000（スライド機構装備，中折れ装備）

(2) 施工
a) 施工フロー

　本工法の施工フローを図-6.8に示す．なお，このフローはスライド機構を装備した場合である．地表面変状の懸念がない場合は，スライド部を収納したまま掘進が可能である（図-6.8内【通常時】）．さらに，スライド機構を装備しないことも可能で，この場合は一般的な密閉型泥土圧シールド工法と同様の手順となる．

b) 仮設備ヤード，立坑

　仮設備ヤード，立坑については，通常の土圧式シールド工法と同様の設備であり，施工条件等を考慮して設定する．一例として，実証実験時の配置を図-6.9に示す（施工ヤード約45 m×35 m）．

c) 留意点

　一般的な矩形土圧シールド工法とは，掘削機前面の形状が異なることに留意する必要がある．一般的なシールド機は，カッター前面がフラットであるのに対し，本工法ではこれを斜形状にしている（図-6.10）．複数のカッターを同一平面上に並べてフラットにした場合には，隣接するカッターの切削ビットが干渉するため，前後にずらすことで干渉を回避している．したがって，発進坑口を計画する際には，掘削前の発進坑口内への掘削機貫入時に，掘削機前面の全周にエントランスパッキンがしっかりかかるように発進坑口を計画する必要がある．

【小土被り時】（地表面変状が懸念される場合：上段スライド機構使用時）

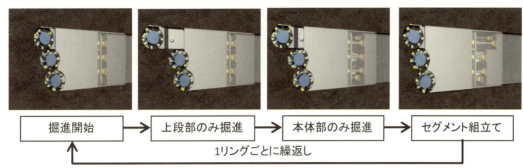

【通常時】（上段スライド機構不使用時）

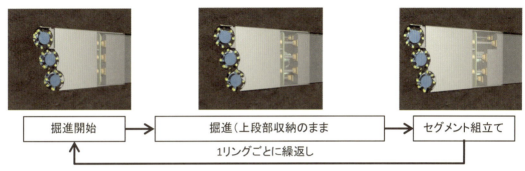

図-6.8　施工フロー

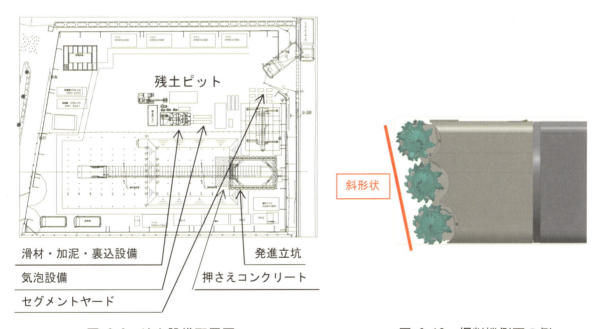

図-6.9　地上設備配置図　　　　　　　　図-6.10　掘削機側面の例

6.3　施工事例

(1) 実証実験[3)4)]

- a) 掘削機　　　：縦 2.1 m×横 2.1 m
- b) セグメント　：外寸 2.0 m×2.0 m（鋼製セグメント：幅 0.5 m）
- c) 施工延長　　：28 m（5%下り勾配～水平，$R=150$ m の縦断曲線）
- d) 施工方式　　：パドル・シールド機を使用したシールド工法
- e) 対象土質　　：軟弱地盤（沖積シルト・粘性土　N 値 1）
- f) 土被り　　　：最大 2.1 m，最少 0.15 m

a) 掘進線形

実験の掘進線形は地表面付近から5%の下り勾配で掘進し，$R=150$ mの縦断曲線を経て1 D（2.1 m）の土被りで水平に掘進する．**図-6.11**に掘進縦断図を示す．

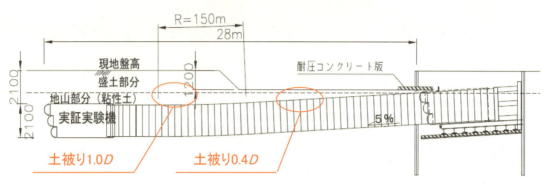

図-6.11 掘進縦断図

b) 施工結果

低土被り0.4 D（$D=2100$ mm）の地点において最大変位は切羽の通過直後に発生し，シールド機テール通過後に収束する傾向が確認された（**図-6.12**）．また土被り1.0 D の地点においても同様の傾向が認められ，最大変位はきわめて微小であり，2地点ともシールド機幅の2.1 m範囲内直上に集中し45°の影響範囲内に収まっている．

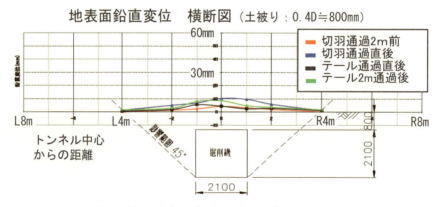

図-6.12 地表面鉛直変位（土被り0.4D）

これより，次のような上段掘削部スライド機構の地盤変状抑制への有効性が確認された．
①カッタースライド機構による先受け効果が有効であり地表面沈下が抑制できる．
②平面および縦断の計画線形に対して，ともに誤差 ±30 mm 以内に収まっており，従来の泥土圧掘削機と同等の掘削管理が可能である．
③パドルスクリューとカッターの独立制御が可能なため，チャンバー内でのパドルスクリューの強制攪拌により，土砂の均一な塑性流動性が得られ，安定した地山の保持が可能である．

(2) 長生送水管工事[5)6)]

 a) 掘削機   ：縦2.1 m×横2.1 m
 b) 函体形状 ：内寸1.7 m×1.7 m，外寸2.1 m×3.1 m（ボックスカルバート：函体長2.0 m）
 c) 施工延長 ：70 m（35函体，直線）
 d) 施工方式 ：パドル・シールド機を使用した推進工法

本工事では，元押しジャッキによって函体（幅2.0 mのボックスカルバート）を推し進める「推

進式パドル機」として施工した．

　掘削対象の土質はN値50以上の安定した土丹層であったが，河川下の横断を確実に行うため密閉型の本工法が採用された．土丹の切削抵抗や粘性土の付着抵抗による負荷を考慮して，加泥材選定と注入量設定を計画・管理して掘進を完了した．

　使用した掘削機（図-6.14），仕様（表-6.1），路線概要（図-6.13），掘削機全体図（図-6.15）を示す．

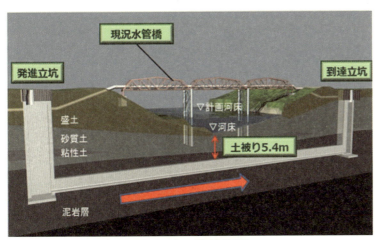

図-6.13　路線概要

表-6.1　掘削機仕様

項目	単位	仕様	
シールド機外径	m	縦2.1×横2.1m	
掘削断面積	㎡	4.41	
掘進速度	mm/min	15	
カッター		センター	サイド
最大回転数	rpm	10	10
装備数	台	3	6
最大トルク	kN·m	17.5	8.7
パドルスクリュー			
最大回転数	rpm	20	
装備数	台	2	
最大トルク	kN·m	20.8	
排土スクリュー			
最大回転数	rpm	20	
装備数	台	1	
方向修正装置			
推力	kN	1188	
装備数	本	6	
ストローク	mm	150	

図-6.14　掘削機

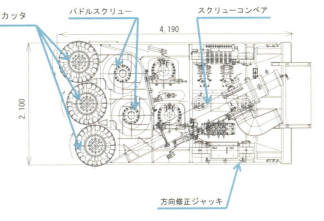

図-6.15　掘削機全体図

参考文献

1) 高見澤計夫：「過酷な条件下での施工」と「70mを越える曲線施工」－「矩形の函体を接触させて掘る」という発想－，月刊推進技術，Vol.23，No.12，2009.
2) 三上正哉，山本富士男，入江覚，堀祐三，南部俊明，三浦文男，清水竜也，飯村英之，岩元篤史，新宅建夫：特集　小断面連続施工で地下空間を築造　解説　小断面連続施工　新小金井街道の京王線との立体交差のアンダーパス構築に地中梁工法としてハーモニカ工法を採用，月刊推進技術，Vol.25，No.12，2011.
3) 金丸清人，松浦幸彦，河内章，川井貴史，小高宏幸：矩形断面トンネル構築技術「パドル・シールド工法」の開発（その1），土木学会第65回年次学術講演会，VI-470，2010.
4) 金丸清人，松浦幸彦，河内章，川井貴史，小高宏幸：矩形断面トンネル構築技術「パドル・シールド工法」の開発（その2），土木学会第65回年次学術講演会，VI-471，2010.
5) 齋藤裕二，立花博令，中谷武彦，金丸清人：パドルスクリューを装備した矩形断面シールドによる送水管整備，トンネルと地下，土木工学社，Vol.46，No.4，2015.
6) 中谷武彦：パドル・シールド工法による河川横断，土木学会第69回年次学術講演会，VI-609，2014.

7. R-SWING (Roof & SWING cutting) 工法

7.1 概　要
(1) 概　要 [1)2)3)]
a) 開発背景と概要

　鉄道や道路を立体交差するアンダーパス工事や，新設ビルと地下鉄を結ぶ地下連絡工事のニーズは増加傾向にある．そのときに必要とされる地下通路やアンダーパス部の形状は，ほとんどが矩形断面である．R-SWING（Roof & SWING cutting）工法は，完全な矩形断面を構築でき，汎用性，マシンの転用性，マシン掘削機構等で合理性やコスト面を追求した工法として開発された．

　マシンをトラックで運搬可能な大きさにユニット化し，それらを組み合わせて大断面を掘削できる構造として汎用性を高めてマシンの転用性を向上するとともに，ある程度適用地盤を限定して搖動式カッター方式を採用することなどによってマシンのコストダウンを図ったものであり，トンネル自体はセグメントを組み立てて構築する工法である．

　R-SWINGマシン仕様等は以下のとおりである．

①適用地盤条件

　アンダーパス工事は比較的深度が浅い場所での条件が多いため，マシンのコストダウンを図る上で以下のように適用地盤が設定されている．

- ・適用原地盤：N値20程度までの粘性土および砂層（高圧噴射地盤改良体の切削可能）
- ・土被り：3～10 m程度
- ・地下水：0.1 MPa程度

②適用寸法

　適用寸法は，地下通路から2車線道路トンネルをターゲットに矩形断面として以下のように設定した．

- ・幅　：最小4.6 m～最大9.2 m
- ・高さ：最小3.6 m～最大9.0 m

③R-SWINGマシンの基本構造

　図-7.1 は，基本型の R-SWING マシンの図である．前後に1.5 m伸縮する高さ0.9 mのルーフマシンを上部に，基本高さ2.7 mの本体マシンを下部に配置する．掘削はワイパーのように左右に振れる搖動カッター方式を採用し，搖動する際にセグメントに掛かる反力を打ち消すためにルーフマシン，本体マシンともに幅2.3 mのマシンを左右2基セット配置している．ルーフ

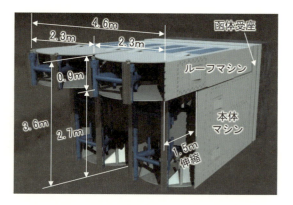

図-7.1　R-SWINGマシン基本型 [1)]

基本型（2×2）

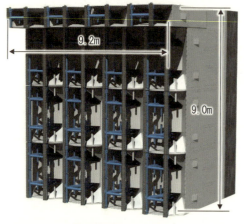

最大拡幅型（4×4）

図-7.2　R-SWINGマシン断面拡張 [1)]

マシン，本体マシン後方に配置した函体受座には，姿勢制御を目的とした中折れ機構も装備している．ルーフマシン，本体マシンとも必要に応じて上下左右に結合することができる構造になっており，**図-7.2**のような大断面にも適用可能である．

b) R-SWING 工法の特徴

①工法およびセグメントの適用性

マシン前方はそのままで，後方の函体受座を変更することで推進工法からシールド工法への対応が可能である．また，鋼製セグメント，RC セグメントにも適用でき，あらゆる現場状況にも対応可能である（**図-7.3**）．

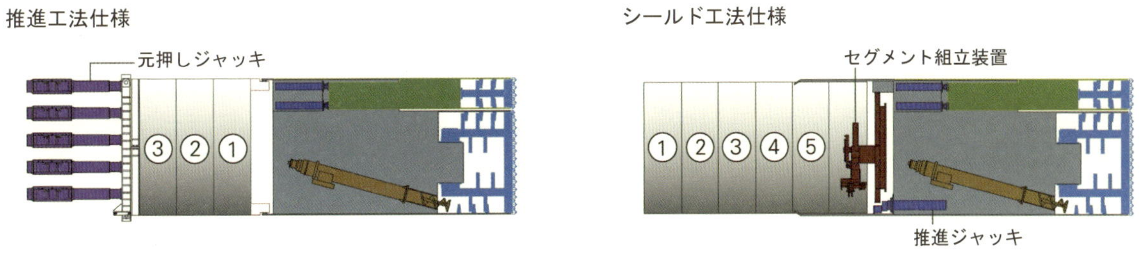

図-7.3　R-SWING マシンの推進仕様およびシールド仕様[1]

②地盤変状抑制と前方探査機構

先行掘削のために設けられた掘進方向に前後するルーフマシンが，直上の地盤沈下および隆起の抑制に寄与するだけでなく，埋設物等の探査機能としても活用でき，より安全に掘進することが可能である．

③マシンのユニット化

揺動カッター方式の採用によって掘削機構が簡略化され，マシンの製造コストの低減が可能である．マシンはユニット化され，トラックでの運搬を考慮して1つのユニットの幅を 2.3 m としており，すべてのユニット間をボルトでの結合としたことで，溶接作業がほとんど発生せず組立および解体作業の期間短縮に寄与している．また，ユニット内の揺動カッター等の可動部位もボルトやピン締結にして取り外せる構造としたことで，使用後のメンテナンスが容易となっている．

④汎用性の高さ

とくに，小口径の円形の管渠やトンネル径は同様の寸法であることが多いため，推進機やシールド機は比較的転用しやすい状況にある．しかしながら一般的に矩形トンネルの場合，その用途によっては似たような大きさでも現場ごとに微妙に幅や高さが異なるため，推進機やシールド機はほとんど単品生産である．その問題を解消するべく R-SWING マシンでは基本型マシンにスペーサ等を挟み込むことで寸法調整を容易にできる機構を持たせることで，基本型マシンの汎用性を高め，転用することによってマシン費の大幅な削減を見込んでいる．この寸法調整方法について以下に説明する．

[幅の調整方法]

　基本型マシンの1つのユニット幅は 2.3 m としているが，揺動カッターは，2.8 m の幅まで掘削できる（**図-7.4**）ため，基本型マシンの鋼殻（外枠ボックス）間にスペーサを挟むことで幅の調整を可能としている．左右2つのユニットでは最大1mまでを揺動カッターでカバーできるが，それ以上の範囲については小型の揺動カッターを設けたハーフマシンで対応する．

[高さの調整方法]

　揺動カッターの掘削トルク検討において本体マシンのカッタースポークをマシンの基本高さより上下に 0.5 m ずつ大き目に強度設計し，この部分を必要に応じて延伸させ，その隙間にスペーサを挟むことで高さの調整を可能としている（**図-7.5**）．また，基本高さから1mを超えた場合には，別に掘削機構を設けた中間マシンをルーフマシンと本体マシンの間に入れて対応する．

⑤地上発進や地上到達技術の組合せ

　これまでに蓄積した地上発進や低土被りでのシールド掘進実績を R-SWING 工法にも応用することで，地上発進および地上到達が可能となり（**図-7.6**），現場のニーズに応じて立坑建造に要する工期や費用を大幅に低減することが可能である．

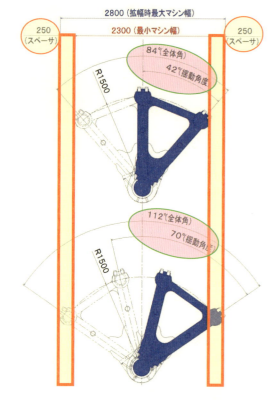

図-7.4　R-SWING マシン幅拡幅方法 [1)]

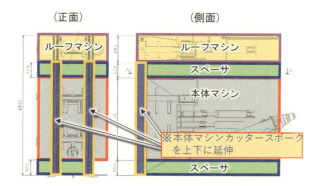

図-7.5　R-SWING マシン高調整方法 [1)]

図-7.6　地上発進，地上到達の概念 [1)]

7.2 設計・施工

(1) 設計

a) セグメントの設計

① セグメント形式

　セグメントの形式は，土被りと内空から決まる壁厚限界，内空形状，地盤条件，コスト，環境条件等の条件により，RCセグメント，鋼製セグメント，合成セグメント等から適切な形式を選定する．

② 設計準拠基準

　円形トンネルではなく矩形トンネルの設計であることに注意して，下記に示す基準等を参考に設計する．

- トンネル標準示方書（シールド工法・同解説）　土木学会
- セグメントの設計（改訂版）　土木学会　トンネルライブラリー
- 道路土工カルバート工指針　日本道路協会
- その他，事業者ごとの基準
    - 例：・シールドトンネル（セグメント）の設計指針　東京地下鉄株式会社
        - ・鉄道構造物等設計標準・同解説　シールドトンネル　鉄道総合技術研究所
        - ・鉄道構造物等設計標準・同解説　耐震設計　鉄道総合技術研究所

③ 設計荷重

　躯体自重，土水圧等の常時荷重，躯体慣性力，周面せん断力，地震時地盤変位荷重等の地震時荷重を考慮して設計する．また，施工時荷重としてジャッキ推力に対する検討も実施する．

④ 構造解析モデル

　構造モデル作成，照査（セグメント，継手）等は各基準を参考として行う．

(2) 施工

a) 施工ヤード，設備

① 地上設備

　土砂搬出部には，圧送ポンプから搬出された掘削土の土砂貯留設備，クラムショベル等の設備を配置し，その周囲には飛散養生用のシートを配置するなどの措置を行う．また，資機材搬出入用として，地上に移動式クレーンを配置するなどし，セグメント等の資機材の運搬を行う．また，換気設備，電気設備も地上に設置する．セグメントは，地上にて一時仮置きし，シール材を貼り付けた後，発進立坑に投入して組立てる．

② 発進立坑設備

　発進立坑部には，推進用後続設備，推進用ジャッキ設備，加泥材注入設備，滑材注入設備等を設置する．

③ 坑内設備

　トンネル坑内の設備として，掘削土搬出のための圧送ポンプ等を設置する．

b) 施工手順

　施工手順は，図-7.7に示すとおりである．

STEP1：掘削機組立　　地上発進基地，または発進立坑内で組立て

普通車両で搬送可能な小型ユニットを順次クレーンにて投入する．ユニット間の締結はすべてボルト留めで行う．掘削機組立後，発進，掘進に必要な設備を順次組み立てる．

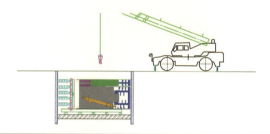

STEP2：通常掘進　　推進工法またはシールド工法で全断面を一括で掘削

安定した地山では，先行ルーフ掘削機を収納した状態で，シールド工法または推進工法により全断面を一括掘削し，1リング分の掘進が完了したらセグメントを組立てる．
掘進とセグメント組立を繰り返しながら前進して行く．

①推進工法の場合

②シールド工法の場合

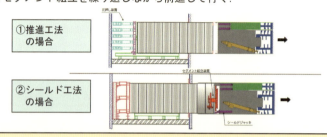

STEP3：先行ルーフ掘進　　先行ルーフ掘削機による先行掘進で地盤沈下を抑制

低土被りや重要構造物下での掘進では，あらかじめ先行ルーフ掘削機による先行掘進で地盤沈下抑制と地上構造物を保護したのちに，本体掘削機と先行ルーフ掘削機で同時に掘進する．

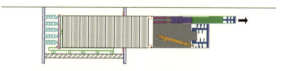

STEP4：到達掘進　　先行ルーフ掘削機を収納し全断面掘削で到達

先行ルーフ掘削機を本体掘削機内に収納し全断面掘削で到達する．

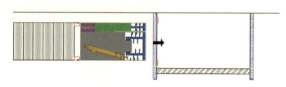

STEP5：掘削機解体　　地上到達地点，または到達立坑で解体，搬出

到達地点にて，順次ユニットに解体し，クレーンにて引揚げる．解体，搬出が機動的であるため，立坑が道路上にあるような占有時間や場所の課題がある場合でも，コンパクトで迅速な施工が可能である．

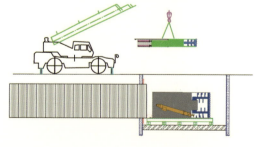

図-7.7　R-SWING 工法施工手順[2]

c) 立坑計画

　地上発進，地上到達技術もあるが，発進部と到達部には立坑を設けることを標準とする．立坑の大きさは，トンネル断面，マシンの大きさ，土被り等から平面形状，深さを決め，マシンやセグメント等の投入に支障しないような支保工配置とする．

d) 掘進工

　掘進管理は，切羽の土砂崩壊を防ぐことおよび周辺地盤への影響を最小限に留めることを目的として行う．管理項目としては，切羽土圧，チャンバー内土砂（泥土）性状，裏込め注入圧および注入量，掘削土量・排土性状，線形制御，総推力・カッタートルク，掘進速度等である．

①切羽土圧管理

　　切羽の安定を確保するには，チャンバー内の圧力（泥土圧）を適正に保持する必要がある．切羽土圧の管理は隔壁内に設置した土圧計を確認しながら掘進することが一般的である．管理圧力の設定は主働土圧や静止土圧あるいは緩み土圧を用いる方法等いろいろあるが，地表面の沈下を抑制する場合は，「静止土圧＋水圧＋変動圧」が一つの目安となる．

②泥土性状管理

　　切羽の安定に必要な土圧を保持し掘進に合わせた土量の排出を行うために，チャンバー内の土砂の塑性流動性の確保と止水性の確保が重要である．地盤に応じて高分子系増粘材等の加泥材を使用するなど適切に対処する必要がある．加泥材の注入率は，サンプリングした土砂を用いた試験により適正に決める．

　　条件によっては地下水位以上の掘進の場合もあり，逸水，逸泥や搖動カッターによる脱水についても適切な対処が必要となる場合があるので注意を要する．通常のカッターフェイス回転タイプではないため，掘削土砂の攪拌性を確保するために，掘進速度を落とした上で加泥材の注入個所数を増設することで掘削土砂の塑性流動性を確保する．

③裏込め注入管理

　　掘進完了後に地山と同等程度の強度を発現する空隙充填材（裏込め材）で掘進時の余掘り空隙を充填する．注入量は，適用土質別に設定し，使用する裏込材は土質・施工条件により選定する．また，注入圧は土被りや水圧を考慮した適切な圧力を定める．土被りが十分にある場合には，一般的に注入圧は切羽圧に 200 kN/m^2 程度を加えた圧力とすることが多いが，土被りが小さい場合には注入圧が高いと噴発するリスクがあるため注意が必要である．なお，圧力と注入量のどちらか一方の管理では不十分であり，両方を管理することが望ましい．

④排土管理

　　排土をポンプ圧送する場合，排土量は，土砂圧送配管に電磁流量計とγ線密度計を設置するなどして土砂圧送容積を計測したり，スクリューコンベア回転数、圧送ポンプ回転数等から推定したり，残土搬出時のダンプ搬出容量とピット内の残量の集計等を行い管理する．地山への逸水や逸泥による影響もあるため，注意を要する．なお、それぞれの方法には誤差があるため複数の方法で管理することが望ましい．ずりトロの場合は，一般の泥土圧シールドと同様である．

⑤線形管理

　《方向制御》

　　　線形は，直線，水平ともに，掘進中の微妙な方向制御が必要となる．したがって，以下の方法等で対応する．

　　　・発進立坑の推進ジャッキを左右のブロックに分けて分割して制御し，とくに，初期掘進時の平面方向性を管理する．

・マシンに装備した中折れ機構を使用して，上下左右の方向性を管理する．なお，R-SWING工法はルーフを先行させて掘進することができ，列車荷重や車両荷重等の地表面の荷重による沈下も考えられるが，切羽の土圧によって浮上り傾向を示すこともあり，マシンの動きを見ながら制御していく必要がある．

《ローリング対策》

R-SWINGマシンは，矩形断面であることから，とくに，ローリング対策が重要である．そのため，上下左右の各面に可動ソリ（フラッパ）（図-7.8）を装備したり，または可動ソリ部分にスタビライザ（図-7.8）を設置することができる構造にするなどの方法もある．また，カッター揺動方向の組み合わせパターンの変更や充填材の注入等で対応することもある．

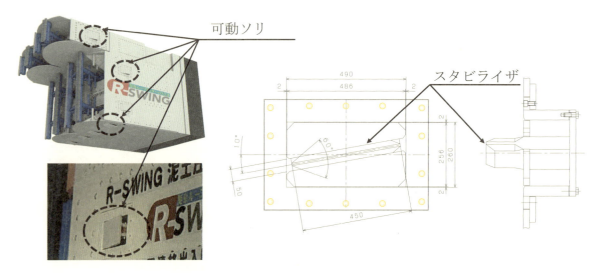

図-7.8　可動ソリおよびスタビライザ

⑥総推力・カッタートルク

推力およびカッタートルクは，泥土性状が適切で，地山の性状に対して適切な掘進速度であれば，大きな値を示すことはなく，一定の変動を伴う定常的な値を示す．推力やトルクの変化（上昇，下降）は，地山の変化や掘進速度の地盤への不適合，チャンバー内土砂性状の劣化，固結傾向の可能性などを示す指標となるため，正常な掘進時の各数値を把握することが重要である．

⑦掘進速度

掘進速度は地盤の状態にあわせて管理する．発進防護工の地盤改良体は地盤に比べて硬く，無理に掘進速度を速めず，1 mm/min 程度でゆっくり掘進する．改良体以外の地山部の掘進は，地盤により 5〜10 mm/min 程度の速度で掘進する．

⑧セグメント組立て管理

セグメントのたわみが大きくならないように管理する．トンネル幅が大きく頂板のスパンが大きい場合には，仮設の中柱を設置するなどの配慮が必要である．なお，仮設の中柱は，到達後に撤去する．

⑨直上変状計測

推進に並行して，直上地盤の変状計測を実施し，切羽土圧の管理等に反映する．また，裏込め注入圧，注入量も管理し，地山の変状が大きく生じることがないように施工する．

⑩地中支障物

R-SWING工法では，ルーフ部分を先行して 1.5 m まで伸ばすことが可能であり，支障物がないことを確認して掘進を進めることができる．なお，先行させるルーフ伸縮量，地盤の状況も含めて決定するものとし，むやみに先行させるものではない．

7.3 施工事例

(1) 新御茶ノ水地下通路 [1)2)3)]（図-7.9, 図-7.10）

a) 諸元・土質条件

- トンネル内空寸法：
  幅 4.45 m×高さ 3.2 m（図-7.11）
- セグメント：
  矩形鋼製，桁高 200 mm，$L=1.0$ m（図-7.11）
- 掘進距離：$L=29$ m（図-7.10）
- 平面線形：直線
- 縦断線形；水平
- 掘進土層：細砂礫混じり砂層，地下水位以上
- N 値：3～20 程度

図-7.9 施工場所平面図 [3)]

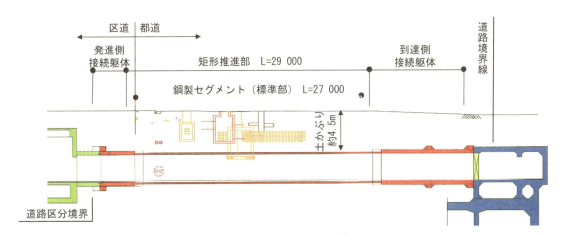

図-7.10 縦断面図 [3)]

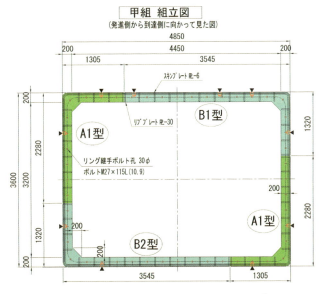

図-7.11 セグメント全体構造図 [3)]

b) R-SWING マシン（図-7.12）

　本工事においては，推進機として施工を行った．形状寸法は，幅 4.85 m 高さ 3.6 m，全長 5.60 m で，幅は，マシンの基本形に対して 250 mm 不足する．したがって，マシン中央部に 120 mm，側面に 65 mm のスペーサを配置して，調整を行った．

図-7.12　R-SWING　マシン（2連）[3]

(2) 新日比谷地下通路 [4)5)]（図-7.13，図-7.14）

a) 諸元・土質条件
- トンネル内空寸法：
　　幅 6.55 m×高さ 3.575 m（図-7.15）
- セグメント：
　　矩形合成，桁高 350 mm，$L=1.0$ m（図-7.15，図-7.16）
- 掘進距離：$L=42$ m（図-7.14）
- 平面線形：直線
- 縦断線形：水平
- 掘進土層：軟弱シルト層，地下水位以下
- N 値：1 程度

図-7.13　施工位置図 [4]

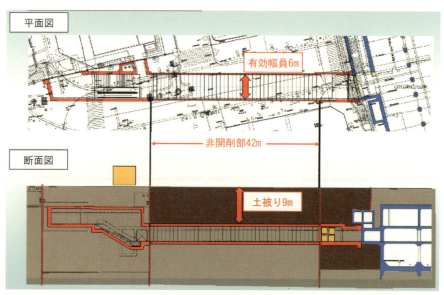

図-7.14　平面図と縦断図 [4]

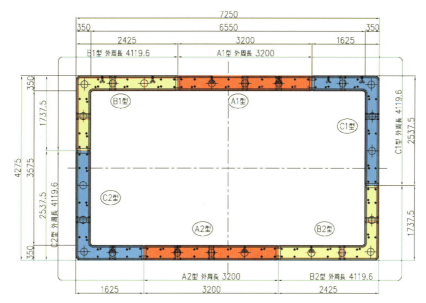

図-7.15 セグメント全体構造図[5]

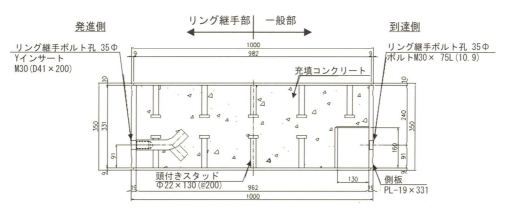

図-7.16 六面鋼殻合成セグメント断面図[5]

b) R-SWINGマシン（図-7.17）

本工事においては，推進機として施工を行った．推進機はルーフマシン3機と本体マシン3機によって構成され，各ユニットを組み合わせて一体化しており，それぞれ左右に揺動させながら幅7.25m，高さ4.275mの断面を一度に構築できる泥土圧式推進機としている．

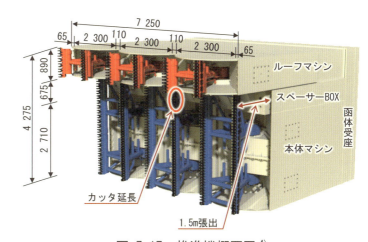

図-7.17 推進機概要図[4]

参考文献

1) 諸橋敏夫，坂根英之：新開発 R-SWING工法による矩形地下通路工事への初適応 −新御茶ノ水駅連絡出入口設置工事，土木施工，Vol.53, No.3, pp.84-88, 2012.
2) R-SWING工法 パンフレット
3) 諸橋敏夫，坂根英之：R-SWING工法による矩形断面トンネルの施工実績，土木建設技術発表会，pp.66-70, 2012.

4) 一寸木朋也，内田広，小松賢矢，上木泰裕：六面鋼殻合成セグメントによる大断面矩形推進トンネルの設計，第70回年次学術講演会，Ⅵ-623，pp.1245-1246，2015.
5) 橋口弘明，水上博之，盛岡義郎，上木泰裕，松村卓，岡本翔太：六面鋼殻セグメントの単体曲げ試験結果と2次元非線形FEM解析による一考察（その2），第71回年次学術講演会，Ⅵ-849，pp.1697-1698，2016.

トンネル・ライブラリー一覧

	号数	書名	発行年月	版型：頁数	本体価格
	1	開削トンネル指針に基づいた開削トンネル設計計算例	昭和57年8月	B5：83	
	2	ロックボルト・吹付けコンクリートトンネル工法（NATM）の手引書	昭和59年12月	B5：167	
	3	トンネル用語辞典	昭和62年3月	B5：208	
	4	トンネル標準示方書（開削編）に基づいた仮設構造物の設計計算例	平成5年6月	B5：152	
	5	山岳トンネルの補助工法	平成6年3月	B5：218	
	6	セグメントの設計	平成6年6月	B5：130	
	7	山岳トンネルの立坑と斜坑	平成6年8月	B5：274	
	8	都市NATMとシールド工法との境界領域－設計法の現状と課題	平成8年1月	B5：274	
※	9	開削トンネルの耐震設計（オンデマンド販売）	平成10年10月	B5：303	6,500
	10	プレライニング工法	平成12年6月	B5：279	
	11	トンネルへの限界状態設計法の適用	平成13年8月	A4：262	
	12	山岳トンネル覆工の現状と対策	平成14年9月	A4：189	
	13	都市NATMとシールド工法との境界領域－荷重評価の現状と課題－	平成15年10月	A4：244	
※	14	トンネルの維持管理	平成17年7月	A4：219	2,200
	15	都市部山岳工法トンネルの覆工設計－性能照査型設計への試み－	平成18年1月	A4：215	
	16	山岳トンネルにおける模型実験と数値解析の実務	平成18年2月	A4：248	
	17	シールドトンネルの施工時荷重	平成18年10月	A4：302	
	18	より良い山岳トンネルの事前調査・事前設計に向けて	平成19年5月	A4：224	
	19	シールドトンネルの耐震検討	平成19年12月	A4：289	
※	20	山岳トンネルの補助工法 －2009年版－	平成21年9月	A4：364	3,300
	21	性能規定に基づくトンネルの設計とマネジメント	平成21年10月	A4：217	
	22	目から鱗のトンネル技術史－先達が語る最先端技術への歩み－	平成21年11月	A4：275	
※	23	セグメントの設計【改訂版】〜許容応力度設計法から限界状態設計法まで〜	平成22年2月	A4：406	4,200
	24	実務者のための山岳トンネルにおける地表面沈下の予測評価と合理的対策工の選定	平成24年7月	A4：339	
※	25	山岳トンネルのインバート－設計・施工から維持管理まで－	平成25年11月	A4：325	3,600
※	26	トンネル用語辞典　2013年版	平成25年11月	CD-ROM	3,400
	27	シールド工事用立坑の設計	平成27年1月	A4：480	
※	28	シールドトンネルにおける切拡げ技術	平成27年10月	A4：208	3,000
※	29	山岳トンネル工事の周辺環境対策	平成28年10月	A4：211	2,600
※	30	トンネルの維持管理の実態と課題	平成31年1月	A4：388	3,500
※	31	特殊トンネル工法－道路や鉄道との立体交差トンネル－	平成31年1月	A4：238	3,900

※は、土木学会および丸善出版にて販売中です。価格には別途消費税が加算されます。

定価（本体 3,900 円＋税）

トンネル・ライブラリー31
特殊トンネル工法－道路や鉄道との立体交差トンネル－

平成 31 年 1 月 20 日　第 1 版・第 1 刷発行

編集者……公益社団法人　土木学会　トンネル工学委員会　技術小委員会
　　　　　特殊トンネル工法に関する技術検討部会
　　　　　　部会長　長山　喜則
発行者……公益社団法人　土木学会　専務理事　塚田　幸広

発行所……公益社団法人　土木学会
　　　　　〒160-0004　東京都新宿区四谷 1 丁目（外濠公園内）
　　　　　TEL　03-3355-3444　FAX　03-5379-2769
　　　　　http://www.jsce.or.jp/
発売所……丸善出版株式会社
　　　　　〒101-0051　東京都千代田区神田神保町 2-17　神田神保町ビル
　　　　　TEL　03-3512-3256　FAX　03-3512-3270

©JSCE2019／Tunnel Engineering Committee
ISBN978-4-8106-0968-4
印刷・製本・用紙：勝美印刷（株）

・本書の内容を複写または転載する場合には、必ず土木学会の許可を得てください。
・本書の内容に関するご質問は、E-mail（pub@jsce.or.jp）にてご連絡ください。